잃어버린 본성을 찾아서

BIRTHRIGHT

잃어버린
본성을
찾아서

BIRTHRIGHT
People and Nature
in the Modern World

일상에서
어떻게 자연을
회복할 것인가

스티븐 켈러트 지음 | 김형근 옮김

글항아리

생명을
사랑한다는 것

휴머니티란 자연과의 진화된 관계를 통해 만들어진 산물이다. 다시 말해 무수한 나날에 걸친 자연의 경험과 지속적인 상호작용에 의해 휴머니티는 형성된다. 감각과 감성, 지성, 심지어 문화에 이르기까지 인간의 모든 것은 비인간 세계와 밀접한 연관을 쌓으면서 발달해왔다. 물론 우리 스스로 꾸미고 만들어가는 세계이긴 하지만 육체적·정신적 건강, 자손의 출산, 행복이란 것 또한 자연과의 관계 안에서 이루어진다.

이러한 주장은 인류 진보의 토대와 현대문명의 특징에 대해 많은 사람이 믿어왔던 바와 상치된다. 그것은 자연을 정복하고 변화시킴으로써 인류라는 종種로 생태계의 생명작용에서 승리를 거두었다는 믿음과는 거리가 먼 지적이기 때문이다. 오늘날 우리 사회가 자연에 의존하고 있다고 생각하는 사람은 많지 않다. 오히려 사람들은 과학이나 공학의 발달, 대량생산 등과 같은 경이로운 시스템 덕분에 자연에 대한 의존 단계에서 완전히 탈피했다고 생각한다. 이제 우리는 언제 어디에 있든 몇 초면 상대방과 소통할 수 있고 엄청난 양의 정보도 순식간에 주고받을 수 있게 되었다. 뿐만 아니라 과거 한때 수백만 명의 생명을 앗아갔던 질병을 퇴치할 수 있게 됐으며, 몇 세기 전까지만 해도 그 어떤 특권층도 경험치 못한 상품과 서비스를 누리게 되었다. 이 놀라운 결과는 자연에 대한 우리의 견해를 더욱 뒷받침해준다. 그래서 때로는 이런 의문을 던지기도 한다. 문명을 개선하는 데 요구되는 천연자원이나 가끔의 자연 체험을 제외한다면 과연 자연은 우리에게 필요한 것일까?

오늘날 이루어온 삶의 수준, 육체적 건강, 물질적 안락과 안정에 대해 우리는 자부심을 지녀야 마땅하다. 그러나 물질적 측면뿐만 아니라 정신적 측면에서도 이러한 성과가 지속되기를 바란다면 자연과의 적극적인 소통과 보살핌을 토대로 삼아야 한다. 이러한 상호 의존적인 관계는 단지 원료, 깨끗한 물, 비옥한 토양, 생물 다양성의 문제에만 국한되는 것이 아니다. 본질적으로 자연은 우리가 느끼고, 생각하고, 소통하고, 창조하고, 문제를 해결하고, 성장하고, 의미 있는 자아를 형성하며 삶의 의미와 목적을 발견할 수 있는 능력 등과 연관되어 있다. 과거에도 그랬지만 상상 가능한 미래에서도 휴머니티의 핵심은 자연세계와 맺고 있는 관계의 질이다. 지금까지 진화해온 환경으로부터 멀어진다면 우리는 결코 건강할 수 없고 만족하거나 발전할 수도 없을 것이다. 인간으로서 우리가 유난히 가치를 두고 소중하게 여기는 것들, 예컨대 배려심이나 이성적 사유, 사랑하고 창조하는 능력, 아름다움과 같은 것들을 발견하고 행복을 추구하는 능력들은 대부분 자연과의 다양한 관계에 달려 있다.

이렇듯 자연에 대한 의존이 의미하는 바는 인간이 생물학적 종으로서 존재한다는 사실이다. 인류의 역사는 대체로 인간의 힘으로 창조하지 않은 세계, 즉 자연에 적응하고 반응하는 형태로 건강과 생존을 보존하면서 감각·감성·지능·정신의 발달을 이끌어왔다. 우리는 그 역사 가운데 극히 일부 기간만을 자연과 분리된 채 살았다고 느낄 뿐이다. 1만 년 역사도 채 안 되는 식물의 경작 및 동물의 사육, 불과 5000년 전부터 시작된 가축 사육과 다른 도구를 활용한 에너지 활용, 약 4000년 전부터 건설되기 시작한 도시, 500년 전부터 시작된 상품 및 서비스의 대량생산, 몇 세기의 역사를 지닌 주요 질병의 퇴치, 현대의 전자공학 기술을 이용해 진화 중인 상품들…… 이러한 일들이 비교적 최근에 일어났다는 사실을 인정한다면 말이다.[1]

자연과 연계하고자 하는 인간의 본질적인 성향은 건강하고 행복한 삶의 중요한 요소로 작동한다. 인간은 항상 자연에 의존해 무언가를 느끼거나 판단해왔고, 생각하고 발견하고 창조해왔으며, 치유하고 건강해질 수 있었다. 우리가 농부나 자본가 또는 삼림 감독관이나 교수로서 살아갈 때 그 안전과 안정, 성장은 자연세계와 얼마나 잘 연계되었는가에 달려 있다. 물론 자연과의 연계가 성공과 성취를 안겨주는 마법의 묘약은 아니다. 인생은 항상 불확실한 결과를 향한 투쟁의 연속이며, 자연세계는 다만 우리로 하여금 끊임없이 성장할 수 있게 해주는 토대인 것이다. 따라서 자연과의 이로운 소통이 이루어지지 않을 때 건강한 삶은 필연적으로 고통을 받게 될 것이다. 자연세계로부터 멀어진 사회에서 물질이 주는 편리와 안정을 즐길 수는 있겠지만 우리 정신은 위태로워질 수밖에 없다. 반면 자연과의 긍정적인 관계로 형성된 삶은 풍족하고 보람 있는 삶의 가능성을 가져다준다. 작가

이자 생물학자인 레이첼 카슨Rachel Carson, 1907~ 1964이 생생하게 표현했듯이 말이다.

> 경외감과 기적적인 놀라운 감각, 다시 말해 인간 경험의 경계를 넘어선 무언가를 향해 인식을 지속·강화하는 것은 어떤 가치가 있을까? 자연 세계의 탐험은 단순히 유쾌한 시간을 보내기 위한 즐거운 방법에 불과한 것인가? (…) 아니면 거기에 더 깊은 의미가 있는 것은 아닐까? 나는 무언가 더 깊은 것이 있을 것이라 확신한다. (…) 지구라는 수많은 아름다움과 미스터리 속에 있는 우리는 결코 혼자가 아니며 삶의 피로를 느낄 수도 없다. (…) 계속 반복되는 자연의 후렴구에는 분명 치유의 무엇이 존재한다.[2]

현대사회가 성취한 업적을 비하할 의도는 없다. 현대 기술과 도시화로 인해 형성된 지금의 세계로부터 벗어나 전원적 존재로 살아야 한다고 주장할 생각도 없다. 그럼에도 나는 개인의 집단으로서 혹은 사회의 일원으로서의 건강과 성취는 신체적·심리적으로 비인간 세계와 연결되어야 함을 주장할 것이다. 자연과 연계하고자 하는 내재적 요구를 부정하거나 뒤엎으려 한다면, 전쟁이나 질병과 같이 명백한 위험 못지않은 몰락의 길로 나아갈 것이기 때문이다.

불행히도 현대사회는 자연과 적대적인 관계가 되어버렸다. 그로 인해 생물 다양성의 파괴, 광범위한 자원 고갈, 대규모의 화학 공해와 대기 악화, 대재앙이라고 할 수 있는 기후 변화, 그와 연관된 수많은 건강 요인과 삶의 질 저하, 심지어 인간 정신의 위기와 같은 엄청난 환경적·사회적 도전들을 불러들였다. 이러한 도전들은 방향을 상실한 현대사회로부터 파생된 것이다.

이러한 도전들에도 불구하고 이 책은 임박한 재앙에 관한 것이 아니다. 나는 자기이익에 대한 깊은 자각을 토대로 한 휴머니티야말로 자연이라는 세계와 긍정적이고도 양육적인 관계를 회복시킬 수 있다고 확신한다. 하지만 이런 인식에는 자연과 연계할 수 있는 방식들에 대한 충분한 이해가 요구된다. 또한 건강과 복지, 사회적 또는 개인적 번영을 이루게 하는 자연의 역할에 대한 폭넓은 이해도 필요하다.

오늘날 자연세계에 대한 과소평가로 인해 휴머니티는 교차로에 서 있다. 우리는 진보와 문명을 인간의 우월성과 연관시키며 자연에 대한 지배 또는 형질전환이라는 태도로 기만해왔다. 그러나 현재 우리에게 필요한 것은 자연으로부터의 격리가 아니라 스스로를 자연의 일부로 인식하는 것이며, 우리의 삶이 얼마나 자연에 의존하고 있는지를 새롭게 깨닫는 일이다. 『세상 끝의 집The Outermost House』으로 잘 알려진 미국의 자연주의 작가 헨리 베스턴Henry Beston, 1888~1968은 진정한 휴머니티를 성취하는 기반으로써 다음과 같은 이해가 필요하다고 주장했다.

자연은 휴머니티의 일부다. 따라서 이러한 신성한 미스터리에 대한 인식과 경험 없이는 진정한 인간이 될 수 없다. 초원 위의 바람과 수많은 별이 더 이상 영혼의 일부가 아닌 살과 뼈의 일부가 될 때, 인간은 인간이라는 동물의 존엄성과 완전성 그리고 진정한 휴머니티의 생득권birthright(태어날 때부터 가지고 있던 능력이나 권리—옮긴이)을 지니지 못한 우주의

무법자가 될 것이다.[3]

이 책은 '생명 사랑biophilia'이라는 개념을 토대로 자연에 대한 인간의 신체적·정신적 의존이라는 영역을 탐험하고 있다. 이때 생명 사랑이란 인간의 신체적·정신적 건강, 생산성, 행복한 삶을 자연세계와 연계하려는 인간 고유의 성향으로 정의할 수 있다. '바이오필리아biophila'라는 용어는 생물학자 에드워드 윌슨Edward O. Wilson, 1929~이 출간한 책『생명 사랑biophila』[4]에서 비롯된 것으로, 이후 윌슨과 내가 공동으로 저술한『생명 사랑 가설The Biophilia Hypothesis』에서도 제기되었다. 라틴어인 biophilia를 직역하면 '인생에 대한 사랑'이라는 뜻으로, 심리학자 에리히 프롬Erich Fromm, 1900~1980은 이 용어를 사용하면서 인간의 정신 건강에는 삶에 대한 사랑이 필요하다고 주장했다.[5] 하지만 윌슨과 내가 사용하는 '생명 사랑'이라는 용어는 자연과의 보다 폭넓은 교류를 구성한다는 부분에서 가치와 질을 포함한 복잡한 과정을 담지하고 있다. 즉, 생명 사랑은 우리가 자연세계에 의미를 부여하고 이익을 끌어내는 근본적인 것들로서 다음과 같은 영역을 지닌다.

- 매력attraction : '예쁨'이라는 표층적인 감각에서 '아름다움'이라는 심오한 깨달음에 이르기까지 미적 관심으로서의 자연 감상.
- 사유reason : 기본적인 사실로부터 시작해 복잡한 세계를 이해하고자 하는 지적 욕망.
- 혐오aversion : 자연에 대한 반감 또는 두려움으로 인한 회피.
- 착취exploitation : 자연세계를 이용하고 물질적으로 개발하고자 하는

욕망.

- 애착affection : 자연에 대한 사랑을 포함하는 감정적인 믿음.
- 지배dominion : 자연환경을 제어하고 통제하려는 충동.
- 정신성spirituality : 자기 자신을 넘어 세상과의 연결을 통한 의미와 목적의 추구.
- 상징주의symbolism : 이미지, 언어, 디자인을 통한 자연의 상징적인 표현.

이 책을 통해 나는 생명 사랑이라는 가치가 어떻게 발생하여 전개되었는지, 건강한 우리 삶에 미치는 영향은 무엇인지에 대해 이야기하고자 한다. '인간이 된다'라는 표현에는 많은 의미가 담겨 있는데, 생명 사랑은 인간다운 인간으로 존재하기 위해 학습되고 성장되어야 하는 일종의 생물학적 욕구라고 할 수 있다. 우리는 자연과 연계하려는 성향을 지니고 태어났으나 그러한 본능은 많은 경험과 믿음을 통해 발현된다. 이러한 학습과 성장은 생명활동을 넘어서는 재능, 즉 변화하고 창조하며 진보하는 인간 종의 놀라운 능력에 기반한다. 개인, 그룹, 문화는 학습을 통해 더욱 창의적이고 독특한 형태를 이룬다. 그것은 인간이라는 종이 지닌 특별한 능력의 원천이라 할 수 있다.

하지만 학습과 성장을 통해 단순한 생명활동의 영역을 넘어서는 우리의 재능은 장점과 약점을 지닌 양날의 칼이기도 하다. 이것은 창의성과 진보라는 탁월한 능력을 이끌어주기도 하지만 과잉될 경우 자기 파괴적인 방향으로 향할 수도 있기 때문이다. 다시 말해 생명활동이라는 영역에서 벗어나는 순간 우리의 재능은 무한한 융통성을 발휘하기보다 선천적인 욕망에 구속될 수 있다. 이러한 역작용을 피하기 위해 생명활동과 내재된 욕망 그리고 자연과의 연계에 대해 충실한 자세를 유지해야 한다.[6]

사실 자연세계에 대한 우리 본연의 친밀감은 계속 가꿔나가야 할 생득권이다. 또한 생명을 배우고자 하는 의지는 구조화된 결과물이 아니라 의식적인 참여가 요구되는 부분이다. 자연에 적응하여 유익한 결과를 얻으려면 생명친화적 성향은 경험으로써 학습되어야 하고, 다른 요소들의 지원도 받아야 한다. 자연세계와 접촉을 멀리할수록 우리의 생명친화적 가치는 위축될 것이며, 과도하거나 과대한 태도를 취한다면 기능 장애를 일으킬 수도 있다. 자연에 대해 과대하거나 과소한 태도는 사랑에 대해 무심하거나 집착하는 감정과 같다. 이러한 극단 가운데 개인 또는 사회에 잠재된 독특한 표현이 발현되기도 하고, 인간의 독창성과 창의성을 펼칠 풍부한 기회가 제공되기도 한다.

인간은 자기 파괴적인 행동과 생각을 골라 실행에 옮기곤 한다. 오늘날 곳곳에서 이러한 과잉의 증거들을 찾아볼 수 있다. 생명친화적 가치가 왜곡됨으로써 광범위한 환경 파괴가 이루어졌으며 자연과 거리를 두는 관계가 되어버렸다. 우리가 현재 겪고 있는 환경과 사회의 위기를 해결하기 위해서는 근본적으로 의식의 변화와 새로운 윤리가 절실하다. 다시 말해 자연을 '구원'하겠다는 열망이 아니라 근본적으로 자기이익의 추구라는 점에서 동기부여가 될 필요가 있다.

이 책에서는 휴머니티의 다양한 측면들을 살펴보고, 그것들이 각각 어떻게 자연세계와 연결되어 있는지에 대해 좀더 신중하게 접근할 것이다. 또한 인간이 자연과 연계하려는 본질적인 성향에 대한 여러 방법을 접할 것이며, 그 각각의 방법이 몸과 정신에 어떤 보상을 주고 있는지도 분석해볼 것이다. 오늘날 자연과의 수많은 관계가 어떻게 몰락하게 되었는지, 결과적으로 건강한 삶에 어떤 해로움을 초래했는지도 면밀히 검토할 것이다. 또한 미덕을 실천하고 의무를 다하는 삶을 이끌기 위해 해야 하는 일에 대해서도 알아보고자 한다. 예컨대 유아기 발달의 도전, 지속 가능한 디자인의 원칙, 일상생활에서 의무감의 실천 가능성, 윤리의 유용성과 정의감 등에 대한 철저한 조사를 통해 오늘날 인간과 자연의 관계를 회복할 수 있는 수단들을 검토할 것이다.

지금으로부터 60년 전, 환경보호 운동가인 레이첼 카슨은 생태계를 파괴하는 살충제에 대해 고발한 책 『침묵의 봄Silent Spring』을 펴냈다. 이 책은 무지하고 오만한 인류의 손에 인해 무차별적 중독에 빠진 지구에서 생명과 자연의 소리가 사라져버린 미래, 고요한 침묵만이 존재하는 무서운 미래를 상기시켜 주었다.[7] 그러나 오히려 나는 이 책을 통해 인간이 자연과 풍부하고 의미 있는 관계를 맺음으로써 긍정적인 미래를 만들 수 있다는 가능성을 타진했다. 자연은 우리의 마법 우물 속에 존재한다. 다시 말해 우물 속의 물을 계속 길어올릴수록 우리의 몸과 마음과 정신은 존속될 것이다. 따라서 자연의 무한하고 경이로운 아름다움은 우리가 누구이며, 어떠한 (성향의) 개인과 사회인가에 달려 있다고 해도 과언이 아니다. 다른 모든 생명체와 마찬가지로 우리는 지구라는 땅에 뿌리를 내리고 있으며, 우리의 건강과 가능성은 우리가 속해 있는 자연세계와의 관계에 달려 있다고 할 수 있다.

우리는 자연과의 관계에 대해 알아보려 할 때 다음과 같은 기본적

01. 우리는 단지 생명활동의 지시에 따라야 하는 존재일까? 아니면 학습, 문화, 창의력을 통해 유전적 굴레에서 벗어날 수 있는 특별한 존재일까? 생명친화적 관점에서 본다면 우리는 양쪽 모두에 해당한다. 인간의 생물학적 기원을 진솔히 받아들인다면 우리는 학습과 자유 의지의 실천을 통해 세상을 구성하고 창조할 수 있는 생물문화적인 창조물이라 할 수 있다.

인 질문에 마주하게 된다. 우리는 과연 누구인가? 하나의 종으로서 인간은 세상 어느 곳에 적합한 생물체일까? 우리의 생득권과 운명은 어떠한 것일까? 필연적으로 물려받은 '진화'라는 유전적 요구에 부응해 생명활동을 해나가야 하는 또 다른 종에 불과할까? 아니면 학습, 문화, 창의력을 통해 생명활동의 시스템에서 벗어날 수 있는 전적으로 색다른 존재인가? 생명 사랑의 가르침은 우리가 양쪽 모두에 해당한다고 제안한다. 다시 말해 인간은 유전적 진화의 산물로서 탁월한 독립성과 독창성을 지닌 생명문화적인bicultural 피조물이라는 것이다. 우리는 학습과 자유의지의 실천을 통해 세상을 구성하고 창조해 나갈 수 있으나, 보다 성공적이기 위해서는 자연에 기초한 생명활동에 대해 진실한 태도를 유지해야 한다. 또한 유전적으로 의존하고 있는 자연세계로부터 지나치게 많이 벗어난다면 위험을 자초하게 될 것이다.

현대사회에서 우려되는 점은, 자연을 건강과 행복을 위한 필수품이 아니라 불필요한 편의시설 정도로 생각하는 시기에 이르렀다는 것이다. 자연을 향한 새로운 의식과 윤리를 포용하는 세계가 우리에게 적합하다는 사실을 충분히 깨달을 때까지, 인간은 기술이나 정책으로 해결할 수 없는 환경 문제와 사회 문제를 계속 만들어낼 것이다. 생명 친화의 도덕적 의무는 한 개인의 문제가 아니라 그 개인이 속해 있는 세계와 자애롭고 온화한 관계를 유지하는 것이다. 그렇지 않고서는 개인 또는 종으로서 번영할 수 없다.

이 책에서 나는 자연과 연계하려는 우리의 고유한 성향이 얼마나 복잡한지, 그리고 그것이 심신의 건강과 생산성, 행복한 삶에 어떠한 기여를 하는지에 대해 탐구할 것이다. 그리고 이 조사를 위해 이론과 과학, 관습을 혼합해 언급할 것이다. 또한 이러한 이슈에 대한 손쉬운 접근을 돕기 위해 나만이 가지고 있는 개인적이면서도 전문적인 경험에 기초한 이야기들을 털어놓을 생각이다. '경험 속으로'라고 분류한 이 이야기들은 일반적으로 자연과 인간의 관계에 대한 또 다른 방식의 표현이라 할 수 있다. 이제 첫 번째로 소개할 에피소드는 생명 사랑의 가치와 그에 대한 생각, 주장들이 자리잡은 미래를 상상한 풍경이다. 이 이야기에서 나는 자연과의 이로운 관계를 유지할 때, 비로소 인간이 행복을 위한 건강과 가능성을 얻는다는 자각이 실현된 현대의 도시사회를 그려볼 것이다.

꿈의 영역 - 2030년과 2055년

도시 근처에서 커다란 육식동물이나 유제동물ungulate(소나 말처럼 발굽이 있는 동물—옮긴이)과 맞닥뜨리는 2030년으로 돌아간다는 것은 매우 이상하고도 머나먼 이야기라고 느낄지도 모른다. 지금까지도 그때의 기억은 나를 혼란스럽게 만든다. 당시 나는 여덟 살이었으며 덴버에서 부모님과 여동생과 함께 살고 있었다. 우리 집은 유행 지난 옷을 입고 다니는 이웃들을 더러 만날 수 있는 '도시마을urban village'에 있었다.(도시마을이란 쾌적하고 인간적인 스케일의 도시환경을 조성하기 위한 목적으로 1989년 영국에서 시작되었다. 지속 가능한 규모에 다양한 계층의 사람이 함께 거주하면서 다양한 용도와 유형의 커뮤니티가 혼합되어 있는 전원도시로, 자동차 없이 보행으로 도시생활이 가능하며 계획을 입안할 때는 주민 참여를 전제로 한다. 이곳 주민들은 지속 가능한 환경 실천을 지향한다.—옮긴이) 도시마을은 단독주택과 일렬로 늘어선 주택, 몇몇 다층 아파트 빌딩으로 구성되어 있고, 상점들로 밀집한 쇼핑센터가 아닌 채소밭이 거리시장처럼 늘어서 있으며, 고등학교와 중학교는 오솔길로 연결되어 있었다. 큰 도로와 주차공간은 주택단지 뒤쪽에 배치되어 있어 주거지역과 쇼핑지역으로 이동할 때는 자동차가 아닌 전동차나 자전거 또는 두 다리를 이용해야 했다. 주택단지에서는 마치 커다란 벽처럼 둘러 있는 로키산맥이 멀리 바라다보였다. 과거에 그 산은 오염된 공기 장막에 가려져 있었다는 이야기를 부모님께 들은 적이 있다.

나는 그곳의 학교를 무척 좋아했다. 우리는 교실 안에서 많은 시간을 보냈지만 그에 못지않게 바깥활동을 즐길 수 있었다. 교실에는 다양한 종류의 식물이 가득했으며 창문으로는 로키산맥의 멋진 풍경을 바라볼 수 있었고, 우리는 학교 입구에 있는 연못의 생태에 대해 배우기도 했다. 특히 동물이 입으로 내뿜듯 지붕에서 멋지게 흘러내리던 빗물의 용도는 물론이고, 학교에서 공급되는 물로 재배되는 계단식 농지의 다양한 곡식들에 대해서도 배울 수 있었다. 학교 지붕은 태양열 패널로 덮여 있었으며 주택들도 이러한 패널을 이용해 태양에너지를 활용하고 있었다. 도시 외곽에는 거대한 풍력 발전용 터빈이 늘어서 있었고 수소연료 전지공장들은 우리에게 필요한 에너지를 공급해주었다.

건물이 밀집한 도시마을에는 아이들이 뛰어놀 만한 장소가 없을 거라 생각하겠지만 우리 집에는 뒷마당이 있었고 마을 곳곳엔 작은 공원과 놀이터가 있었다. 우리는 빗물을 가둬둘 수 있는 개천과 생활용수를 정화해주는 연못에서 개구리를 관찰하거나 물고기를 잡기도 했다. 도시의 길들은 그린웨이 시스템greenway system(큰 공원을 연결하는 보행자·자전거 전용도로 또는 산책로—옮긴이)으로 이어져 있었다. 길 양쪽에 나무와 관목들이 줄지어 선 그린웨이는 농장이 있는 교외를 지나 멀리 황무지 지역까지 이어져 있었다. 사람들은 자전거를 타거나 걸어서, 심지어 말을 타고 그린웨이를 즐겼다. 이 길은 주택단지와도 가까웠고 시내와 쇼핑센터로 연결되어 나중에는 국유림까지 다다를 수 있었다. 이렇듯 그린웨이는 사람들의 사랑을 많이 받았기 때문에 그 근처는 집값이 매우 높았다. 아이들은 그린웨이에서 멀리 떨어진 곳까지 나갈 수 없었기 때문에 우리는 늘 뒤뜰이나 가까운 공원에서 노는 것으로 만족해야 했다. 하지만 때로는 몰래 그린웨이로 나가서 커다란 미루나무 위에 아지트와 오두막집을 만들어 놀곤 했다. 우리는 부모님들이 생각한 것보다 더 멋진 요새를 짓기 위해 공을 들였으며, 그곳에서 위대한 전쟁놀이를 하거나 먼 곳으로 떠나는 계획을 세우며 시간을 보냈다.

일주일에 한 번씩 아버지 사무실로 가서 함께 점심을 먹는 일은 내 큰 기쁨 중 하나였다. 아버지의 사무실은 걸어서 15분 정도 걸리는 곳에 있었는데, 나는 그 건물이 마음에 들었다. 바늘을 떠올리게 하는 그 건물은 꼭대기가 뾰족한 피라미드 형태였고 창문도 삼각형 모양이었다. 멀리서 보면 마치 숲처럼 보였는데, 실제로 건물 옥상에는 나무들이 자라고 있었다. 건물 유리벽에는 빛 에너지를 전기 에너지로 전환하는 수많은 광전지가 설치되어 있어서 건물 내부공간에 필요한 전력을 공급해주었다. 옥상에는 나무들 외에도 정원과 연못, 앉을 수 있는 쉼터와 미팅 공간이 마련되어 있고 두 개의 레스토랑도 있었다. 정원과 연못은 건물의 냉난방 시스템과 연결되어 있으며 연못에 고인 빗물은 배수관을 통해 실내에 조성된 여섯 개의 정원에 물을 공급하고 있었다.

10층마다 자리한 3층짜리 실내정원에는 각종 식물이 자랄 뿐만 아니라 조류관이나 나비 정원까지 구성되어 있었다. 간이 안내판에는 새들이 서식하는 콜로라도의 여러 지역에 대한 설명이 적혀 있었다. 이 실내 정원도 점심을 먹거나 휴식을 취하는 장소였는데, 아버지는 종종 그곳에서 동료들과 회의를 하거나 다른 일들을 처리한다고 했다.

건물 꼭대기의 네 모서리는 마치 절벽 끝에 바위가 얹혀 있는 듯한 구조였는데, 이곳엔 송골매가 지은 큼직한 둥지가 있었다. 둥지에서 기다리는 새끼를 위해 어미 송골매가 비둘기를 물고 오는 모습을 보기도 했다. 둥지

안에 새끼들이 가득 차 있을 때나 어미 송골매가 엄청 빠른 속도로 비행하면서 비둘기를 낚아챌 때의 장면은 특히 더 인상적이었다. 이 둥지는 위험에 처한 다른 새들에게 큰 도움을 주기도 했다. 박새들은 송골매가 무서워서 건물 쪽에 얼씬대지도 않았지만, 둥지가 없었다면 박새들은 날아오다가 투명한 유리벽에 부딪혀 죽었을 것이다. 아버지와 나는 종종 사무실 빌딩에서 점심을 먹고 모험 삼아 근처에 있는 습지대에 갔다. 계절에 따라 달랐지만 노랑머리 찌르레기, 검은목 물떼새, 되부리장다리 물떼새, 거북이, 개구리, 물고기, 잠자리, 부들, 백합 등을 비롯한 아주 많은 동물과 식물들을 볼 수 있었다. 겨울이 끝나갈 즈음 아버지와 함께 습지대 안내판 뒤에 앉아 샌드위치를 먹었을 때의 일이 기억에 남아 있다. 갑자기 물가에서 첨벙대는 소리를 듣고 우리는 깜짝 놀랐다. 그 동물은 안내판 뒤에 숨어 있는 우리를 발견하지 못했지만 우리는 안내판 위로 머리를 살짝 내밀어 소리의 정체를 확인했다. 물속으로 미끄러지듯 들어가는 매끈한 모습의 회색 동물이 눈에 띄었다. 그 동물의 구불구불한 몸체를 처음 본 나는 네스 호수의 괴물일 거라고 생각했다. 아버지는 깜짝 놀라더니 소리쳤다. "난 또 뭐라고! 수달이었군." 우리는 시야에서 사라지기 전에 그 동물의 모습을 한 번 더 볼 수 있었다. 귀여운 수염을 지닌 수달은 양쪽으로 불룩한 입에 작은 물고기를 물고 있었다.

그 당시에는 수달이라는 동물에 대해 알려진 것이 거의 없었다. 다만 다리 밑이나 깨끗하지 않은 물에서 사는 걸 싫어한다는 것이 전부였다. 그런데 습지와 개울이 복원되어 수질이 향상되자 수달의 개체 수가 증가하면서 일부 어린 수달들은 대담하게 도시 안으로 들어오게 된 것이다. 얼마 지나지 않아 도시의 다른 곳에서도 수달이 발견되었다는 소식을 듣게 되었지만,

우리는 그때의 발견을 대단히 자랑스럽게 여겼다. 덴버에서 놀고 있는 수달의 모습이 자연스러워지기까지는 오랜 시간이 걸리지 않았다. 수달을 처음 목격한 사람들은 흥분했지만 시간이 흐르자 수달들이 물고기를 너무 많이 잡아먹는다며 불만을 터뜨리기 시작했다. 결국 사람들이 그들의 재산인 물고기를 보호하면서 수달과 함께 사는 법을 배우기까지는 얼마간의 시간이 필요했다.

내 생애 최고의 야생 체험은 그린웨이에서 비롯되었다. 내가 아직 작은 아이였을 당시 그린웨이는 추운 겨울이 가장 흥미진진한 시기였다. 그때 나는 산에서 서식하던 엘크(큰 사슴)들이 우레 같은 소리를 내면서 우르르 산사태처럼 내려와 마을을 통과하고는 따뜻하고 습한 목초지가 있는 동쪽으로 향하는 것을 보았다. 그린웨이가 생기기 전까지만 해도 엘크의 서식지는 크게 훼손되었고, 인간들의 남획과 울타리 때문에 겨울을 지낼 목초지로 이동할 수가 없었다. 그러나 21세기 초 소와 양을 기르는 목장이 점차 사라지고, 정부의 야생동물 보호정책 강화와 생태관광 활성화 덕분에 엘크의 수는 증가되기 시작했다. 그러나 산과 평원을 연결하는 이동통로가 되어주는 그린웨이가 없었다면 엘크들을 도시에서 만나는 경험은 불가능했을 것이다. 이처럼 그린웨이는 모든 열린 공간을 연결해주고 여러 조직을 결합시키는 기능을 해주었다.

그린웨이가 형성된 초기에는 몇몇 커다란 엘크들만이 이동통로로 사용했다. 그래서 엘크의 개체수가 한계치에 다다를 정도로 감소했거나 매우 혹독한 겨울을 겪은 게 아닐까 짐작했다. 그러나 수도꼭지가 갑자기 열린 것처럼 엘크의 수가 갑자기 수천만으로 불어나 커다란 강줄기처럼 쏟아져 나오기 시작했다. 처음 며칠 동안 시내에서는 홀로 배회하거나 작게 무리 지은 엘크들만이 보이더니 곧 거대한 엘크 떼가 시내를 가로질러 이동했다. 이 상황에 놀란 사람들은 입을 다물지 못했고 환호하는 사람들도 있었다. 경찰, 소방관, 야생동물 관리인들이 긴급 출동해 흥분한 이들을 진정시키려 했다. 다행히 엘크나 사람이 다치는 일은 벌어지지 않았다. 엘크 떼가 퍼레이드라도 하듯이 질서정연하게 가두행진을 벌일 때 아이들은 상기된 표정으로 지켜보았고, 어른들은 추파를 던지듯이 환호했으며, TV 해설자는 논평을 했고, 상인들은 물건을 팔았고 과학자들은 관찰을 했다. 엘크 떼의 행진은 빠르게 전설이 되었고, 이후 도시의 자랑스러운 연례행사가 되었다.

내게는 다른 어떤 사건보다 기억에 남을 만한 일이 하나 있다. 어느 겨울날, 아버지는 엘크가 도시를 가로질러 지나갈지도 모른다고 말했다. 이는 도시 외곽에 보호관리를 받는 소나무 숲에서 엘크들의 행진을 볼 수 있는 기회였다. 엘크 떼를 볼 수 있다는 희망에 가득 찬 나는 매일 아침 일찍 일어나 지독한 추위를 헤치고 아버지를 따라 숲으로 가보았다. 그리고 5일째 되던 날, 안개 자욱한 아침이었다. 거대한 동물이 나뭇가지를 부러뜨리는 듯한 소리가 들렸고, 곧이어 안개 속에서 유령 같은 형체들이 모습을 드러내기 시작했다. 그 수는 점점 많아졌고 가까워질수록 대지가 크게 울려왔다. 황갈색과 회색이 섞인 머리 위에 달린 거대한 뿔을 보았을 때는 놀라움과 감탄을 금할 수가 없었다. 희미한 불빛에 비친 그들의 모습은 유령 같았고, 아득히 먼 옛날의 모습이 현대와 합쳐지는 것처럼 보이기도 했다. 그러나 인간이 만든 도시의 길을 지나면서 그 환상은 사라지고 말았다.

놀라움과 감탄은 여기에서 끝나지 않았다. 아버지와 함께 한 시간 가까이 엘크 떼를 구경하고 있을 때 상상도 못한 일이 벌어진 것이다. 다 자란 수컷들이 먼저 지나가고 암컷들과 새끼들이 그 뒤를 따르고 있는데 반대편

02. 회색곰과 인류는 오랜 갈등의 역사를 지니고 있다. 멸종이라는 위첩에 당면한 종을 보존하려는 노력은 자연세계와 공존하려는 휴머니티의 시험으로 간주된다.

소나무 숲에서 무언가가 갑자기 튀어나오더니 전속력으로 질주하는 말처럼 내달리기 시작했다. 그러자 엘크들은 폭탄이라도 떨어진 것처럼 펄쩍 뛰며 사방으로 흩어졌다. 그 와중에 어린 사슴 한 마리가 꼼짝없이 침입자의 발밑에 깔리고 말았다. 불과 몇 초 사이의 일이었지만 내게는 그 과정이 느린 화면처럼 천천히 진행되는 것처럼 느껴졌다. 숲에서 튀어나온 그 생물체는 빨랐지만 우아함과는 거리가 멀었으며, 이상하게 행동은 느릿느릿했고, 말처럼 윤기가 있거나 품위 있어 보이지 않았다. 더구나 말은 엘크를 들이받기는 하지만 덮치지는 않는다. 어린 나이였지만 나는 뭔가 경이로우면서도 두려운 존재와 함께 있음을 느낄 수 있었다. 등이 굽어 있는 그 침입자는 불굴의 투지를 지닌 거대한 육식동물로서 땅 위의 거대한 포식자였다. 바로 위대한 신화 속에 나올 법한 불곰이었다!

"세상에나!" 아버지는 소리쳤다. "회색곰이구나. 하지만 그럴 리가 없어!"

일부 아마추어 생물학자들의 주장을 제외할 때, 우리가 아는 한 지금까지 덴버 근처에서 회색곰이 발견된 바는 없었다. 적은 수의 개체들만이 콜로라도 주 서남쪽에 위치한 샌환San Juan 산맥에서 발견되었을 뿐이다. 가끔 덴버로부터 그리 멀지 않은 로키산맥 국립공원에서 회색곰을 보았다는 말을 듣곤 했지만 대체로 그 정보는 확인되지 않은 채 묵살되었다. 하지만 내가 본 그것은 결코 유령이 아니었다. 아마 최근에 깊은 잠에서 깨어난 배고픈 어린 곰으로, 추운 산을 방황하다가 엘크의 냄새를 따라왔을 것이다. 오랜 세월에 걸쳐 적대적인 관계에 있는 인간을 피하지 않은 걸 보니 그 곰은 어수룩해 보였다. 어쩌면 회색곰들은 한때 위협적인 존재였던 인간이라는 종이 최근 야생동물, 특히 산의 전설적인 지배자에 대한 존경심을 갖추기 시작하는 걸 보고 그다지 위험하지 않다는 사실을 알아챘는지도 모르겠다.

아버지의 외침에 어린 곰은 앞발을 들고 일어섰다. 키가 약 180센티미터 되어 보이는 곰은 사람마냥 둥근 얼굴로 우리를 노려보았다. 우리는 너무 두려운 나머지 도망치지도 못한 채 곰을 마주 보게 되었다. 불꽃 튀는 시선 속에 대립적인 감정이 곰과 우리 사이에 오갔다. 그것은 두려움, 매혹, 아니면 감탄이거나 일종의 존경심이 뒤섞인 것이었다. 우리로서는 결코 해를 끼치지 않는 생명체라는 걸 보여주어야 했으나 아버지는 자식을 보호하려는 우선적인 본능에 사로잡혀 공격적인 자세를 취하고는 큰 소리로 외쳐댔다. 곰이 콧방귀를 뀌며 으르렁거리자 코가 번쩍거렸다. 그러나 곰은 안정감을 되찾았는지 앞발을 내리더니 엄청난 힘으로 먹이를 끌고 숲속으로 사라졌다.

아버지와 나는 한동안 깊은 환각에 빠진 것 같은 상태로 있었다. 우리가 공원관리 담당 공무원에게 이 사실을 말해주었을 때 그는 믿으려 하지 않았다. 그러나 치밀한 조사가 실시되었고, 또 다른 목격자가 나타나면서 작은 회색곰 무리가 로키 산맥 국립공원과 근처 황무지에 서식한다는 소식이 사람들에게 전해졌다. 이처럼 기적적이고 놀라운 경험은 어린 시절의 나에게 깊은 감동을 안겨주었으며, 이후의 인생에도 커다란 영향을 끼쳤다. 이때의 경험은 여덟 살짜리 어린 소년에게 초월적인 그 무엇이었다. 그후로 나는 그 경험을 가슴에 품고 살았다. 가끔 찾아오는 위기의 순간마다 곰에 대한 기억을 떠올리며 힘을 얻을 수 있었다. 나는 하늘의 별자리처럼 기억의 한구석에서 커다란 곰의 인상을 명확히 잡아낼 수 있었다. 이는 내게 닥쳤던 걱정과 불확실함들을 잠재워주었던 그 사건의 의미를 되찾고 나서야 가능했다.

중년에 접어든 2055년, 지금까지도 큰 자극이자 기쁨이었던 그날의 사건을 회상하지 않고서는 하루가 잘 지나가지 않는다. 오늘도 나는 일과 세상으로부터 받은 스트레스로 인해 잠이 깬다. 뉴스에서는 날마다 의도적인 학대와 불필요한 파괴, 무관심과 탐욕으로부터 뻗어 나간 아픔의 고리에 관한 소식을 전한다. 이런 신경질적인 반응은 어쩌면 담낭 수술 때문에 병원에 입원했다가 막 돌아온 탓인지도 모른다. 수술은 잘 이루어졌으며 회복 또한 문제가 없었다. 아름다운 정원과 그 주위의 풍성한 수생환경으로부터 많은 도움을 받은 것 같기도 하다. 그러한 환경이 건강의 회복 속도를 올려준다는 사실이 알려지자 많은 수의 병원이 치료법의 일환으로 자연공간을 조성했다. 그러나 대부분의 큰 수술이 그렇듯 여전히 걱정스러운 시간이었다.

지금 이 순간에도 나는 회색곰을 기억하며 개들을 데리고 산으로 산책을 나가곤 한다. 산책길에서 메마른 하구 바닥을 지나 버드나무 길을 걷다 보면 도시에 있다는 사실을 잊게 된다. 선인장 굴뚝새의 울음소리와 함께 허공에서 원을 그리는 맹금류들이 나타난다. 정상에 오르겠다는 작정으로 빨리 가려다가도 여러 감각이 발길을 잡는다. 개들도 속도를 느리게 하는 데 일조한다. 호기심에 가득한 개들은 단지 눈에 보이는 것 이상으로 신기한 세상의 냄새에 둘러싸인 채 식물이나 바위 같은 사물들에 정신이 팔려 여기저기 돌아다니기 때문이다. 자연의 다양한 신호에 사로잡힌 나 또한 무한한 정보를 담고 있는 세상을 향해 마음을 열기 시작한다. 다양한 새들과 꽃들 그리고 다른 많은 것에 대해 깊이 관찰하고 확인하기 시작한다. 그것들을 세고 분류하는 동안 내 안에서는 자연에 대한 친밀한 기쁨이 솟고, 경이로움과 아름다움에 대한 감사한 마음을 지니게 된다. 근처 바위에 내려앉은 왕나비monarch butterfly를 보다가, 날개의 주황색과 검은색 패턴이 자연과의 조화 속에서 이루어진 것이라는 사실을 발견할 때면 생명체는 모두 진화적 존재라는 편협한 해석을 거부하게 된다. 그보다는 너무 가벼워 무게가 없을 것만 같은 이 나비가 엄청난 거리를 이동할 수 있다는 생명의 기적에 압도당하고 만다. 또한 날씨나 지형에 관계없이 먼 곳으로 날아갈 수 있도록 설계된 나비의 뇌에 다시 한번 놀라게 된다.

나는 마침내 정상에 도착해 초원을 가로질러 펼쳐진 도시를 내려다보면서 방대하고 창의적으로 이루어진 도시의 모습에 감탄한다. 나는 다시 하늘의 구름을 올려다보며 어릴 적 보았던 곰의 모습을 떠올려본다. 나는 나 자신보다 더 크고 넓은 세상으로 연결해주는 바람에 실려 곰과 함께 하늘을 가로지른다. 의식의 일부로 남은 회색곰은 절대 내 옆을 떠나지 않을 것이다. 우리는 서로 인생이라는 장엄한 여행을 함께하는 동반자다. 나는 자아도취와 자기연민에서 벗어나 이 생명체가 주는 기적에 사로잡히게 되었다.

나는 더 영리해지거나, 노련해지거나, 건강해지지는 않았지만 새로운 활기를 얻은 채 집과 사무실로 돌아왔다. 나는 곰과 나비로부터 건강을 지켜주는 자양분을 얻었으며 그들의 재능으로 인해 담대해졌다. 나는 놀라면서도 불안한 채로 뒷발을 딛고 일어선, 그러나 깊은 불안 속에서도 헌신과 존경심을 지닌 채 인간을 응시하고 있는 곰이 되었다.

바퀴벌레를 좋아할 사람이 있을까? 그런 사람이 있다면 그는 성인처럼 너그러운 마음을 지녔을 것이다. 대체로 사람들은 바퀴벌레를 혐오와 경멸의 생명체로 여기며 극도로 불쾌해 한다. 이러한 혐오감으로 인해 우리는 바퀴벌레를 죽이는 데 조금의 망설임이나 죄책감을 가지지 않는다. 특히 싱크대나 서랍에서 바퀴벌레가 갑자기 나타났을 때 더욱 그러하다. 이러한 혐오 반응은 벌레나 거미뿐만 아니라 쥐나 뱀 등 해롭다고 여기는 척추동물들에게도 비슷하게 드러난다.

우리에게 혐오감을 주는 바퀴벌레는 원래 딱정벌레와 매우 가까운 종이다. 그러나 어떤 딱정벌레는 매력적이며 때로는 아름답게 느껴지기도 한다. 무당벌레나 풍뎅이를 보라. 특히 등껍질이 밝은 빛깔의 금속 재질 느낌을 주는 딱정벌레는 보석이나 장식물을 볼 때와 같은 미적 감각을 불러일으킨다. 딱정벌레를 좋아해서 집에서 직접 키우는 사람도 적지 않다.

딱정벌레는 모든 동물 중에서 종류의 수가 가장 많은 것으로 알려져 있다. 과학적으로 분류된 것은 약 40만 종이지만, 실재하는 종은 100~200만 정도로 추정된다. 공식적으로 분류되지 않은 종까지 포함하면 지구 생명체의 4분의 1가량이 딱정벌레 종이라는 셈이다.[1] 이처럼 기이할 정도로 많은 종이 확산된 이유에 대해 어느 성직자는 19세기 영국의 곤충학자 홀데인J. B. S. Haldane, 1892~1964에게 질문을 던졌다. 자신의 연구를 항상 신의 존재와 결부시키곤 했던 홀데인은 이렇게 대답했다.

"신은 딱정벌레에 대해 과도한 애정을 지니고 있는 것 같습니다."[2]

창조주를 따르고자 하는 열망에도 불구하고 창조주의 애정과는 달리 인간은 딱정벌레에 대해 미적인 매력을 느끼지 못하는 편이다. 이는 다리 있는 곤충들을 아우르는 '벌레bugs'에 대해서도 마찬가지다. 무척추동물에 대한 거부감의 이유는 복잡하다.(이에 대해서는 3장에서 상세히 다룰 것이다.) 벌레가 환영받지 못하는 데에는 몇 가지 이유가 있는데, 우선은 그 생김새가 기이하고 낯설기 때문일 것이다. 또한 그들은 근본적으로 인간과는 매우 다른 패턴으로 살아가는 존재로 감정, 지능, 개성, 자유의지, 배려, 도덕적 선택 등 우리가 중요하게 생각하는 특성들을 지니고 있지 않다. 우리와 전혀 닮지 않은 이 생명체들은 마치 거세되고 생명은 없으나 지각은 할 수 있는 그 어딘가의 상태로 존재하는 것 같다. 이러한 인식은 무척추동물들에 대해 거부감을 갖게 만든다. 그러나 무당벌레, 풍뎅이, 나비와 같이 우리에게 호감을 안겨주는 종류는 예외가 된다. 같은 척추동물임에도 쥐나 방울뱀에 대해 거부감과 혐오감을 보이는 한편 비버나 이구아나와 같은 동물들에 대해서는 껴안고 싶을 정도로 사랑스러워하는 것은 모두 그러한 원리다.

그렇다면 우리는 이 드문 예에서 과연 무엇을 유추해낼 수 있을까? 대부분의 사람이 자연세계에 대해 내리는 변덕스러우며 편향되고 어

03. 대체로 사람들은 곤충과 거미에 거부감을 느낀다. 왜냐하면 이들은 인간이 높은 가치를 매겨놓은 감정, 지능, 개성, 자유의지, 배려, 도덕적 선택을 수행할 능력을 지니고 있지 않기 때문이다.

딘지 불합리해 보이는 미적 평가 이외에 일관된 결론을 도출해낼 수 있을까? 바퀴벌레, 쥐, 나비, 비버 등의 생물체와 관련한 우리의 미적 호불호는 문화나 역사와 무관하게 예측 가능하며 일관성이 있다는 점에 주목해야 한다. 이러한 미적 평가는 생명이 없는 무지개, 폭포, 꽃, 뾰족한 산, 일출과 일몰, 사바나 경치 등 수많은 환경적 특성에도 적용될 수 있다.

이러한 시각이 다른 문화와 역사에 걸쳐 공통적으로 드러나는 것이라면, 이 생명체들은 하나의 종으로서 진화해온 인간의 생명활동을 반영하는 것이라고 할 수 있다. 다시 말해서 이러한 미적 호불호는 인간의 유전자에 새겨진 것으로, 긴 역사 속에서 인간이 건강과 생존에 유리하도록 자연에 적응한 반응이라 할 수 있다. 또한 이러한 경향이 '한때 환경 적응에 필요했으나 이제는 더 이상 필요치 않게 된' 것이 아니라면, 미적 평가는 앞으로도 우리의 건강과 번식과 행복에 영향을 끼칠 것이다.

회의주의자들은 자연에 대한 우리의 미적 평가가 매우 주관적이며 유행이나 집단이 주는 압박감과 편견에 의해 쉽게 조작될 수 있다고 지적한다. 또한 자연에서 어떤 매력이나 혐오를 느끼는 반응은 기본적으로 변덕스럽고 피상적이며, 인간 복지에 그다지 중요하지 않다고 비판한다. 생물 보존학자인 노먼 마이어스^{Norman Myers, 1934~}는 자연에 대한 미적 논쟁은 그런 의문에 대해 생각할 여유가 있는 사람들의 특권일 뿐이라고 말한다.[3] 미국의 주간지 『뉴요커』는 한 카툰에서 아름다운 숲속의 공터를 걷는 아버지와 아들의 모습을 그린 뒤 자연에 대한 우리의 미적 감각이 그다지 중요하지 않다는 점을 조롱하듯 묘사했다. 카툰에서 아버지는 소년의 어깨에 팔을 걸치고 "나무에 대해 아는 것은 좋은 일이다. 하지만 나무에 대해 아는 것만으로 큰돈을 번 사람은 아무도 없었다는 점을 기억하거라"라고 충고한다.[4]

자연에 대한 미적 평가와 관련한 여러 의견과 의문으로부터 우리는 어떤 결론을 끌어낼 수 있을까? 자연에 끌리는 감정은 보편적인 현상이므로 중요한 요소일까? 아니면 쉽게 바뀌고 주관적이며 편견이 포함되기 때문에 중요하지 않은 것일까? 나는 전자의 입장을 지지한다. 자연의 미적 가치에 대해 공통적으로 반응하는 것은 인류가 하나의 종으로서 오랫동안 자연과 함께 진화해왔음을 반영한다. 뿐만 아니라 인공적인 도시환경 속에서도 자연에 대한 미적 감수성은 복지와 발전, 건강 등과 여전히 밀접한 관련을 지니고 있다. 자연에 대한 미적 평가는 우리가 추론하고, 상상하고, 창조하고, 문제를 해결하고, 이상을 지각하고, 복잡한 것을 조직하고, 스트레스를 조절하고, 치료하고, 지속성과 안전을 획득하는 능력에 기여하는 바가 있다.

자연에 대한 미적 끌림의 보편적 중요성은 에드워드 윌슨과 알도 레오폴드[Aldo Leopold, 1887~1948]와 같은 저명한 생물학자 덕분에 진전을 이뤘다. 두 사람의 통찰력은 분명 언급할 가치가 있다. 인간의 건강과 생존을 자연의 아름다움과 연관 지었던 윌슨은 "자연의 아름다움이라는 것은 인간의 생존에 크게 기여하는 환경의 질적 요소들이 완벽하게 맞아떨어졌을 때를 말한다"라고 주장했다.[5] 레오폴드는 자연이라는 시스템의 완전성에 대한 직관적 이해를 강조하면서 "생물 군집의 완전성, 안전성, 아름다움을 보존할 때만 옳은 것이다. 그렇지 않다면 옳지 않다"라고 주장했다.[6] 두 사람의 의견에서 두드러지게 나타나는 자연에 대한 친밀감, 특히 미적 감각은 인간과 자연의 상호작용으로 생겨난 결과물로서, 인간의 생태 적응에 중요한 기여를 한다.

그것을 어떻게 알 수 있을까? 이에 대해 답하는 것은 너무 어렵다. 그 어려움에 대해 레오폴드는 "아름다움에 대한 물리학은 아직도 중세 암흑기 자연과학의 한 분야에 머물러 있다"고 지적했다.[7] 그러나 인간의 중요한 특성 중 대다수가 필연적으로 자연에 대한 미적 가치와 연관되어 있음을 나타내고 있다.

먼저 지성 발달과 인지능력 측면에서 살펴보자. 자연에 대한 미적 끌림은 결국 호기심에서 비롯된다. 자연의 물체 혹은 현상은 인간의 순간적인 반응을 불러일으킨다. 이러한 미적 끌림에 따른 반응으로 우리는 사물을 관찰하게 되고, 진화된 지성의 작동으로 특정 행동을 취한다. 이 호기심은 순간적이고 표면적이지만 발견과 탐험, 상상, 창의적인 일을 하는 데 기여한다. 대부분의 경우 우리는 처음에 대상의 표면적인 매력 또는 아름다움에 끌리지만 그러한 과정이 반복되면 미적인 끌림은 심도 있는 이해와 참여를 불러일으킨다. 나아가 인내와 개선, 누군가의 도움을 통해 창의력과 독창성으로 이어지기도 한다.

오늘날 인간은 축적된 지식과 각종 전자기기를 통해 효율적으로 소통하고 있지만 우리 감각에 가장 많은 자극을 부여하는 대상은 여전히 자연이다. 물론 자연에는 인간이 아직 경험하지 못한 정보가 가득하다. 말하자면 결론적으로 자연에 대한 미적 끌림은 우리로 하여금 일정 정도의 흥미를 가지고 인류 지성의 발달에 필요한 중요 도구들을 조사, 탐구, 발견, 발명하도록 이끈다. 게다가 자연에 대한 우리의 미적 반응은 대도시를 비롯한 거의 모든 곳에서 표현되기 때문에 접근성이 매우 높다고 할 수 있다.

자연에 대한 미적 끌림은 조화와 완벽함이라는 이상을 받아들이고 추구하게 만든다. 이러한 이상을 인식할 때 우리는 비율, 균형, 대칭에 관심을 갖게 된다. 그리하여 무지개, 폭포, 꽃이 피고 있는 장미, 위엄 있게 선 나무, 산꼭대기에 눈이 쌓인 모습, 넓게 펼쳐진 사바나, 알록달록한 나비, 물을 거슬러 올라가는 송어, 큰 두루미, 뿔이 멋지게 뻗은 사슴, 달리는 치타, 심지어 자연의 요소를 반영하여 디자인된 공원이나 건물을 바라볼 때도 우리는 불완전함이 일상적인 이 세상에서 조화로움과 우아함 또는 기품이라는 감각을 느끼게 된다.

자연의 '이상적인 아름다움'이란 오랜 세월에 걸쳐 인간의 생존에 기여해왔던 특성들이 반영된 것이다. 무지개와 폭포에서는 마실 수 있는 풍부한 양의 물을, 무성한 꽃밭에서는 곡식과 비옥함을, 매끈한 치타와 뿔 돋은 사슴에서는 힘과 기량을, 곧고 웅장하게 뻗은 나무나 큰 두루미에서는 우아함과 탁월성을 포착한다.

자연에 대한 이러한 인식은 영감을 던져주거나 가르침을 주기도 한다. 이는 주관적인 느낌으로부터 시작되지만 좀더 관심을 가지고 공부한다면 완벽함이 어디에서 근원한 것인지에 대한 통찰력을 얻을 수 있으며, 빼어난 것을 알아보는 감각도 얻게 된다. 물론 이러한 감각을 얻을 때의 성취감은 매우 높을 뿐만 아니라 자신이 인지하는 그 감각의 수준에 자기 삶을 맞추려 노력하게 된다.

우리는 종종 자연의 아름다움으로부터 완벽함을 찾곤 한다. 그것을 발견하기란 어려운 일이다. 하지만 사실 나를 포함한 모든 생명은 완벽함을 추구하고 있다. 진화적으로 볼 때 이것은 생존과 번식의 경쟁 속에서 진화적으로 우위에 서고자 하는 노력이기도 하다. 예컨대 가지처럼 뻗은 사슴의 뿔, 치타의 빠른 속도, 코끼리의 힘, 장미의 대칭성과 색깔 등의 특성은 오랜 시간 각 생물체의 생존과 서식지의 존속에 기여해왔다. 우리는 모든 생물체가 공유하고 있는 본능을 충분히 느낄 수 있다. 이에 대해 에드워드 윌슨은 "딱새와 쥐사슴에 대해 파헤치는 것만큼이나 인간이 추구하는 자연의 이상에 대해 의문을 가져보는 건 매우 흥미로운 일이다"라고 제안했다.[8]

생명체는 긴 세월을 살아오면서 생존 위협을 느낄 때마다 해결책을 마련해왔고, 시행착오를 반복하는 과정에서 얻은 비법은 유전자에 새겨졌다. 따라서 생명체가 지닌 독특한 적응력은 그 종만의 특성이자 내재된 아름다움이며, 숨겨진 '이상'이다. 인간은 스스로를 진화적으로 우위에 서게 만들어주는 대상이나 경관에 반응하는 경향이 있다. 종의 지속에 기여하는 바가 있을 경우 그 반응은 생물적으로 유전자에 새겨져 자신의 의지와 관계없이 자동으로 표출된다. 예컨대 살인자나 사기꾼, 정신병자일지라도 아름다운 일몰과 오색찬란한 무지개, 예쁜 꽃다발 같은 것에는 자연적으로 이끌린다. 비록 그 반응의 지속 시간이 짧고 정도가 덜할지라도 말이다.

미적 끌림은 표면적인 아름다움에 대한 단순 만족으로부터 미세한 조화와 완벽함을 느끼는 정도에 이르기까지 연속적인 범위에 놓여 있다. 자연의 아름다움에 관심을 계속 기울인다면 미적 감수성은 더욱 예민해지기 마련이다. 처음에는 멋진 광경이나 대상에 매료되겠지만 감수성이 예민해질수록 자연의 평범한 현상에도 놀라워하고 감탄하게 되는 것이다. 심지어 길가에 자라는 딸기나무를 보면서도 그 아름다움을 숭배할 수 있다. 사회복음주의 운동을 펼친 신학자 월터 라우센부시Walter Rauschenbusch, 1861~1918의 기도에서 이러한 예를 찾아볼 수 있다.

저희가 아침의 멋진 광경을 보고, 환희에 찬 사랑의 노래를 듣고, 봄의 숨결을 맡을 수 있음에 당신(하나님)께 감사드립니다. 당신은 이 모든 기쁨과 아름다움을 느낄 수 있는 넓은 가슴을 저희에게 주셨습니다. 당신은 가시덤불이 신의 영광으로 타오를 때조차도 보살핌 속에서 안주하고 있거나 대단치 않은 욕정에 눈이 멀어 있었던 저희의 영혼을 구하셨습니다. 이 땅에서 함께 살아가야 하는 모든 살아 있는 것들, 형제들과의 유대감을 심어주셨습니다. 저희가 무자비한 잔혹성으로 인간의 지배력을 행사하던 시절, 노래를 불러야 할 때 고통에 찬 신음소리를 뱉었던 부끄러운 과거의 세상을 기억합니다. 모든 살아 있는 것들이 저희만을 위해 존재하지 않으며, 그들 자신과 당신을 위해 살아가는 것이듯 저희 또한 그들의 위치에서 당신을 위해 봉사하는 것임을 알고 있습니다.[9]

최소한 훌륭한 자연은 우리에게 기쁨을 준다. 또한 스트레스를 완화해주고 고비를 극복할 의지를 심어주며, 몸과 마음의 치료와 회복을 선사한다. 나아가 우리는 자연에 숨겨진 이상을 인식함으로써 다른 생명체나 경관의 탁월함이 어디에서 근원한 것인지를 생각해볼 수 있다. 생명체나 경치에 경도될 때 영감과 가르침을 얻고, 통찰력과 이해력도 높아지기 때문이다. 또한 '이상'과 유사한 방식을 자신의 삶에 적용시키려고도 한다.

자연에 대한 미적 반응은 인간 사회에서 마주치는 복잡함을 체계화하고 조직화하는 데 도움을 주기도 한다. 우리는 많은 양의 정보 중에서 필요한 것을 선택해야 하는 상황에 처하곤 한다. 식물, 경관, 지질 상황, 동물, 경로에 대한 다양한 정보 속에서 가장 안전하게 살아남을 수 있는 쪽을 찾아야 한다. 그러나 시각적인 신호에 청각적인 신호가 더해지면 선택은 더욱 복잡해진다. 결국 우위를 차지할 만한 환경의 특성을 알아내기 위해 우리는 복잡함을 다루는 경험을 할 수밖에 없다. 이때 자연 대상의 두드러진 특징은 복잡함을 덜어주는 중요한 요소로써 우리로 하여금 쉽게 선택할 수 있도록 돕는다.

　이로써 미적 매력은 더욱 체계화되고 조직화된다. 특정한 식물, 동물, 지질 상황, 경관에 이끌리는 심리는 주변에 난무하는 수많은 요소 가운데 특정한 패턴에 집중할 수 있도록 한다. 이는 지각 능력을 집중시키고 부분들을 하나의 조직화된 전체로 구성할 수 있도록 돕는다. 눈에 띄게 서 있는 한 그루의 나무, 절벽에서 튀어나온 바위, 경계가 명확한 수로, 숲의 경계, 꽃묶음, 교회의 첨탑, 유기물질의 모양을 흉내 낸 건물의 외관 등 특정 대상에 집중하는 양상에 따라 자신이 어떤 패턴에 끌리는지를 알 수 있다. 이렇듯 미적으로 두드러지는 자연 대상 또는 그 대상을 모방하여 인간이 만든 물체는 우리가 지나치게 세부적인 분야나 특성을 갖추지 못한 부분을 알아내는 데 도움이 된다.[10]

　인간 사회에서는 각각 배움의 방식이 다르고 문화적 환경도 다양하지만, 자연의 어떠한 특성은 우리에게 강력한 미적 끌림으로 작용하며 종종 진화적 의미를 반영하기도 한다. 생물학적 측면으로 볼 때 이러한 환경의 특성은 덜 중요할 수도 있겠지만, 경험적 또는 현상적 측면에서는 상당히 중요한 역할을 한다. 자연경관의 한 부분을 차지함으로써 미적으로 끌리는 환경을 조성하기 때문이다. 알도 레오폴드는 목도리뇌조 한 마리를 예로 제시하며 이와 같은 현상을 설명했다. 목도리뇌조 자체의 생물학적 중요성은 큰 의미가 없을지도 모르나, 그 생명체는 서로 무관해 보이는 수많은 사물의 집합에 불과한 자연경관을 특별한 '원동력'을 가진 무언가로 만들어준다. 그의 글에 이러한 생각이 담겨 있다.

"사람들은 북쪽 숲의 가을 풍경이 대지와 붉은 단풍, 목도리뇌조로 이뤄져 있다는 것을 알고 있다. 고전물리학 측면에서 볼 때 목도리뇌조 한 마리는 전체 에너지의 100만분의 1에 지나지 않는다. 하지만 여기서 목도리뇌조가 빠지면 가을 풍경 자체의 의미는 퇴색되어 버린다. 다시 말해서 이 풍경의 어떤 원동력 자체가 사라진다고 할 수 있다."[11]

미적인 끌림을 주는 자연은 경험을 체계화하는 데 도움을 주며, 혼돈에 빠질 수 있는 수많은 세부 요소를 압도적으로 축약해준다. 어두컴컴할 정도로 우거진 숲과 늪지의 경치는 두려움과 불확실성을 안겨주기보다는 오히려 수많은 가능성을 품고 있기에 더 익숙하고 안전하다고 생각할 수도 있다. 반면 단조롭고 평범한 경치는 미적 끌림을 불러일으키지 못한다. 고여 있는 물, 특징 없는 바위, 단조로운 사막, 칙칙한 건물, 박스 모양의 쇼핑몰, 비슷비슷한 주택단지는 다양성도 없고 자극과 정보도 주지 않기 때문에 미적 감각을 빈곤하게 할 뿐이다. 자연적 대상이든 인공적인 물건이든 미적 끌림이 있는 것들은 디테일

04. 프랙탈 기하학은 자연적인 물체와 인간이 만든 물체 모두에 존재한다. 프랙탈 기하학에 따르면 모든 물체에는 하나의 기본 테마를 기초로 다양한 변화가 다양한 크기로 일어난다. 전체와 비교할 때 부분의 다양성은 사람을 끌어당기는 매력이 있고, 복잡성과 유기성의 균형을 반영한다.

하고 다양하면서도 체계화되어 있으며 유기적인 구성을 갖추고 있다.

복잡성이 유기적으로 얼마나 잘 구성되었는지는 '프랙탈 기하학 Fractal geometry'이라고 불리는 대상들에서 극명하게 드러난다. 우리가 일반적으로 매력을 느끼는 자연적·인공적 물체의 특성이 바로 '프랙탈'이다. 이 용어에 대해 수학자 베누아 만델브로Benoit Mandelbrot, 1924~2010는 "간단하거나 조각난 기하학적 모양이다. 이것은 부분으로 나눠지며 각 부분은 전체의 축소판이기도 하다"[12]라고 정의했다.(1967년 IBM 연구원 베누아 만델브로는 프랙탈 기하학이라는 개념을 발표했다. 이는 수학적 속성을 이용해 자연세계에 존재하는 비유클리드 기하학적 불규칙성을 설명할 수 있다는 이론이다. 초반에는 심한 논란이 있었으나 점차 과학, 산업, 수학, 예술 분야에 중대한 공헌을 했다. 주변 환경을 바라보는 새로운 시각이자 실재에 대한 새로운 관점인 프랙탈 기하학은 자연 및 인류에 대한 주목할 만한 발견이었다.─옮긴이) 일상에서 프랙탈은 전체를 담고 있는 부분들로, 기본 패턴은 서로 닮아 있지만 정확히 같은 형태는 아니며 크기와 모양이 다양하다. 그와 동시에 전반적인 패턴은 연결되어 있다. 이러한 특성은 '자기 유사성self-similarity'이라고 불린다.

프랙탈은 모든 자연적·인공적 현상에 반영되어 있다. 서로 비슷하지만 조금씩 다른 형태를 가진 눈송이, 비슷한 모양이지만 위치에 따라 조금씩 다른 나뭇잎, 같은 나무의 줄기에서 보이는 수많은 결 무늬, 자연을 본떠 만든 건축물이나 직물 디자인 등을 예로 들 수 있다. 부분이 전체가 되는 프랙탈의 가변성은 미적 매력을 지니고 있으며, 세부성 및 다양성과 적절한 균형을 이루도록 체계화되어 있다.

특정한 생물 종이나 자연경관 또는 환경에 대한 미적인 끌림은 진화 과정에서 인간의 생명 유지와 안전에 큰 기여를 해왔으며, 그 기능은 오늘날에도 발휘되고 있다. 어떤 환경적인 특성은 안전, 음식, 식수, 주거지, 이동성에 대한 인간의 수요를 오랜 시간 충족시켜 주었다. 예컨대 꽃이 피는 개화기의 밝은 색상들, 맑은 물이 흐르는 개울과 강, 비바람을 막아주는 위치에 자리한 자연물들이 그러하다. 반면 부상이나 질병의 위험을 높이는 자연의 특성에서는 미적 끌림을 느낄 수 없는 경향이 짙다. 진드기, 거미, 거머리, 바퀴벌레, 뱀, 쥐, 어두운 늪지, 깊은 숲에 거부감을 느끼는 경우가 그러하다. 경우에 따라 어떤 사람은 더 극명하게 거부감을 드러내기도 한다. 현대사회에서 이러한 거부감은 적응이라는 측면에서 가치를 잃은 것처럼 보인다. 그러나 실제로는 상황에 따라 의미를 지니고 있으며 미묘한 상징성을 지니기도 한다. 적응에 기여하는 미적 판단이 어디서 기원했는지, 또 앞으로 어떻게 쓰일 수 있는지에 대해 우리는 어떠한 견해도 지니고 있지 않다. 병문안을 갈 때 사람들이 왜 꽃을 선물하는지, 강이나 바다를 바라볼 수 있는 집 또는 호텔 방은 왜 더 비싼지, 초원이나 캐노피 나무나 개울이 보이는 경치를 왜 더 좋아하는지 우리는 궁금해하지 않는다. 이러한 현상은 진화 과정에서 더 안전하다고 느끼는 자연 요소와의 관계를 반영하고 있다.

심지어 미적 선호가 다소 애매한 경우도 유익하고 진화적인 기능과 연계되어 있다. 예컨대 곰, 너구리, 판다, 바다표범과 같이 얼굴이 둥근, 마치 어린아이를 연상케 하는 생명체에 더 끌림을 느낀다. 또한 어린아이처럼 몸에 비해 큰 머리, 둥근 이마와 눈, 짧고 작은 코와 턱을 지닌 생명체는 보호본능을 불러일으킨다. 이런 미적 끌림은 인간 아이들의 연약함과도 연결된다. 인간의 아이는 다른 동물, 심지어 인간과 가장 가까운 영장류와 비교해봐도 어른에게 의지하는 기간이 두 배 이상 길다. 인간의 아이와 다른 생물 종이 공통으로 지닌 외모적 특징은 테디베어 등의 장난감에 적용된다. 또한 세계야생생물기금World Wildlife Fund이 사용하는 판다 로고나 모피 사용으로 인해 위기에 처한 표범을 살리기 위한 캠페인 로고 등에 활용되고 있다. 어린 아이의 외모적 특성을 더욱 상징적으로 나타낸 예로는 미키마우스가 있다. 미키마우스 캐릭터는 시간에 따라 조금씩 변해왔다. 초기에는 설치류 동물의 작은 눈과 뾰족한 코가 강조되었으나 시간이 지나면서 큰 눈과 동그란 얼굴로 변했고 어린아이를 닮은 쪽으로 '진화'했으며, 그로 인해 미키마우스 캐릭터의 인기는 치솟았다.[13]

우리의 미적 선호에 대한 진화적 설명은 표현만 달리할 뿐 같은 의미의 말을 반복하는 것처럼 들릴 수도 있다. '있는 그대로' 설명을 할 수는 있지만 '맞다' 혹은 '틀렸다'라고 입증하기 어렵기 때문이다. 하지만 최근 다양한 연구를 통해 미적 판단의 생물학적 기원을 설명해주는 증거, 즉 문화와 역사를 뛰어넘어 보편적인 미적 판단을 지지해주는 논거들이 제시되고 있다. 그 연구들의 결과에 따르면 우리가 선호하는 자연 요소는 물의 존재, 개화 시기의 밝은 색깔들, 캐노피 같은 나무들, 장기적으로 안전한 피신처 등이다. 텍사스 농업기술대학의 지리학자 로저 울리히Roger Ulrich 교수는 북미, 유럽, 아시아 연구를 기반으로 다음과 같이 보고했다. "가장 명백한 발견 중 하나는 일관적으로 자연경관을 선호하는 성향이다. (…) 특별하지 않더라도, 심지어 일반적인 수준에 못 미치는 자연조차도 상당한 정도의 미적 선호를

05. 인간의 아이는 처음에는 아무것도 할 수 없는 무력한 상태로 태어난다. 그래서 다른 동물보다 부모에게 의지하는 시간이 현저히 길다. 인간의 보호본능을 불러일으키는 특징으로는 몸 크기에 비해 큰 머리, 동그란 이마, 크고 둥근 눈, 짧고 작은 코와 턱이 있다. 미적인 끌림을 느끼게 하는 이러한 특징은 특정 동물과 연결되는데, 판다가 그 대표적인 경우다.

끌어낸다."[14] 이러한 생각은 새로운 것이 아니다. 19세기 건축비평가이자 디자이너였던 존 러스킨John Ruskin, 1819~1900이 관찰한 바는 이렇다. "아름답게 느껴지도록 의도된 모든 호머 풍의 자연경관은 분수, 초원, 그늘이 드리워진 숲으로 구성되어 있다."[15]

설사 자연에 대한 이러한 미적 선호가 생물학적인 근거를 두고 있다 하더라도 21세기를 살아가는 사람들, 특히 자연에서 멀리 떨어진 도시에 사는 사람들의 건강, 생산성, 행복에 중요한 영향을 미칠까? 전망 좋은 방에서 지내면 물론 좋긴 하겠지만, 딱히 특별한 이점이 있을까? 병문안 할 때 꽃을 들고 가면 환자의 기분은 좋아지겠지만, 상냥한 마음씨와 친절 이상의 무엇을 나타낼 수 있을까? 사람들은 생쥐나 방울뱀을 보면 기겁을 하지만 새끼 물개나 미키마우스는 귀여워한다. 이런 미적 선호가 사소한 취향보다 더 중요한 어떤 것을 말해주는 걸까? 게다가 기술문명이 고도로 발달한 오늘날의 사회에서는 이런 미적 판단이 더 이상 상관없는 과거의 흔적, 결국 역사의 뒤안길로 사라져버릴 예외적인 기준에 불과한 것은 아닐까?

심리학자인 앨런 손힐Alan Thornhill은 우리에게 '남아 있는 경향성의 역학dynamics of a vestigial tendency'을 설명한다. "적응이란 진화 환경에서 필연적으로 조절해 나가는 것을 의미한다. 적응과 번식 간의 관계는 적응이 발생하는 환경과 생존의 선택을 조성하는 환경적 특성이 얼마나 유사한가에 달려 있다. 이러한 상관관계는 지금의 생물에게 더 이상 존재하지 않을 것이다."[16] 다시 말해 특정 생물, 자연경관, 환경적 특성에 대한 우리의 미적 선호는 생태적으로 진화의 경향성을 반영하고 있으나, 인공적이고 도시적으로 변화한 오늘날에는 이 생태적 연관성이 무의미해졌다는 것이다. 하지만 계속 발표되는 연구 결과는 우리 미적 판단의 상당 부분이 자연과 연관되어 있으며, 물리적·정신적으로 여전히 중요한 혜택을 제공받고 있다는 증거를 제시한다. 예컨대 오늘날 자연적 자극이나 미적 끌림을 받기 힘든 사람들, 즉 창문 없는 공간에서 일하는 많은 사무직 종사자는 식물이나 자연경관을 바라보기만 해도 혈압과 질병 발병률이 낮아지는 것으로 나타났다.[17] 또한 병원의 환자들을 대상으로 한 연구에서는 환자들이 자연경관, 풀밭, 반려동물의 존재로 인해 스트레스가 낮아지고 회복력이 좋아졌을 뿐만 아니라 공격성이 낮아져 진통제 투여량도 감소했다.[18] 공장 직원들에게는 멋진 경치를 볼 수 있도록 공간을 개조하고 실내에 식물을 더 많이 들여놓았는데, 그 결과로 일에 대한 동기 부여가 잘되고 수행능력이나 만족도가 높아졌다.[19]

어떤 특정한 자연에 대한 끌림은 유전적 요인에 의한 것으로, 시간의 흐름에 따라 약해지거나 사라질 수도 있지만 인간의 건강과 복지에는 상당한 영향을 끼친다. 가까운 미래에는 색색의 꽃과 수려한 나무, 눈길을 사로잡는 일출, 빠르게 흐르는 개울, 날아오르는 독수리, 자연에 영감을 받은 옷감·가구·디자인 등이 인간의 몸과 정신을 치유하거나 회복하는 데 많은 영향을 끼칠 것이다.

미적으로 자연의 가치를 매기려는 성향은 예술에 반응하는 인간의 일반적인 성향이기도 하다. 예술철학자 데니스 더튼Denis Dutton, 1944~2010은 2010년에 출간한 『예술의 본능: 아름다움, 즐거움, 인간 진화The Art Instinct: Beauty, Pleasure, and Human Evolution』에서 예술을 지각하고 창조하는 인간의 생물학적 경향성을 탐구했다. 이 책은 자연을 향한 인간의 미적 친밀감을 다루었다는 점에서 흔치 않은 가치를 지닌다.[20] 더튼은 예술성이 마치 사람들에게 유전적으로 내재된 것처럼 나타나는 이유에 대해 규명했는데, 그가 제시한 요인들은 자연의 미적 경험에 따른 적응적 혜택들과 관련된 것이었다.

더튼은 아름다운 대상으로부터의 '직접적 즐거움direct pleasure'은 행동하게 만드는 것이라고 했다. 고운 꽃을 본 것처럼 자연의 아름다움에 매혹될 때 우리는 단순한 기쁨을 느끼게 된다. 수평선 너머로 끝없이 뻗어 있는 해안가, 나비 날개에 그려진 무늬, 고양이의 줄무늬, 하늘 높이 나는 새를 바라볼 때도 그와 같은 만족을 얻는다. 그러한 순간은 종종 예술적 행위로 재현되거나 기술적 활동으로 나타난다. 조경, 조원, 꽃꽂이, 낚시, 조류 관찰 같은 활동 또는 자연 대상을 묘사하거나 조각하는 등의 창조적이고도 섬세한 활동에서 더욱 그러하다.

더튼은 '참신함과 창조성'이라는 예술의 창의적 이점에 대해 언급하면서 자연의 미학 역시 우리의 주변 세계를 창의적이고도 혁신적으로 이끌 수 있다고 주장했다. 또한 예술을 경험할 때 비판적인 견해와 논리적 판단이 필요한 '평가적 대화'를 언급하면서 자연의 미학도 단순한 호기심이 아니라 좀더 복잡한 수준의 분석적 논리·조사·이해의 단계로 확장되어야 한다고 했다. 뿐만 아니라 그는 예술의 '특별한 초점과 개성'이라는 개념을 강조하면서, 예술 스스로 독특함, 특별한 속성, 개성적인 표현법을 지닌다고 했다. 우리가 거대한 폭포, 멋진 산과 생명체들을 여러 번 마주할 때 그러하듯이 자연에서의 미적 경험은 세계를 특별한 대상으로 인식하게 한다.

06. 딱정벌레는 모든 동물 종 가운데 가장 종류가 많다. 딱정벌레는 과학적인 매력과 미적 감탄을 불러일으키는 동시에 두려움과 혐오감도 느끼게 한다.

더튼은 예술이 안겨주는 감정의 포화, 지성에 대한 도전, 창의적 경험의 결과로 인한 효용에 대해 다음과 같이 강조했다. "예술은 두려움, 즐거움, 슬픔, 분노, 역겨움, 경멸, 놀라움과 같은 강렬한 감정을 불러일으킨다."[21] 이러한 감정은 다양한 생물체와 경관에 대한 미적 반응과도 같은 것이다. 결국 더튼은 예술에서 창의적 경험의 중요성을 강조하는 동시에 예술이 인간의 의식적인 생활과 공존하고 있음을 주장했다. 즉 '창의적 경험'은 문제 해결을 위해 상상하고 계획하고 가정할 때, 또는 타인의 생각을 짐작하고자 하는 상상이나 단순한 공상 등에도 존재한다는 것이다.[22] 이처럼 미적으로 자연에 이끌리는 감각은 자신의 창의성과 상징적 능력을 북돋우며 가능성에 대해 탐구, 발견하고 상상하도록 자극한다.

생명친화적 성향과 마찬가지로, 자연에 미적 가치를 두는 성향에 적응해 얻는 이득은 경험과 사회적 기반을 통한 기능 개발에 달려 있다. 자연으로부터 얻는 미적 경험은 특별히 기억에 남을 만한 감동적인 사건이나 자신의 정체성에 근접한 경험에서 비롯된다. 이는 멋진 경관을 마주할 때도 마찬가지다. 나의 경우, 그랜드티턴Grand Teton 국립공원에 갔을 때 또는 아프리카 사바나에서 코끼리와 사자를 처음 보았던 순간이었다. 하지만 이러한 경험은 일상적인 생활 속에서도 얼마든지 가능하다. 뒤뜰에 있는 특별한 나무, 동네 습지에 자라고 있는 부들 너머로 떠오르는 태양, 양치식물 사이에 숨은 메추라기의 울음소리, 집 근처에 자라는 월계수나무의 열매……. 자연의 아름다움을 간접적 또는 상징적으로 느끼는 경우도 충분히 미적 감수성을 일깨우고 기억에 남을 감동을 안겨준다. 나는 두 개의 멋진 풍경화로부터 그 그림 속에 있는 듯한 감동을 느꼈다. 그 풍경화는 허드슨 강의 화가로 알려진 프레데릭 처치Frederic E. Church, 1826~1900의 「안데스의 심장The Heart of the Andes」과 앨버트 비어슈타트Albert Bierstadt, 1830~1902의 「로키 산맥 랜더스 봉우리The Rocky Mountains, Lander's Peak」다.[23]

이러한 아름다운 자연과의 만남에 대해 시인 워즈워스는 "시금석이 되는 기억touchstone memories"이라고 표현했다. 몇 년이 지난 뒤 그 기억들은 강렬한 기쁨과 영감으로 되살아나기 때문이다. 워즈워스는 다음과 같이 묘사했다.

> 우리의 삶에는 시간의 점이 있다 There are in our existence spots of time
> 선명하게 두드러진 이 점에는 That with distinct pre-eminence retain
> 재생의 힘이 있어 A renovating virtue
> (…)
> 그 힘으로 우리를 오르게 하며 That penetrates, enables us to mount
> 높이 있을 때는 더 높이 오르게 하고 When high, more high,
> 추락했을 때는 일으켜세운다 and lift us when fallen[24]

워즈워스에게 '시간의 점spots of time'(자전적 시집인 『서곡 prelude』에 있는 구절로, 시인은 자신에게 남겨진 아름다운 한때를 인생의 '점'으로 표현하고 있다.―옮긴이)은 스위스 알프스 산맥을 방문했을 때 생겨났다. 산을 지나 협곡으로 내려오다가 거대한 호수와 만났을 때의 경이로움을 그는 누이 도로시에게 보내는 편지에 이렇게 토로했다. "호수의 풍경이 머릿속에서 떠다니고 있는 이 순간, 나는 매우 큰 기쁨에 싸여 있어. 이 기쁨은 내 하루의 삶에서 느끼지 못하고 지나쳐버릴 수도 있었던 행복이야."[25]

워즈워스에게 끼친 이 경험의 장기적인 효과를 반영해 소설가 알랭 드 보통Alain de Botton, 1969~은 자연과 우리의 깊은 미적 연관성을 강조했다. 또한 우리도 워즈워스가 느낀 영감을 느낄 수 있다고 말했다.

수십 년 뒤에도 알프스는 워즈워스의 마음속에 계속 남아 있을 것이다. 오히려 알프스 산을 떠올릴 때마다 기억은 더 짙어질 것이다. 이러한 경험은 그로 하여금 다음과 같은 생각을 하게 만들 것이다. 우리가 자연에서 본 특별한 장소는 살아 있는 내내 기억될 것이며, 그 기억을 떠올릴 때마다 현재의 고통을 잊게 된다고 말이다. 워즈워스에 따르면 자연의 아름다움은 우리로 하여금 괜찮은 곳을 찾아가게 만들어준다.[26]

자연에 대한 미적 경험으로 인해 스스로 고양되었거나, 안정을 얻었거나, 고무되었던 순간을 누구나 간직하고 있을 것이다. 나에겐 최근의 경험이 바로 그러했다. 2011년 가을, 카리브의 어느 섬에서 스노클링을 하며 휴가를 보내던 중 평범한 회색 바다 속에서 눈부시게 아름다운 빛깔의 물고기들을 만났다. 마스크를 쓴 나는 엔젤피시, 비늘돔, 나비고기, 노래미, 하스돔, 산호 군락 등 놀라운 생물들과 마주쳤다. 이전에도 여러 번 비슷한 풍경을 본 적이 있지만 그 아름다운 색깔과 형태에 다시 한번 경도되고 말았다. 완전히 지쳐버렸을 즈음 물밖으로 나오자, 누군가 물속 풍경이 괜찮은지 물었다. 그때 나는 무심결에 이렇게 대답했다. "신을 좋아한다면 분명히 보고 싶을 것입니다." 본능적으로 내뱉은 이 말에서 내가 의도했던 것은 무엇이었을까? 아마도 말로 표현할 수 없을 정도의 아름다움 속에서 완벽함의 한순간을 경험한 듯한 느낌이었을 것이다. 특히 풍부한 산호초 군락은 나로 하여금 연속적으로 떠오른 생각들을 구성해보고 싶은 열망을 불러일으켰다. 산호초 군락의 생애, 산호초 바위, 따뜻하고 역동적인 바다…… 이 모든 것이 한 개인인 나를 새로운 세상과 연결해주는 느낌이었다. 그 순간 나는 무한한 감동을 맛보았다.

흔치 않은 것이든 평범한 것이든, 미적 순간은 우리를 감동케 한다. 그 감동은 때로는 지성적이기도 하고 정신적이기도 하다. 중요한 것은 단순한 미적 끌림이 시작된 그 순간 무언가가 유도해준다면 더 복잡한 단계의 감동과 이해로 나아갈 수 있다는 것이다. 이것은 그저 아름다움의 감정을 넘어 자연세계와 더 깊이 연관되는 단계로 진행되는 것이다. 이에 관해 알도 레오폴드는 캐나다 두루미의 아름다움을 예로 들었다.

우리는 예술에서 아름다움을 지각할 때와 같이 자연에서도 어떠한 '질 quality'을 감지한다. 이로부터 연속적인 단계를 거쳐 언어로 표현하기 힘든 아름다움의 가치를 느끼게 되는데, 내가 생각하기엔 두루미의 아름다움도 단어로 표현하기에는 무리가 있다. 두루미에 대한 우리의 감상은 지상의 역사와 함께 천천히 생겨난다. 모두 알고 있듯이, 두루미는 먼 옛날의 조상으로부터 뻗어 나온 생명체다. 두루미의 울음소리는 단순히 새의 울음소리가 아니다. 두루미는 우리가 닿을 수 없는 과거의 상징이다. 그 저변에는 천년이라는 세월 동안 새와 인간 사이의 하루하

07. 전 세계 두루미 종은 대부분 멸종 위기에 처해 있는 데 비해 북미의 캐나다두루미Sandhill Crane는 상대적으로 그 수가 많다. 네브래스카 주의 플랫 강에는 매년 때가 되면 약 45만 마리의 캐나다두루미가 모인다.

루의 일상들이 담겨 있다.[27]

이처럼 자연의 미적 감상은 깊고 지속적인 연관성을 필요로 한다. 이에 놀라움과 신비함, 광대함과 현란함의 조화를 꾀할 수 있을 정도의 열린 마음이 요구되며, 그 마음가짐은 미적 감상을 가능케 하는 무생물적 환경에 대해서도 마찬가지다. 그러할 때 우리는 자신이 어떠한 영광과 혜택을 누리고 있는지를 느낄 수 있으며, 그로 인해 즐거움에 참여할 수 있다. 길가에 피어 있는 장미 덩굴의 단순한 아름다움에서 장미의 다채로운 색과 대칭성을 느끼는 단계로 나아가는 것이다. 그러나 자연의 아름다움을 얕보거나 무관심한 태도를 취한다면 감각과 감정은 무뎌지고 지성은 시들 것이며, 삶 속에서 의미를 찾기보다는 냉소와 염세주의에 기울 것이다.

감정emotions이 외부 자극에 대한 반응에 동기를 부여해주는 통로라면, 지능intellect은 인간을 현명하고 신중한 길로 이끄는 안내자다. 느낌feelings이 자연을 경험하고자 하는 소망의 원천이라면, 이성reason은 이러한 감정들을 구성하는 역할을 한다. 결국 인간은 분석적이고 이성적인 행동을 위해 독특한 능력을 타고난, 전형적인 생각하는 동물이다.

인간은 다른 생명체와 구별되는 해부학적 특징을 지니고 있다. 바로 이례적으로 크고, 적응적이며, 창의적인 '뇌'의 지배를 받는다는 점이다. 이러한 우월한 뇌로 인해 인간은 강력한 속도와 힘과 감각을 갖추게 되었고, 많은 생명체와의 경쟁에서 이길 수 있었다. 인간의 사유와 인식을 포함하는 소위 '정신mind'은 지식을 만들어냈고, 상징과 소통과 창조라는 놀라운 능력을 부여했다. 이러한 정신은 한 사람에서 다른 사람으로, 한 세대에서 다른 세대로 학습되어 문화를 형성했고, 이로써 인간은 생물학적 범주에서 벗어나게 되었다.

프랑스 철학자이자 수학자인 데카르트René Descartes, 1596~1650는 "나는 생각한다, 고로 나는 존재한다"라는 유명한 문장을 통해 인간 의식과 주체성 안에서 차지하는 지능의 중요성을 강조했다.[1] 그는 현실의 이해와 발전이라는 측면에서 인지cognition는 감정이나 감각보다 우선한다고 보았다. 또한 현실의 지식은 감각이 아닌 지적 발상에서 나온다고 주장했다.[2] 선구자적 생태학자인 레오폴드는 '대지the land'라는 개념으로써 인류를 넘어서는 세계의 이해 및 경험과 관련한 데카르트의 의견에 중요한 진전을 더했다. 그는 "대지의 사용자가 생각하는 대로 된다"고 주장했다.[3]

이 장에서는 현대에 들어서도 우리가 자연과 연관되려는 성향을 지니게 된 이유와 방법에 대해 분석해보고자 한다. 그에 따라 인간의 지능과 현실 감각, 주체성, 자연에서 습득된 경험의 연결 관계를 다룰 생각이다. 먼저 나의 개인적인 경험부터 살펴보자.

몇 년 전 나는 케냐에서 심각한 교통사고를 당했다. 그 사고로 인해 동맥류(동맥 안쪽의 압력으로 동맥의 일부가 팽창된 상태―옮긴이)를 유발하는 대퇴골 골절을 입었고, 입원 중에 간염까지 발병되어 위험한 지경에까지 이르렀다. 이러한 합병증 때문에 나는 나이로비 병원에 꼼짝없이 넉 달이나 머물러야 했다. 당시 케냐의 병원 시설은 일부를 제외하고는 무척 간소하고 빈약한 형편이었고 라디오, 텔레비전, 컴퓨터도 접할 수 없어 무료한 나날을 지내야만 했다. 심지어 책이나 잡지도 드물어서 읽을거리를 얻으면 되도록 천천히 여러 번 읽는 수행을 치러야 했다. 얇은 매트리스에 꼼짝없이 얽매인 나는 오랜 시간 이러한 불편을 견딜 수밖에 없었다.

그러다보니 창밖으로 드문드문 자라는 관목들을 감상하는 시간이 많았다. 저 멀리 큰 나무들로 둘러싸인 숲 외곽과 공사가 중단된 배수로 작업장이 보였다. 하루걸러 한 번씩 한 남자가 그 작업장에 나타나서는 더러운 배수로를 청소했다. 여러 가지 제약은 많았지만 바깥세상의 경치는 나를 지켜주는 하나의 생명선과도 같았다. 처음에는 따분한 생활에서 기분을 전환시켜주는 정도에 불과했으나 나중에는 구체적 의미를 던져주는 듯한 바위와 동식물들을 관찰하고 공부하는 데 몰입하게 되었다.

특히 어느 날 갑자기 나타난 매에 유독 관심을 갖게 되었다. 척추동물과 기름야자나무의 열매를 먹는 것으로 알려진 그 수컷 새의 정식 명칭은 아프리카참매African harrier-hawk였다. 사하라 사막 남쪽 아프리카에서 흔히 볼 수 있는 이 맹금류는 발톱과 날개를 이용하여 (나무나 절벽 등을) 기어오르는 특별한 능력을 지니고 있었다. 그 매는 종종 넓은 평야의 경계를 이루는 키 큰 나무의 가지에 내려앉아 오랜 시간 불상처럼 꼼짝 않고 나를 응시했다. 나는 다소 만족스러운 듯 냉담해보이는 그 매의 심정을 의인화하곤 했다. 땅바닥을 주시하고 있던 매는 아주 미세한 움직임에도 기민하게 시선을 바꿀 만큼 집중력이 강했지만 곧이어 긴장을 풀고 이완된 자세를 취하곤 했다. 매는 갑자기 날아오거나 풀숲 또는 공사 배수로를 향해 급강하했는데, 대체로 설치류나 뱀 또는 새를 발톱 끝에 매단 채 나뭇가지로 복귀했다. 그러고는 희생물을 매우 정교하게 뜯어 한 조각씩 먹었다.

어느덧 나는 완전히 매에 매료되었다. 매가 나타날 때면 몸통의 구조, 행동, 욕구, 심지어 위치를 추정하면서 매의 다양한 특성을 관찰하고 분석했다. 결국 나는 그 새의 독특한 빛깔과 복잡한 비행방식, 정확한 공격 패턴을 파악하게 되었으며 맹렬하고 집요한 포식 습성과 삶에 대한 욕망까지도 인식할 수 있게 되었다.

매는 나라는 존재조차 깨닫지 못했을 것이다. 그러나 나는 새의 현실을 나 자신의 한 부분으로 느낄 만큼 매의 세계를 집중 관찰했다. 그로 인해 동물의 자각성, 민첩성, 몰입에 대한 이해를 얻을 수 있었다. 이렇듯 매에 대한 지식과 생명의 연관성을 넓혀갈수록 내 안에서는 그 매를 향한 존경심이 싹텄을 뿐만 아니라 매라는 종의 세계에 대해서도 애정을 갖게 되었다.

임상적인 측면에서 매를 향한 몰입은 나에게 치유 효과를 안겨주었다. 뜻밖의 유대를 통해 나는 더 건강해졌고 활력을 얻게 된 것이었다. 그전까지 병원에서의 일상은 고통과 지루함뿐이었으며 종종 자기연민까지 밀려

들었던 나는 매우 힘들고 더딘 시간을 보내고 있었다. 하지만 매의 세계에 매료된 뒤로는 시간이 점점 빨리 흐르는 것을 느낄 수 있었다. 몇 시간은 곧 며칠이 되었고, 또 며칠은 급격히 몇 주가 되었다. 무기력은 밀려나고 긍정적 사고와 활기를 되찾았으며 신체 증상들도 점점 호전되었다. 왠지 그 생명체로부터 빌려온 활기찬 에너지가 나의 일부가 된 것만 같았다. 그 활력으로 인해 나는 만성적인 불안에서 벗어나 흥미를 갖게 되었으며, 매를 바라보던 즐거움은 자기몰입으로 바뀌었다.

매에 대해 더 많이 알게 되고 연결될수록 그 새는 내 회복을 돕는 친구가 되는 듯했다. 나는 그 생명체가 품은 삶에 대한 열망을 받아들였고, 동일화를 거쳐 내 삶을 향한 믿음을 되살렸다. 매와 그 주변 세계에 대해 더 알고 이해하는 것을 영감으로 한 테라피를 진행하는 것 같았다. 그 새는 감염과 외과수술로 인해 복용하고 있던 조제약처럼 내 건강 상태에 적합하게 스며들어 치유되는 치료제와 다름없었다.

자연과 인간의 지적 발달

벨기에 출신 구조주의 인류학자 클로드 레비스트로스^{Claude Lévi-Strauss,}
1908~2009는 동물에 대해 우리가 먹거나 부리기에 좋은 만큼이나 "같이
있으면 사색하기에 아주 좋은" 대상이라고 언급한 적이 있다.[4] 수의
사이자 인류학자인 엘리자베스 로런스^{Elizabeth Lawrence}는 일반적으로 동
물과 자연이 인간의 지성과 지능의 성장에 미치는 역할을 강조하며
"인지적 생명 사랑"이라는 개념을 언급했다.[5] 이들은 자연세계를 이
해하고자 하는 우리의 성향은 의식과 인지적 발달, 정체성에 큰 도움
을 준다고 주장했다.

자연에 대한 학습은 이해, 명명, 분류, 분석, 심사와 같은 인간 지능
의 진화에서 기본적인 능력을 발달시키는 데 필수적이다. 또한 인간
의 지적 성숙은 근본적으로 언어의 구성력 또는 의사소통 방식을 발
전시키며, 한 사람 또는 한 세대에서 다른 사람과 다른 세대로 지식을
전수해 문화를 이루게 하는 초석이라 할 수 있다. 이런 인지능력은 경
험적 관찰과 체계적 분석, 평가적 판단, 인간의 지식과 자연의 경험에
의해 연마되고 정제된다.

자연과의 접촉은 인간의 지적 발달에 필수적이다. 왜냐하면 어린
시절 인간이 접하는 세상 중에서 가장 정보가 풍부하고 감각을 많이
자극하는 환경은 바로 자연이기 때문이다. 오늘날 전자정보 사회에서
도 자연은 학습과 경험에 관한 한 경쟁 상대가 없을 만큼 방대한 정보
를 보유하고 있다. 그러나 이러한 자연의 위대한 기여는 제대로 인정
받지 못했고, 그 절묘함도 이해받을 수 없었다. 마치 물고기가 물의

존재를 깨닫지 못하고 새가 하늘을 고맙게 생각하지 못하듯 자연은 늘 우리 곁에 존재해왔기 때문이다. 한없이 다양하고 가변적이며 세밀한 자연은 구석구석에서 인간의 지적 성숙과 발달의 원천으로서 존재하고 있다.

이를 설명하기 위해서는 지구에 얼마나 많은 생명체가 풍요롭게 번영해왔는지를 고려해야 한다. 지구엔 발견과 과학적 분류를 기다리고 있는 생명체가 약 800~1000만이며, 최근 알려진 종의 숫자만 해도 대략 190만이다.[6]

독특한 개체군과 집단, 변종subspecies과 해부학, 행태학, 지리적 가변성에 의해 드러나듯이 모든 종은 다른 종과 구별되는 자체의 놀라운 논리를 반영한다. 단일 생물 종인 꿀벌 연구에 일생을 바친 과학자 칼 폰 프리쉬Karl Von Frisch, 1886~1982는 생물 종의 놀라운 변형력을 강조한 바 있다. 꿀벌의 감각과 행동 연구로 1973년 노벨 생리의학상을 받은 그는 "꿀벌의 생애는 마치 마법의 샘과 같다. 당신이 퍼내면 퍼낼수록 그 샘은 다시 계속해서 물로 채워질 것이다"라고 말했다.[7] 앞서 내가 병원에 입원했을 때 매라는 새의 여러 특징에 매료될수록 그 세부적 특징을 계속 발견하면서 종의 근원을 깊이 들여다보게 되었던 경험도 이와 크게 다르지 않을 것이다.

우리는 바위, 흙, 물, 무기물, 지질층, 대기, 날씨, 별 같은 무생물들을 조사할 때도 이와 비슷한 다양성과 직면하지만, 무생물의 다양성은 살아 있는 대상에 비해 미미한 수준이다. 문제는 이 모든 풍부한 정보와 감각적 자극이 인간의 지적 발달과 매우 관련이 깊다는 점이다. 젊고 호기심 가득한 누군가가 자연의 이와 같은 다양성이 왜 인간의 인지능력 성장에 영향을 끼치는지 물어본다면 과연 어떠한 설득력 있는 근거들이 제시될 수 있을까?

이 질문의 답은 일반적인 도시나 교외에 사는 아이들의 삶에서 찾을 수 있을지도 모른다. 그들의 눈을 통해 세계를 바라볼 때 우리는 어디에서나 풍부하고도 다양한 자연을 만나게 된다. 아이들은 이러한 자연의 다양성을 체험함으로써 인지적 발달과 연관해 풍부한 자극을 받는다. 기초적인 수준일지라도 그들 안에서는 인식, 반응, 발견, 구별, 명명, 분석, 평가와 판단을 요구하는 감각적 자극의 홍수가 벌어지고 있는 것이다. 이러한 지적 연계는 직접적 야외 활동뿐만 아니라 화분이나 반려동물 같은 길들여진 자연, 그림이나 이야기, 전자매체 안의 자연 등 매우 폭넓은 접촉에 의해서도 작동된다.

아이들은 일상적으로 흙, 바위, 관목과 나무, 꽃, 곤충, 새, 물고기, 파충류 또는 일부 포유동물과 마주한다. 그리고 이러한 모든 접촉은 바람 또는 다양한 기상 상태에서 벌어지며 구름이나 태양 또는 별 아래에서 진행된다. 의식적이든 무의식적이든 아이는 환경적 경험의 범주 안에서 차이점을 만들어내는 각각의 자연적 자극에 반응한다. 예를 들어 큰 나무와 작은 나무, 실내 식물과 정원 식물, 덩굴과 양치식물, 개미와 파리, 거미와 꿀벌, 개구리와 대조적인 거북이와 뱀, 오리와 울새, 홍관조, 매와 참새, 쥐와 관계되는 곰, 사자 혹은 늑대, 고양이와 개, 말 등이 그렇다. 또한 멸종된 공룡이나 상상의 동물인 곰돌이 푸, 박제동물에도 반응한다. 언덕, 계곡, 개울, 호수, 강과 바다, 파도와 산이라는 풍경의 특징을 마주할 때에도 아이들은 특별한 장소에 의미를 부여하는 방법을 배운다. 또한 아이들은 변형된 형태이긴 하지만 자연으로부터 얻은 음식이나 가구, 설계, 장식, 건축 자재에 반응한다.

이러한 세부 정보에 대한 지식은 아이들의 지적 발달과 관련이 있다. 자연의 자극과 다양성을 인지하고 분류해 이름을 붙이고 이해하고 기억하는 데는 지능이 필요하기 때문이다. 도시에 살든 시골에 살든 아이들은 일상적으로 이러한 체험을 하게 된다.

구별하거나 분류하는 지적 작업에 대해 생각해보자. 아이들은 참나무나 단풍나무를 나무로 분류하며, 바늘 모양의 잎이 떨어지지 않는 종류의 나무와는 다르다고 인지한다. 또한 새로 분류하는 홍관조와 울새는 오리와 다르다고 인지한다. 이러한 과정은 인식과 명명, 이해, 구분, 구별 및 범주화가 필요한 상황들과 환경적 특징의 특별한 다양성 전반에 걸쳐 반복되며, 인간의 언어 발달과 의사소통 능력의 기반을 형성한다.

자연이 제공하는 풍부한 정보와 감각적 자극은 역동적으로 변화한다는 특징을 지닌다. 고정된, 무생명의 인공적인 사물이 지니는 수동성과는 달리 자연은 끊임없이 유동적으로 변화하며 때로는 변덕스러울 정도의 상황을 연출한다. 이러한 자연의 역동적 특징은 예측 불가능한 것으로서 때때로 놀랍기도 하고 불가사의하기까지 하다. 시시각각으로 변화하는 날씨, 식물의 모양, 동물의 행동, 경관 등은 아이로 하여금 공동체에 적응케 하는 도전의식을 북돋아준다.

자연이 아이들에게 발휘하는 끊임없는 매력 가운데 가장 핵심적인 것은 다른 생명체와의 만남이다. 자연에서 아이들은 자신과 다르면서도 유사한 다른 생명체, 즉 지적으로나 정서적으로 다양한 관계를 가져봄으로써 그 생명체의 삶을 경험하고 상상한다. 아이들은 야외라는 실제 활동에서뿐만 아니라 지적 발달을 조성하는 모든 이야기(그림과 기호)에서도 이러한 생명의 다양성을 마주한다. 이처럼 생물체는 아이의 관심과 호기심 그리고 인지적 반응을 유발하는 동기를 부여한다.

이를 설명하기 위해 물과 나무를 접한 소년과 소녀를 상상해보자. 온대 지방에 사는 소년은 여름에는 비, 겨울에는 눈으로 물을 체험한다. 어린 소년은 비와 눈이 올 때의 특정한 기상 조건을 추정해 날씨에 대한 이해를 얻는다. 나아가 소년은 특정 식물의 성장과 물의 연관성을 통해 물의 양과 질에 반응하는 다양한 식물의 생태에 주목하게 된다. 그리고 부모나 형제, 친구, 선생님의 도움을 통해 많은 물이 흘러넘칠 때의 기상조건이나 주변 환경의 연관성을 배우게 된다. 나아가 개울, 강, 호수, 다른 수상 생태계의 형태에 영향을 미치는 과정도 습득하게 된 소년은 이제 대지에 흐르는 신선한 물과 바닷물의 차이를 인지할 것이다. 물이라는 환경 요소의 변화를 통해 소년은 단순한 추리에서 더 복잡한 수준의 추론으로 나아가며, 단순한 구분과 분류를 벗어나 평가, 해석, 정리, 판단 그리고 논리적 행동을 유도하는 인지력에 도전한다.

교외 지역에 사는 어린 소녀의 경우를 보자. 소녀는 뒷마당에서 자라는 커다란 나무 그늘에서 많은 시간을 보내며 그것이 참나무라는 것을 배운다. 그후로 소녀는 주변에 있는 단풍나무, 층층나무, 벚나무, 소나무, 자작나무를 알아볼 수 있게 되고 이름을 외우기 어려운 다른 나무에 대해서도 부모로부터 배운다. 소녀는 모든 나무의 이름을 다 알지는 못하지만 나무의 크기와 형태, 자라면서 변화하는 색과 모양의 다양함을 인식한다. 소녀는 나무와 덤불, 관목과 양치식물, 잔디와 엄마의 정원에서 자라는 여러 식물의 특성을 파악하게 된다. 예컨대 참나무와 단풍나무는 여름에는 잎이 달렸다가 겨울에는 떨어지지만 소나무의 잎은 떨어지지 않는다는 사실을 깨닫는다. 그러나 떨어진 솔잎으로 부드러운 침대를 만든다는 사실을 통해 솔잎이 가끔씩 떨어지기도 한다는 것도 알게 된다. 또한 소녀는 어떤 나무들은 잘 자라지 않는다는 사실, 어떤 나무는 씨앗 꼬투리가 열린다는 사실, 소나무는 솔방울 열매가 달린다는 사실을 파악하면서 그것이 각기 다른 번식의 특성이라는 데에 가닿는다. 이제 소녀는 나무에서 발견되는 곤충과 새, 다람쥐에 대해 관심을 갖기 시작하고 죽은 가지와 죽은 나무에는 버섯, 곰팡이류와 벌레나 흰개미, 딱따구리와 같은 생명체가 깃든다는 사실을 파악한다. 소녀는 나무에서 파생되는 과일, 목재, 종이에 대해서도 배우고, 경험적으로 나무가 인간들에게 아름다운 풍경과 쉼터를 제공한다는 걸 알게 된다.

이렇듯 소녀와 소년은 평범한 자연의 경험을 통해 자신의 지적 능력을 발달시켰다. 그들은 사실과 해석을 이해했고, 명명하고 확인하는 법을 배웠으며, 분류하거나 분석하고 설명하고 평가할 수 있게 되었다. 그들은 자연과의 직접 접촉뿐만 아니라 독서와 그림 등 간접적이고 상징적인 방법을 통해서도 이러한 지적 임무를 성취해낸다. 이제 그들은 자연에 대해 더욱 많은 것을 알게 되었을 뿐만 아니라 자연을 활용해 두뇌의 지적 기량과 수용력까지 향상시켰다.

심리학자인 레이첼 세바Rachel Sebba는 지적 발달의 기본은 자연세계의 비범한 복잡성과 다양성, 접근성을 익히는 것이라고 말했다. 세바는 특히 반복할 만한 가치가 있는 자연의 세 가지 특성을 강조했다. 그 첫 번째는 아이들의 모든 감각을 자극한다는 점이다. 인간은 시각 지향적인 경향을 지니는데 자연은 그야말로 시각의 향연장이다. 뿐만 아니라 소리, 냄새, 촉각과 맛과 같은 주요한 감각을 모두 자극하면서 온도, 균형, 움직임, 고통, 불편함 같은 이차적인 감각까지도 유발한다.[8]

두 번째 특성은 역동성이다. 자연은 시간과 날씨, 계절, 성숙과 노화 같은 역동적인 과정을 통해 끊임없이 변화하며, 때때로 이러한 변화는 예측 불가능한 방식으로 발생한다. 자연의 이런 역동적인 특성은 아이들의 관심과 반응을 자극하고 적응적 사고와 행동을 이끈다.

세바가 강조한 마지막 특성은 생명의 중요성이다. 이것은 발달 중인 아이에게 매우 핵심적인 영향을 끼친다. 자연 속에서 아이들은 자신과 다르면서도 유사한 생명체와 접촉할 수 있으며, 관찰 대상을 체험하고 관계를 형성할 수 있다. 아이들은 지적 흥미와 정서적 애착 속에서 이를 내면화하고 다른 생명과의 동질감을 느끼기도 한다.

심리학자 벤자민 블룸Benjamin S. Bloom, 1913~1999과 동료들은 지적 성장과 성숙에서 자연의 역할과 관련한 인지 발달을 여섯 단계로 규정했다. 물론 이런 분류가 모든 경우에 통용되는 것은 아니지만 유용한 통찰을 제공하는 것은 분명하다. 여섯 단계는 단순한 것부터 복잡한 것으로 진행되며 아래와 같이 나뉜다.[9]

① 지식: 기초적인 인과관계와 분류 체계를 이해하기 위해 단순한 사실과 용어를 학습.

② 이해: 다른 상황과 환경의 이해를 추론하기 위해 사실과 생각을 해석.

③ 응용: 새로운 사고와 개념을 만드는 데 지식을 응용.

④ 분석: 겉으로 드러나지 않는 관계의 이해를 향상시키기 위해 지식을 조사하고 구성요소로 분해.

⑤ 합성: 별개의 부분으로 나누어진 지식을 전체로 조직화하고 구조화하기 위한 통합과정.

⑥ 평가: 증거, 영향, 결과의 조사를 바탕으로 한 부분과 전체의 기능에 대한 판단.

아이들이 접한 자연은 각각의 지적 단계에 모두 기능한다. 첫 단계에서 아이는 단순한 분류 체계와 인과관계를 이해하는 데 필요한 기초 지식을 얻는다. 이런 지적 발달 과정은 관찰, 정의, 분류, 명명, 범주화에 의해 이루어진다. 이미 언급한 것과 같이 아이들은 다양하고도 역동적인 자연의 특성에 반응하면서 지적 발달이 촉진되며, 나아가 친구나 어른들과의 의사소통을 통해 성장을 향상시킨다.

자연을 통해 사실과 개념을 배우고 사고를 형성하는 능력은 야외에서의 직접 접촉뿐만 아니라 그림이나 이야기 같은 표현적 방법으로도 발달될 수 있다. 특히 책은 아이들에게 정의, 분류, 구분, 명명과 계산하는 능력을 발달시킨다. 연필 한 자루, 두 개의 클립, 세 개의 파이프, 네 개의 기계, 다섯 개의 도로, 여섯 채의 건물, 일곱 세트의 텔레비전, 여덟 대의 컴퓨터, 아홉 개의 전신주, 열 개의 책상보다는 껴안아주고 싶은 곰 한 마리, 두 마리의 뚱뚱한 하마, 멀쑥한 기린 세 마리, 네 마리의 무서운 호랑이, 다섯 마리의 커다란 새, 많은 다리를 가진 여섯 마리의 거미, 일곱 그루의 큰 나무, 알록달록한 여덟 송이의 꽃, 비늘을 지닌 아홉 마리의 물고기, 웃는 얼굴의 구름 열 개가 더욱 큰 도움이 된다. 아이들이 읽는 책을 연구한 어떤 논문에서는 책 속 캐릭터의 90퍼센트는 자연에 포함된 것이며, 무생물이 등장할 때도 눈이나 코 또는 입이 추가되거나 동작성이 부여되어 살아 있는 것처럼 그렸다는 사실을 밝혔다.

인지 발달의 첫 단계는 특히 의사소통의 기본이 되는 언어능력 발달에 매우 중요하다. 언어 발달의 구성요소는 발견, 분화, 분류, 명명, 구분이다. 자연은 아이들에게 명시하고 구별하고 지식을 구조화하는 무궁한 기회를 제공함으로써 언어 발달을 촉진시킨다. 생태학자 폴 셰퍼드Paul Shepard, 1925~1996는 동물의 중요성을 강조하며 이러한 영향력을 언급하고 제안했다.

인간의 지능은 동물의 존재와 결부되어 있다. 동물들은 처음의 인식을 형태화하도록 하는 수단이자 추상적인 사고와 특징을 형상화하는 도구라고 할 수 있다. (…) 동물들은 마음만 먹으면 언제든지 언어를 기억으로부터 회수할 수 있는 코드화된 이미지다. (…) 동물들은 우리가 특성과 특질을 객관화하도록 돕는다. (…) 동물들은 인간 언어와 사고 발달의 근본이다.[10]

인지 발달의 다른 단계들도 자연의 경험과 결부된다. 블룸의 두 번째 단계인 '이해'와 세 번째 단계인 '응용'은 정보를 해석하고 새로운 개념과 이해를 만들어내기 위해 다른 상황을 추론하고 적용하는 데 초점을 둔다. 앞에서 언급한 물과 나무의 예시가 그렇다. 아이들은 흔히 흐리고 구름이 뒤덮인 환경일 때 비가 내린다는 사실을 인지함으로써 또 다른 날씨 상태를 이해하고 예측하는 데 적용한다. 또한 아이들은 박새와 매가 모두 깃털을 지녔으며 비행 능력을 지닌 '새'라고 인식하면서 동시에 둘을 구별해낸다. 예컨대 조류 중에서도 오리와 펭귄을 구별하고 날아다니는 포유류인 박쥐를 구별할 수 있게 된다. 중요한 것은 아이들이 자연에 대해 얼마나 많이 배우느냐가 아니라, 그 경험이 어떻게 학습의 과정을 촉진시키느냐는 것이다.

블룸의 인지 단계 중 '분석'과 '합성' 단계에서는 지식을 쪼개고 다시 조립해 구조화된 전체로 통합하는 등의 복잡한 추론이 수반된다. 자연과의 접촉은 이러한 상호 보완적인 인지능력을 발달시키는 기회를 제공한다. 다시 물을 예로 들어보자. 아이들은 비가 오거나 쌓인 눈이 개울과 강으로 흘러들어 바다로 나간다고 인지한다. 또한 그것이 원래는 수증기 상태의 구름과 안개였다가 적절한 상황에서 비와 눈으로 변하여 하늘에서 떨어진다는 사실을 깨닫는다. 분석과 합성 과정을 통해 아이들은 이러한 현상에 대해 학교에서 배우기 전에 기본적으로 물의 순환을 이해한다. 나아가 아이들은 열대우림이나 사막과 같은 특정 환경과 비의 유무를 연결하여 동식물의 생태를 추론해낼 수 있다. 이렇듯 지적 능력을 발달시키는 과정 속에서 아이들은 자연을 이용하여 인지 추론의 단계를 넘어 좀더 복잡한 단계로 이동한다.

블룸이 분류한 마지막 단계는 '평가'다. 아이들은 자연으로부터 증거, 영향, 결과를 바탕으로 판단하고 선택하며 논리적인 행동을 취할 수 있는 능력을 지니게 된다. 예컨대 나무 위로 올라가거나 절벽에 매달리거나 깊은 바다에서 수영하면 다칠 위험이 높다는 것을 알게 되고, 흐르지 않고 고인 물이나 변질된 물을 마시면 안 된다는 것도 알게 된다. 또한 새에게 돌을 던지는 것은 부당하고 잔인한 행동으로 비난받을 수 있다는 사실도 안다.

나는 자연과의 연관을 통해 지적 발달을 촉진하려는 성향은 인간에게 내재된 기질이라고 줄곧 주장해왔다. 그러한 성향은 학습 정도에 따라 개인과 집단 간에 심대한 차이가 나겠지만, 문화나 역사와는 무관하게 모든 사람에게서 발견된다. 따라서 우리는 자연을 소위 문명과는 거리가 먼, 원시인의 지적 발달에서 큰 비중을 차지하는 요소로 봐야 한다. 이는 광범위한 정규교육과 과학적 접근 방식이 발달한 현대사회에서도 마찬가지다.

이 가설을 입증할 수 있는 원시 수렵사회 연구가 있다. 열대 파푸아 뉴기니의 포레Fore 부족과 캐나다 북쪽 지방에 사는 코유콘Koyoukon 부족에 대한 연구다. 문화인류학자 제레드 다이아몬드Jared Diamond, 1937~ 와 연구팀은 포레 부족을 연구한 결과, 그들이 한정된 도구를 사용하지만 자연에 대해 매우 광범위한 지식을 터득하고 있으며, 때로는 현대 과학의 수준에 비견될 정도라고 주장한다.[11] 문자 언어도 없고 정규 교육이나 현대적 관측 기술도 부족하지만 그들은 자연사와 생태학에 대해 매우 정확하게 이해하고 있다는 것이다. 그는 자연에 대한 포레 부족의 인상적인 지식을 다음의 몇 가지로 지적했다.

- 포레 부족은 그 지역에 존재하는 조류 가운데 과학적으로 분류된 120종 중 110종에게 이름을 부여했다.
- 그들은 최소 1400종의 식물과 동물을 명명할 수 있다.

- 그들은 외형적 모습보다 경미한 차이가 있는 행동과 소리를 바탕으로 매우 유사한 새의 종을 구분하거나 정의할 수 있다.
- 그들은 쌍안경이나 망원경 혹은 다른 현대 기술의 도움 없이 이러한 구별을 해냈다.
- 그들은 기록의 도움 없이 몇 년 뒤까지도 회귀종들을 기억하거나 묘사할 수 있다.

다이아몬드는 현대 과학의 수준에 버금가는 자연사 지식을 지닌 또 다른 부족에 대해서도 연구했다. 그는 태평양 제도에 사는 사람들에게 그 많은 지식은 음식이나 의류, 의료 및 심미적 장식 등의 현실적인 중요함과는 독립적으로 기능한다고 주장했다.

그는 다음과 같은 중요한 질문을 제기했다. "뉴기니 또는 태평양 제도의 부족들은 어째서 그 많은 식물과 동물의 이름과 습성을 기억하려고 노력했을까? 무엇이 그들로 하여금 이런 지식을 갖게 했으며, 왜 스스로 자연과 자신들을 밀접하게 연결시켰을까?"[12] 이에 대해 그는 "단순히 그 종들이 거기에 있었기 때문이다"라는 다소 애매한 결론을 내렸다. 부연하자면 포레 부족과 태평양 제도의 부족은 자연에 대한 지식을 인간의 지적 발달과 건강, 나아가 행복한 삶에 활용했다. 물론 많은 동식물 종에 대한 지식은 즉각적인 활용이 불가능하지만 그 종들에 대한 지식과 관심은 그들로 하여금 지적 성장의 기본이 되는 구별, 정의, 명명, 이해를 연습할 기회를 제공했다. 포레 부족은 다른 사람들이 그랬던 것처럼 인간의 가장 소중한 도구인 뇌의 성장을 도모하는 데 자연의 지식을 이용한 것이다.

이와 유사한 과정이 인류학자 리처드 넬슨^{Richard Nelson, 1950~}에 의해 보고되었다. 북극 애서배스카 지역의 수렵 부족 코유콘에 대한 연구[13]에서 넬슨 역시 "전통사회는 오늘날 과학사회와 유사한 지식을 많이 축적하고 있었다"는 결론을 도출했다.[14] 넬슨은 코유콘 부족이 보유하고 있는 자연에 대한 광범위한 이해의 정도와 기원, 표현의 미묘한 차이, 그들이 지닌 세계관의 역할과 지능의 발달에 끼치는 영향력에 대해 설명하면서 다음과 같이 통찰하고 있다.

무엇보다도 나를 거듭 감탄케 한 것은 환경에 대한 코유콘 부족의 엄청난 지식이었다. (…) 그들의 지식을 바탕으로 북극 동물의 행동, 생태, 활용에 대해 몇 권의 책을 쓸 수 있을 정도였다. (…) 전통 코유콘 부족은 복잡한 지식을 처리할 수 있는 심오한 지적 능력이 있었다. 또한 그들은 직관적 감각과 몸과 가슴으로 바람을 느끼고, 움직이는 얼음의 소리를 듣고, 구석구석 들여다보면서 자연에 대해 철저히 조사했다. (…) 그들은 곰과 물개, 바람, 달, 별, 유빙, 바다 아래의 고요함 등 모든 것을 볼 수 있는 눈을 지닌 채 살아가고 있다. (…) 이런 상상은 매우 놀랍다. 그리고 그들의 생각, 행동, 믿음 전체에 영향을 주는 것은 인간이 아닌 생명과의 유대감이다.[15]

오늘날 많은 사람은 원시시대와 현대는 분명하게 구별된다고 생각한다. 현대 과학기술이 증명하듯이 진보된 지능이 바로 그 차이점이라고 믿으며, 그 과학적 지식은 일반적이지 않은 어떤 이들이 특정한 목적으로 특정한 공부를 통해 얻을 수 있다고 생각한다. 그러나 포레 부족과 코유콘 부족의 연구는 자연에 대한 지적 친밀감이 오늘날의 과학과 유사하며, 모든 사람에게 나타나는 보편적인 경향이라는 사실을 말해주고 있다. 과학에 대한 우리의 이해를 넓힌다면 이렇게 모순처럼 들리는 말의 내용을 수렴할 수 있을 것이다.

한 사전은 과학을 "관찰, 정의, 묘사, 실험적 조사 및 현상의 이론적 설명, 특히 경험을 통해 얻어진 지식"이라고 정의한다.[16] 그러나 포레 부족과 코유콘 부족의 경우를 볼 때 과학은 관찰, 정의, 묘사, 이론적 설명, 실험적 조사 외에 '경험을 통해 얻을 수 있는 지식'이라는 속성이 추가된다. 심지어 이들 부족 외에도 대부분의 사람은 다양한 환경에서 지속적이고 반복적인 관찰을 통해 이미 광범위한 실험적 조사를 진행하고 있었다. 그들은 변화하는 환경 속에서 자연에 대해 더 많은 것을 이해함으로써 더 넓은 예측 능력을 획득하고자 한 것이다. 이렇듯 우리가 과학이라고 생각하는 것은 절대적 차이보다는 질적 차이를 지닌 것이다. 결국 대부분의 인류는 자신이 속하지 않은 세계를 이해함으로써 지적 발전을 증진하는 활동, 즉 과학을 실천하고 있었다.[17]

인간의 지적 발전은 호기심과 경이감, 한없이 세밀하고 다양하고 신비한 자연에 대한 동경에서 비롯된다. 따라서 자연의 가장 평범한 국면에서조차도 풍부한 지적 보상이 이루어진다. 그것은 작가인 로만 비시니액Roman Vishniac, 1897~1990의 말에 따르자면, 작은 연못의 물 한 방울이 지구 위의 가장 멀고 외딴 곳을 여행하는 것만큼이나 큰 흥미를 유발하는 것이다.[18]

살아 있는 야생의 자연을 감상하기 어려운 세상을 상상해보자. 예컨대 나무와 관목이 거의 없으며 새와 곤충이 날아다니는 모습이나 소리가 없는, 그러한 풍경 말이다. 게다가 모든 지질의 형태가 획일하며 날씨도 전혀 변화하지 않는 세상이라면 과연 사람들은 자연을 감상하거나 경험하려 할까? 그런 세상은 말할 수 없이 따분하고 지루할 것이다. 아이들은 가상의 현실을 더 선호할 것이고, 어른들은 더욱 기술적인 용어를 사용해 의사소통 능력마저 저급한 세상이 될 것이다. 때때로 놀랄 만한 일이 발생하지 않는 세상에서 인간은 지적으로나 정서적으로 발달하지 못할 뿐만 아니라 상호작용이나 관계성에도 큰 결함이 발생할 것이다.

나에게 지성과 경이감 그리고 삶에 대한 감사를 선사한 한두 가지의 경험을 에피소드로 소개하면서 이 장의 결론을 맺고자 한다.

한때 나는 수많은 종류의 새를 관찰하고 구별해 명명하는 즐거움에 푹 빠져 있었다. 새의 아름다움에 매료되어 봄에는 울새, 여름에는 도요새, 가을에는 맹금류, 겨울에는 물새를 관찰하다보니 단순한 감상 차원을 넘어 그 새들을 구별할 수 있게 되었다. 몇 년 동안의 훈련 덕분에 조류에 대한 나의 이해력은 좀더 세밀하고 복잡한 수준에 도달했다. 예컨대 많은 새가 특정 환경과 서식지에서 발견되는 특정한 먹이에 집착한다는 사실을 깨달았고, 그 특별한 생태환경을 활용할 수 있도록 진화한 새들의 해부학적 구조에 관심이 옮겨졌다. 이렇게 의존적 상관관계에 대한 이해가 확대되면서 나는 환경과 새의 상관관계에 대한 중요성을 인식하게 되었고, 이것이 생물학적 발달에 어떤 영향을 끼치는지 알 수 있게 되었다.

지식이 확대되면서 나는 현대생활의 여러 측면이 새들과 서식지의 긴밀한 균형 또는 상호 의존성을 위협하고 있다는 걸 알게 되었다. 먹이와 서식지, 살기 좋은 환경에 접근하는 것을 방해하는 인간의 행위로 인해 새들은 변화에 매우 취약해졌다는 사실도 인식하게 되었다. 나는 마치 새라도 된 것처럼 새들이 서식하는 생태계에 대해 인식하게 되었고, 다른 식물과 동물이 지닌 생태의 취약성에 대해서도 깨달을 수 있었다. 더 나아가 나는 사랑하는 생물들과 그들의 서식지를 파괴하는 행위를 나 자신도 저지르고 있었음을 깨닫게 되었다. 이로 인해 나는 그 지역을 보존하고 보호해야 한다는 동기를 얻었고, 그러기 위해서는 더욱 많은 노력과 준비를 해야 겠다고 생각했다.

이렇게 나의 지적 발달은 단순한 수준에서 복잡한 수준으로 나아갔다. 나의 작업은 보다 많은 새를 감상하고 알아보고 싶다는 비교적 간단한 바람에서 시작되었지만, 시간이 지나면서 나를 비롯한 다른 사람들의 행동과 추정 가치를 이해하거나 분석하고 평가하는 미묘한 쪽으로 변화되었다. 물론 겨울에 오리를 관찰하고, 가을에는 맹금류, 봄에는 울새, 여름에는 바닷새를 관찰하는 즐거운 열정을 절대 포기한 건 아니었다. 그러나 그들이 서식하는 범람원과 늪, 나무가 우거진 경사지와 연안지대, 높은 산등성이와 숨겨진 계곡에 대한 관심이 생겼다. 나는 내가 포함되어 있는 거대한 존재의 고리 속에 근본적으로 생물과 무생물이 함께 묶여 있음을 깨닫게 되었다. 이렇게 확대된 관계의 순환을 통해 나는 나의 조류적 혈통에 대해 알았고, 또한 만물과 더 깊은 관계를 맺게 되었다.

몇 년 전 집 근처에 있는 숲을 거닐던 나는 거대한 튤립나무와 마주쳤다. 발길을 붙들 만큼 아름다운 그 나무는 다른 튤립나무와 마찬가지로 화살처럼 솟아오른 모양이었고, 나무의 중간 부분에는 풍성한 가지가 뻗어 있었으며, 높이는 30미터 이상이나 되었다.

성숙한 튤립나무에서 특히 관심을 끄는 부분은 홈이 파인 것처럼 어두운 갈색으로 갈라진 나무껍질이었다. 이 나무는 낙엽 지는 활엽교목으로 잎에는 긴 잎자루가 있으며, 잎 가장자리는 2~4개의 뾰족한 조각을 이룬 독특한 모양으로 마치 네모난 하트 같았다. 살랑바람에도 흔들리는 이파리들의 잎 표면은 맑은 날이면 햇살을 잡았다가 던지고 다시 반사되는 빛을 받아 반짝였다.

튤립나무가 가장 아름다운 순간은 그 이름을 얻은 계기가 그러하듯 꽃을 피울 때다. 눈에 띄게 화려한 꽃은 야생의 나무라기보다는 정원의 꽃처럼 보일 만큼 크고 현란했으며 녹색과 오렌지색, 케이크에 시럽을 얹은 듯한 옅은 노란색을 띠었다. 그 잎들은 멀리서는 연약해 보이지만 가까이서 보면 밀랍처럼 딱딱해 거센 비바람에도 밑으로 살짝 처질 뿐 떨어지지 않는다.

다른 때와 같이 나는 튤립나무의 아름다운 모습을 보고 이 나무에 관심이 생겼다. 그러나 이 나무에 대해서 알면 알수록 호기심은 계속되었으며 이해의 범위는 확장되었다. 튤립나무는 물가로부터 멀리 떨어져서는 잘 자라지 못하지만 범람원 주변에서 발견되는 다른 나무들과는 달리 침수되는 것을 견디지 못한다는 사실을 알게 되었다. 또한 이 나무는 숲속의 거주자이면서도 숲의 내부보다는 가장자리에서 햇볕을 맘껏 받으며 높이 자란다는 점도 깨달았다. 뿐만 아니라 튤립나무가 목련과에 속하며 내가 살고 있는 곳보다 좀더 남쪽 지역에 생태군을 이루고 있다는 사실도 알게 되었다.

튤립나무에 대한 나의 관심은 여기서 멈추지 않았다. 튤립나무와 사람의 관계, 즉 나무의 역사적 이용에 대한 공부까지 나아갔다. 이 나무의 목재는 특별히 강하지는 않지만 상대적으로 가볍고 부드러워서 정확하고 손쉽게 원하는 모양을 만들 수 있는데, 특히 오르간파이프와 밸브의 재료로 적합하며 오랫동안 가구나 패널 또는 상자를 만드는 데 사용되었다는 사실을 알게 되었다. 또한 꿀벌이 가장 좋아하는 나무이며, 키가 크고 몸통이 굵어서 다양한 곤충과 새와 포유동물에게 좋은 집을 제공해왔다.

나의 지적 오디세이는 흥미로운 나무에 대한 단순한 관심에서 시작되었다. 그러나 시간이 지날수록 그 여정은 확장되었으며 더욱 만족스러운 이해와 감탄을 부여했다. 나는 지금도 위풍당당하고 위엄 있는 튤립나무 감상하기를 좋아하며 특히 꽃이 피는 시기에 보는 걸 매우 좋아한다. 이로써 나는 한층 더 깊은 튤립나무의 매력을 느낄 수 있게 되었다. 나 자신의 지적 시야를 넓혀준 다양한 가치에 대해 몰두함으로써 나는 이 나무와의 연계를 넘어 더 넓은 자연세계에 대해 인식을 확장할 수 있었다.

3장

혐오

인간은 지능에 대해 자부심을 갖고 있다. 지능은 이성적인 결정을 내릴 수 있게 해주기 때문이다. 달리 말해 지능은 지구라는 행성에서 인간을 지배의 위치에 서게 해준 과학과 기술의 토대인 것이다. 그래서 사람들은 반감, 증오, 공포와 같은 '비이성적인' 감정에 굴복하는 것을 이성적 선택의 적으로 여긴다. 하지만 환경보호 활동가들은 인간의 적대감과 증오로 인해 뱀, 늑대, 곤충, 거미, 늪, 사막과 같은 동물과 서식지에 피해를 끼쳐왔고, 심지어 파괴하는 데 일조했다고 비판한다.

왜 우리는 자연에 대한 혐오와 두려움을 키워온 것일까? 왜 우리는 배려와 애정 어린 관심을 통해 부정적 감정을 이성과 존경으로 바꾸는 데 중점을 두지 않은 것일까? 자연세계를 이해하고 인정하는 것은 그것을 보전하는 데 필수적인 요소다. 하지만 자연에 대한 혐오 또한 인간의 건강한 삶에 중요한 역할을 해왔으며, 다른 모든 생명체의 건강과 생존에 바탕이 되어왔다. 더욱이 특정한 불안은 자연에 대한 경외와 존경심의 필수 요소로, 궁극적으로 우리보다 더 위대한 자연의 힘에 경건한 관심을 향하게끔 만들어준다. 결국 이러한 정서는 자연을 개발할 때 적절한 거리를 유지하게 하는 윤리적 규제를 만들어낸다.

이 주제와 관련하여 개인적 경험을 소개하고자 한다. 당시 나는 '테러'라고 표현하고 싶을 만큼 커다란 공포를 겪었다. 하지만 다른 한편으로는 공포심을 유발한 원인에 대해 깊이 감탄하기도 했다.

두렵고 때로는 혐오스럽기도 한 전설적인 존재, 늑대와 마주쳤던 적이 있다. 평소 관심이 있었기 때문에 늑대를 보호하는 데 관여도 했지만, 사실 직접 만나기 전까지는 책이나 연구를 통해서만 그 존재를 알고 있을 뿐이었다. 미국 48개 주에서 거의 멸종 위기에 처해 있을 만큼 오랫동안 인간의 학대를 받아온 늑대에 대해 나는 동정을 느끼고 있었다. 어쩌면 집에서 기르던 늑대개Canis lupis familiaris에 대한 애정으로 인해 동기부여가 된 것일지도 모르겠다. 물론 늑대와 개는 근본적으로 다르다고 알려져 있으나 생물학적으로 집에서 기르는 개들은 회색 늑대Canis lupis와 별반 다르지 않다는 것을 알 수 있다.

한때 미국과 유럽에서 늑대를 죽이는 것은 일반적인 현상으로, 북아메리카에서는 20세기까지 늑대와의 전쟁이 진행되었다. 늑대를 몰살하려는 인간의 행위는 지독하고 무자비했다. 『늑대와 인간에 대하여』라는 책으로 널리 알려진 미국의 배리 로페즈Barry Lopez, 1945~는 이것을 대량학살 또는 계획적인 멸종을 뜻하는 '절멸specicide'이라고 불렀다.[1] 특히 교회를 중심으로 늑대에 대한 반감이 굉장히 널리 퍼져 있었기 때문에 환경보호 활동에 선구적 입장을 지녔던 시어도어 루스벨트 대통령Theodore Roosevelt, 1858~1919 조차도 늑대를 "낭비와 황량함의 짐승"이라고 표현했다.[2]

나는 광범위한 자료 조사를 통해 늑대의 생물학적 배경, 역사, 보호대책 등을 꽤 많이 알게 되었다. 동물원과 로키산맥의 수천 평에 달하는 야생보호지대에 살고 있는 늑대들을 만난 적도 있으며, 늑대와 사람의 관계에 대한 여러 가지 연구를 해왔다. 그 연구 중에는 사라진 늑대를 다시 불러들여 개체를 재형성하는 것도 포함되어 있었다. 나는 늑대의 지능과 사회 생태계에 대해 감탄했으며, 국립과학원의 일원으로서 알래스카의 늑대 관리와 보전 프로젝트에 참여하기로 결정했다. 또 한편으로는 동물에 대한 다양한 역사적 고찰을 통해 위태로운 늑대의 지위 향상을 위해 노력했다.

그때까지도 늑대에 대한 나의 지식은 주로 책이나 연구, 인간의 손에 붙잡힌 늑대들을 통한 경험에 기반한 것이었다. 그래서 나는 세계에서 가장 저명한 늑대 생물학자인 데이비드 메흐David Mech로부터 북부 미네소타 여행을 제안받았을 때 그 기회를 놓칠 수 없었다. 그 지역은 그가 몇 년간 야생 늑대를 연구해온 곳으로, 당시 미국에서 자유롭게 돌아다니는 늑대들을 실제로 관찰할 수 있는 유일한 지역이었다.[3]

우리는 수상비행기를 타고 넓은 강과 개울, 호수와 습지로 이루어진 물가 주변으로 이동했다. 비행기의 송신기를 이용해 무선으로 정보를 주고받으며 탐색하던 중 우리는 한 무리의 늑대를 발견했다. 오래된 벌목 길을 추적한 결과 수컷 늑대를 마취시키는 데 성공했고, 혈액 표본과 치아 한 개를 얻어냈다. 그 밖에도 늑대의 나이, 건강, 크기, 전반적인 상태를 추정할 수 있는 자료들을 수집했다. 그 작업은 격리된 상태에서 비교적 안전하고 차분하게 이루어졌으나 현장은 흥분으로 가득 차 있었다.

이튿날 또 다른 늑대 연구자인 프레드 해링턴Fred Harrington이 캠프에 합류했다. 늑대의 발성을 연구하던 프레드는 특히 늑대의 울부짖음 연구에 관해서는 권위자였다. 그날 저녁 프레드는 조만간 현장에서 자료를 수집할 계획이라며 합류할 의사가 있는지 내게 물었고, 나는 또다시 기회를 얻었다.

그 당시만 해도 늑대의 울부짖음이 지닌 다양한 의미는 미스터리로 남아 있던 상태였다. 물론 늑대의 울부짖음은 자신이 있는 장소를 알려주는 소통수단이며, 또는 무리의 결속을 강화하거나 먹이 포착의 가능성을 수신하는 신호라는 이론은 제기된 상태였다. 그러나 프레드는 늑대의 울부짖음에 대한 더 명확한 이해를 도모하고자 야생에서의 관찰에 도전했다. 그는 해질 녘의 울부짖음이 가장 활발하고 강렬하다는 정보에 기초해 녹음한 소리를 늑대에게 다시 들려주곤 했다. 그러고는 늑대가 녹음테이프 소리에 반응하는 소리와 행동까지 기록했다.[4]

프레드와 나는 자정 가까울 무렵 길을 나섰다. 어두운 상록수 숲을 지나 오래된 벌목 길을 따라 거의 한 시간가량 차를 달리자 마침내 숲이 우거진 지역에 도착했다. 이곳은 프레드가 몇 주 전에 늑대들을 불러내는 데 성공했던 장소였다. 이곳에서 그는 음성과 녹음장비를 다시 설치하고 늑대의 울부짖음을 한 시간 동안 연속적으로 재생했으나 아무런 반응도 이끌어내지 못했다. 프레드가 주기적으로 늑대의 울부짖음을 재생할 때마다 기나긴 적막감이 이어졌고, 나는 울창한 숲의 적막과 어둠으로 인해 마치 꿈을 꾸고 있는 듯한 기분이었다. 열심히 귀를 기울이고 있었으나 백일몽(정확하게는 밤에 꾸는 꿈)에서 표류하는 나 자신을 발견할 뿐이었다. 얼마간 시간이 흘렀지만 아무 일도 일어나지 않아 우리는 캠프로 돌아가기로 했다.

그때 뜻밖의 일이 벌어졌다. 저 멀리서 어떤 희미한 소리가 귓속으로 흘러든 것이다. 처음에는 진짜 소리가 아니라 상상으로 인한 환청이라고 여겼다. 그러나 고개를 돌려 프레드를 바라보자 그는 고개를 끄덕여 신호를 보냈다. 녹음된 늑대 소리에 대한 반응이라고 확신한 것이다. 프레드는 볼륨

08. 늑대들을 없애는 것은 한때 미국 정부의 지속적인 정책 목표였다. 이 동물에 대한 계획적인 근절은 '절멸specicide'이라 불렸다. 이는 한 개체에 대한 의도적인 멸종을 의미한다.

을 높여 녹음된 소리를 더 자주 재생했다. 여전히 먼 거리에서 들리긴 했지만 이번에는 좀더 또렷이 들렸으며 횟수도 잦아졌다. 녹음된 소리와 진짜 살아 있는 소리의 순환이 계속되었다. 적어도 한 마리 이상의 늑대가 울부짖고 있음은 분명했으나 그 수가 얼마나 되는지는 분간하기 어려웠다. 프레드와 나는 늑대들이 혹시 우리 존재를 경계하지 않을까 하는 우려에서 말보다는 몸짓으로 소통했다. 늑대들은 분명 가까이 오고 있었다. 그러나 그들의 울부짖음은 아직도 멀리 떨어져 있는 것처럼 들렸다.

첨단 기술장비와 프레드의 과학적이고 침착한 접근법으로 인해 귀중한 경험을 할 수는 있었지만 나는 늑대들이 가까이 있다는 사실에 흥분했다. 늑대의 울부짖음은 그리 멀지 않은 곳에서 경고 없이 발생했고, 이어서 또 다른 늑대가 울부짖으면서 여러 마리의 늑대와 의사소통했다. 우리는 나무 안에 숨어 있는 상태였지만 늑대 무리가 우리를 에워싸고 있다는 사실만은 확실히 느낄 수 있었다.

늑대들의 소리가 깜짝 놀랄 만큼 커지자 그에 따른 내 반응도 자연적이고 본능적으로 변했다. 몇 분 전까지만 해도 나는 지성을 갖춘 참여자로서 이 경험을 부담 없이 즐기고 있었지만 이제는 불편한 감정이 일면서 깊은 불안에 휩싸였다. 나는 마음속 깊은 곳에서 두려움을 느꼈으며 극도의 공포 속에서 벌벌 떨었다.

늑대들의 울부짖음은 점점 더 잦아지고 중첩되면서 어둠 속의 우리를 에워쌌다. 공포 속에서 나는 이미 완전히 노출되었으며 방어할 방법이 없다는 사실을 인식했다. 나는 늑대만큼 냄새를 잘 맡을 수도 없고 잘 볼 수도 없지만 늑대는 힘이 세고 잔인하며 나를 잡아먹을 수 있는 포식의 기술을 가지고 있었다. 적어도 나는 늑대들이 잡아먹기 쉽게 생긴 어리석은 식용 고

깃덩어리에 지나지 않았다. 난생처음으로 나는 등 뒤에 누군가가 서 있을 때 뒷머리털이 곤두서는 공포를 경험했다. 또한 먹이로 희생되는 동물의 '두려움과 도피'라는 고전적인 감정에 뛰어들고 싶은 욕구와 싸웠다. 그 순간 늑대에 대한 모든 지식과 동정심은 불안과 두려움 속으로 숨어버렸다. 늑대가 사람을 공격하는 경우는 거의 없다는 사실을 떠올리면서도 결코 안심할 수는 없었다.

늑대 전문가인 프레드 또한 긴장한 것처럼 보였으나 그는 픽업트럭이 있는 방향으로 천천히 이동해야 한다고 차분히 손짓했다. 우리는 장비를 그대로 남겨둔 채 조심스레 차량을 향해 이동하면서 뒤를 돌아보았다. 숲의 한 구석에 숨어 있는 늑대 두 마리의 회색빛 윤곽이 눈에 들어왔다. 다행스럽게도 안전한 트럭에 들어선 나는 안도의 한숨을 내쉰 뒤에야 그때까지 계속 숨을 참고 있었음을 깨달았다. 나는 의자에 앉아 흥분된 감정에 몸을 떨며 안정과 자신감을 되찾기 위해 노력했다. 그리고 밝아오는 새벽빛을 받아 길어지는 그림자를 바라보면서 나를 응시하던 커다란 늑대의 형체를 볼 수 있을 거라 생각했다. 호기심 또는 사냥의 실패로 인한 굶주림 속에서 이글거릴 그들의 눈빛을 상상했다.

우리는 늑대들이 숲속으로 후퇴했다는 확신이 들 때까지 꽤 오랫동안 트럭 안에 있다가 장비들을 챙겨왔다. 여전히 두려움이 가시지 않았던 나는 늑대와 마주쳤던 어둠 속으로 자꾸만 시선을 던졌다. 캠프로 돌아오는 동안 우리는 한순간의 마법에 의해 수많은 단어가 사라져버리기라도 한 것처럼 아무 말도 하지 않았다. 그러나 공황 상태에 가까운 공포와 더불어 이상하게도 장엄하고 어마어마한 감정, 기쁨을 안겨주는 존재와 함께 있었다는 짜릿함을 느끼고 있었다.

야생 늑대가 보여준 힘은 나에게는 개인적이고 가슴 아픈 것이었다. 비록 공포를 유발하긴 했지만 친밀한 유대의 춤에 참여한 기억 덕분에 그 생명체에 대한 깊은 감탄과 존경을 가지고 떠날 수 있었다. 그 순간의 기억은 한동안 내 안에 깊이 간직되었다. 우리보다 더 큰 힘에 대한 감탄과 놀라움, 두려움이 뒤섞였던 그 사건은 나에게 존경심을 불러일으켰다. 그동안 늑대에 대해 추상적이고, 지적이고, 감정적이었던 내 존경과 경의는 보다 의미 있고 지속적인 형태로 변했다.

자연에 대한 두려움

자연에 대한 두려움과 혐오는 자연세계를 향한 다른 본능적인 성향과 마찬가지로 생명작용에 대한 어떤 반영이라고 할 수 있다. 생명 사랑biophilia이라는 라틴어는 삶에 대한 사랑을 품고 있지만 이 개념은 이미 여러 번 언급했던 것처럼 자연에 대한 혐오까지 포함한다. 또한 이 개념은 기나긴 진화의 세월 속에서 발달된 적응력이나 자연과 연계하려는 성향까지도 포함된 것이다. 실제로 우리는 자연에 대해 저항하기 어려운 경우가 있는데, 위험한 자연환경으로부터 종을 보존하기 위해 재빨리 대처해야 할 때 이것은 두려움과 걱정으로 진화되었다. 그 결과 거미, 진드기, 거머리, 말벌, 모기, 상어, 뱀, 덩치 큰 포식동물과 같은 생명체 또는 사나운 번개, 강풍, 가파른 비탈, 어두운 숲, 깊은 늪지대, 오염된 물, 썩어가는 시체, 큰 파도, 산불, 망망한 사막 같은 환경 요소에 접할 때 이러한 반응이 쉽게 유발되며 제어하기도 어렵다. 우리는 예상할 수 있거나 적응할 수 있을 만큼 충분한 시간이 주어졌을 때에만 이러한 생명체나 상황에 대해 이성적으로 반응할 수 있을 뿐이다.

자연의 위험을 기피하려는 본능은 거리 두기나 파괴적 행동으로 연결되기도 한다. 걱정과 두려움이 지나쳐 역효과를 낳는 것이다. 뱀에 대한 두려움 때문에 몸이 얼어붙는다거나, 거미나 천둥 번개를 보았을 때나, 동굴이나 높은 곳에 올랐을 때 또는 열린 공간에 놓였을 때 공포에 휩싸이는 경우가 그러하다. 하지만 자연에 대한 지나친 두려움과 혐오는 본질적으로 기능적 장애가 아니라 자연에 대한 개발, 지배, 생명 사랑의 극한 표현에 지나지 않는다. 반대로 별로 두려움이나 혐오를 느끼지 않는 경우에도 자기 파괴적인 결과가 나타날 수 있다. 예를 들어 험한 산길, 맹수, 폭풍우, 홍수, 화산, 대형 파도에 '두려움이 없는' 사람은 종종 재앙을 자초한다. 균형을 취하든 과도한 대응을 보이든 자연에 대한 혐오의 감정은 우리에게 유용하게 작용했기 때문에 인간 고유의 성향으로 자리한 것이다.

감정 연구자인 마이클 조위[Michael Jawer]와 마크 미코지[Marc Micozzi]는 사람들로 하여금 "행동하도록 만드는 것"은 모두 위대한 감정이라고 주장했다. 즉 자연을 회피하고 두려워하는 본능으로 인해 인간은 특별한 방어력을 갖추게 되었다는 것이다. 다시 말해 속도, 힘, 잠행 능력, 체력, 시력, 후각, 청각 등에서 제한된 힘을 가진 영장류의 능력을 재빨리 동원하도록 두려움이 자극을 준 것이다. 조위와 미코지는 자연을 향한 두려움이나 반감 같은 강렬한 감정이 인류의 건강과 성장에 어떤 기여를 했는지를 다섯 가지로 분석했다.[5]

그 첫 번째는 자연에 대한 혐오의 감정이 개인으로 하여금 자신과 타인을 구별할 수 있게 해준다는 점이다.[6] 예를 들어 풀 속의 뱀, 하늘에 드리운 먹구름, 빠져나올 수 없는 늪지대, 물거나 쏘는 무척추 동물이 나타내는 위협적인 상황은 그 대상이 친구인지 적인지, 머물러도 되는 곳인지 아닌지 빨리 판단할 수 있도록 인간을 돕는다. 두 번째는 자연에서 마주치는 수많은 위험에 대해 신속하게 반응하도록 만들어준다는 것이다. 위험은 갑자기 예고 없이 발생하며 굉장히 변덕스럽게 나타나기 때문이다.[7] 세 번째는 사람들로 하여금 중요한 것을 서로 소통할 수 있게 해준다는 것이다.[8] 예컨대 비명이나 신음 소리,

떨림, 크게 벌어진 눈, 소름, 곤두선 머리카락 같은 보편적 반응은 눈앞에 놓인 위험에 대해 언어보다 훨씬 더 효과적인 소통수단이 된다. 네 번째는 연대감을 강화시키는 점이다.[9] 역사적으로 인간은 홍수, 지진, 맹수, 해충과 같은 중대한 환경적 위협이 닥쳤을 때나 늪이나 사막과 같은 불안정한 장소에 있을 때 강력한 연대를 구축했다. 2011년 가을, 나는 허리케인이 발생한 가운데 집으로 돌아왔는데 그러한 재난상황이 벌어지지 않았다면 느낄 수 없었을 놀라운 동지애를 경험했다. 마지막으로 언급한 것은 자연에 대한 혐오의 감정이 기억과 학습에 필수적이라는 점이다.[10] 강력한 기억들은 대부분 자연 속의 실질적인 위협에서 비롯되며 또한 자연에서 해결되곤 한다. 그러한 이야기는 『오디세이』『베어울프』『아서 왕의 전설』과 같은 고전과 「반지의 제왕」 3부작, 「스타워즈」 「인디애나존스」와 같은 영화를 포함해 현대 이야기 장르에서 두드러진다.[11]

스웨덴의 심리학자인 안 오만Arne Ohman, 1949~ 은 실험을 통해 인간에게 내재된 자연세계에 대한 두려움의 단면을 밝혀냈다. 그는 실험 참가자들에게 뱀, 거미, 권총, 낡은 전깃줄 장면을 15~30밀리초(1밀리초는 1/1000초) 동안 노출시켰다. 그러자 거의 모든 참가자는 뱀과 거미의 이미지에 혐오하는 반응을 보였고, 일부 참가자는 권총과 낡은 전선과 같은 문명적 위험에 대해서도 같은 반응을 보였다. 또한 일단 뱀과 거미에 대한 혐오 반응이 유발되고 나면 그 감정이 쉽게 지워지지 않아서 제거하는 데 꽤 오랜 시간이 걸렸다.[12] 다른 연구진은 인간을 포함한 영장류 사이에서 뱀에게 갖는 선천적 공포에 대해 실험을 했다. 그 결과 실험실에서 기른 원숭이들은 한 번도 뱀을 본 적이 없음

에도 불구하고 극도의 공포감을 느꼈으며, 심지어 공황상태에 빠지기도 했다.[13]

현재 도시 사회에서 나타나는 자연에 대한 공포의 증거들은 더 이상 타당성을 제공하지 않는다. 우리가 이미 살펴보았듯이 어떠한 선천적 성향이 역사의 진화 과정에서 적용될 수 없다면 결국 없어지거나 흔적으로만 남을 뿐이다. 즉 선천적인 성향이 더 이상 생물학적 이점을 제공하지 못한다면 시간이 지남에 따라 위축되거나 사라진다는 것이다. 앞에서 언급한 연구들은 두려움에 대한 인간의 내재적 성향으로 인해 뱀과 거미와 같은 생명체를 회피한다고 설명하고 있지만 그 혐오의 반응이 계속 적용될 것인지에 대해서는 언급하지 않았다.

물론 자연세계에 대한 우리의 두려움과 걱정은 여전히 다양한 상황에서 계속 작용하고 있다. 그 가운데 일부는 언어, 예술, 디자인에 영향을 주는 강력한 상징물이 되기도 한다. 뱀, 거미, 상어, 늪과 같은 부류에 대한 두려움을 다루지 않는다면 할리우드 영화나 광고 산업들은 과연 존재하거나 번창할 수 있을까? 좀더 현실적인 차원에서 말하자면 자연에 대한 두려움을 잊어버릴 때 우리는 종종 어리석고 경솔하게 행동하곤 한다. 물론 500킬로그램이나 되는 곰을 껴안는다거나 화사한 색깔을 자랑하는 독사를 집어올리는 시도는 하지 않겠지만 경솔하게도 매립지에 고속도로를 건설하고 범람원에 집을 짓고 지진 단층에 원자로를 건설함으로써 재앙을 자초한다.

과거로부터 지금까지 우리가 두 종류의 생명체를 어떻게 취급했는지를 살펴보면 자연을 두려워하는 본능의 기능적 측면과 비기능적 측면에 대한 유용한 설명이 가능할 것이다. 두 동물이란 곤충과 거미를 포함하는 절지동물 그리고 앞에서 언급했던 늑대를 말한다. 절지동물은 곤충이나 거미, 전갈, 지네, 갑각류에 이르기까지 엄청난 수와 다양한 종을 거느림으로써 동물 종의 약 80퍼센트를 차지한다. 하지만 사람들에게 절지동물, 특히 곤충과 거미는 집합적으로 표현해서 '벌레'일 뿐이다. 이러한 꼬리표는 이 생명체에 대해 품고 있는 광범위한 혐오와 두려움이 반영된 것이라고 볼 수 있다.

우리는 벌레를 기껏해야 불편을 안겨주는 낯설고 기이한 존재로 여긴다. 최악의 경우에는 경멸의 대상이 되기도 한다. 이런 경우 벌레는 마치 외계에서 온 생명체처럼 공상 속에서나 존재할 법한 이질적인 동물이다. 그러나 벌레들은 우리가 오랫동안 깊이 지녀온 정상과 비정상에 대한 가정을 깨뜨린다. 우리를 혼란스럽게 만드는 것 중의 하나는 다른 동물 종과 구별하게 해주는 감정이나 이성이 그들에게는 전혀 없는 것처럼 보인다는 사실이다. 절지동물의 모습에서 우리는 애착, 보살핌, 사랑, 도덕성, 자유, 심지어 존재의 기반이 될 수 있는 두려움이라는 감정을 전혀 읽을 수 없다. 벌레들은 또한 각각의 자아와 정체성의 타당성을 부인하는 것처럼 보인다. 단지 벌레들과 인간에게 공통적인 요소가 있다면 애매하지만 친숙한 신체기관들을 지녔다는 것, 생존과 번식의 열정을 지녔다는 것이 전부일 것이다.[14]

따라서 절지동물이 비정상으로 상징되거나 정신이상 또는 그러한 의미의 용어와 연계된다는 사실은 결코 놀라운 게 아니다. 이러한 점에 관하여 미국의 심리학자 제임스 힐먼James Hillman, 1926~2011은 다음과 같이 언급했다. "퉁방울눈bug-eyed, 거미 다리, 벌레, 바퀴벌레, 흡혈귀, 머릿니, 실성한buggy 등등은 모두 비인간적 특징을 표현해주는 경멸적인 용어들이다. (…) 곤충이 된다는 것은 따뜻한 피라곤 전혀 없는 무감정한 생명체가 된다는 것을 의미한다."[15]

절지동물의 수가 너무 많다는 것도 외견상 좋은 대접을 받지 못하는 이유 중의 하나다. 물론 희귀종이라면 상황은 다를 수도 있겠지만 하나의 개미집 속에 수백만 마리나 되는 개미들이 살고 있다는 사실에 사람들은 충격을 느낀다. 한두 평의 땅속에 전 세계에서 가장 많은 인구를 보유한 국가보다 훨씬 많은 수의 절지동물이 살아간다는 걸 염두에 둔다면 지구상에 존재하는 곤충과 거미의 수는 힐먼이 지적한 것처럼 상상을 초월할 것이다. "곤충들을 숫자로써 상상한다는 건 인간의 판타지를 위협할 것이다. 하나의 개체로서 자신을 생각할 때 지구상에서 인간이란 얼마나 하찮은 생명체인지를 깨닫게 하기 때문이다."[16]

어쩌면 곤충이나 거미들은 인간이 세상에 존재하고 있다는 사실에 무관심한 것처럼 보인다. 물론 인간이 우월적으로 지구를 지배하고 있다는 점에 대해서도 마찬가지다. 척추동물들은 대부분 인간이라는 존재를 만나면 위협을 느껴 도망치지만 절지동물들은 인간이 존재한다는 것조차 알지 못하는 것 같다. 사실 그들은 우리의 집이나 일터까지도 일상적으로 침투하곤 한다. 인간의 생활공간이 거미로부터 불과 1~2미터 이상 떨어져 있지 않다는 사실을 깨닫는다면 소름이 돋을 것이다.

결과적으로 대부분의 사람들은 거미, 진드기, 머릿니, 거머리, 메뚜기, 전갈, 게, 지네, 바퀴벌레, 파리, 말벌, 개미, 흰개미, 치즈벌레, 모기와 같은 '징그러운 벌레들'을 싫어하고 피한다. 이러한 혐오의 감정 때문에 모기나 개미를 짓누르거나 바퀴벌레를 향해 스프레이를 뿌릴 때 죄책감을 느끼는 사람은 극소수에 불과하다. 대체로 우리는 벌레들에 대해 동정이나 연민을 느끼지 않으며 보존이나 보호가 필요한 희생물이라는 생각은커녕 도덕적인 고려의 가치도 느끼지 못한다. 그러한 태도로 인해 이 생명체들에 대한 우리의 반감과 파괴적인 행동이 쉽게 유발되곤 한다.[17]

절지동물을 향한 우리의 태도와 행동은 지나치고 비이성적이다. 그러나 여기에는 표면화되지 않은 기능적 이유들, 즉 질병, 상처, 통증, 오염, 재산 손상의 두려움 등이 숨어 있다. 그런 관점에서 볼 때 곤충과 거미들에 대해 내재된 반감과 회피를 건설적인 형태로 바꿀 수도 있다. 적절한 상황에서 전문가로부터 올바른 지도와 가르침을 받는다면 이 외계에서 온 생명체같이 괴상한 벌레들로부터 우리는 호기심과 경이로움을 느낄 수 있다. 또한 인간세계를 넘어 다른 세계를 탐험하는 흥미와 욕구를 불러일으킬 수 있다.

이처럼 더 넓은 방향으로 사고한다면 양면적이기는 하겠지만 늑대와의 관계에서도 다른 태도를 지닐 수 있을 것이다. 물론 이 거대한 포식자는 절지동물과는 생물학적으로나 문화적으로 매우 다르다. 그러나 우리가 가족처럼 여기며 좋아하는 개와도 유전적으로 거의 동일하다는 점을 상기할 때 늑대는 곤충이나 거미와는 달리 우리 자신을 떠올리게 해준다.

앞서 말했듯이 20세기 이전에 북아메리카와 유럽에서 늑대는 병적 수준의 혐오를 받았고, 그 결과 늑대들은 광범위한 소멸의 대상이 되었다. 미국에서는 기본적으로 가축을 보호하고 개인의 안전을 위해 늑대가 퇴치되곤 했다. 또한 사람들이 가장 좋아하는 사냥감인 사슴,

09. 무척추동물에 대한 반감은 대부분의 사람에게서 쉽게 유발되며 소수만이 이들에게 동정, 연민, 애착을 보인다. 일반적으로 강한 혐오의 대상은 매력, 호기심, 연구 등의 긍정적인 대상으로 변할 수도 있다.

엘크, 물소 등의 동물들이 늑대의 먹잇감이었기 때문에 인간에게 늑대는 사냥의 경쟁상대일 수밖에 없었다. 그런가 하면 야생지를 농경지역으로 바꾸려는 정부의 노력에 늑대는 훼방꾼일 뿐이었다.[18] 이러한 변덕스러운 요인들을 정리한 배리 로페즈는 이렇게 비판했다. "이것(늑대를 절멸시키는 것)은 야생을 길들이려는 것에 위배되며 복수의 법칙과도 위배된다. 그것은 순전히 사유재산 보호라는 이유로 동물의 운명을 결정하는 일이었다. 저항할 수 없는 생명체에게 인간이 보호자 역할을 한다는 개념을 내세움으로써 늑대는 적이자 증오의 대상이 되고 말았다."[19]

결과적으로 모든 몰살 수단이 동원된 "늑대와의 전쟁"이 미국 내에 만연해졌다. 무차별적인 사격을 비롯해 덫을 놓거나 독살하기도 했고, 심지어 이 '사악한' 생명체를 몰살하는 데 참여하는 공동체들은 기념행사를 벌이기도 했다. 아메리카 대륙에서 공식적으로 야생동물 통제 행위가 시행된 것은 1630년 매사추세츠 주의 코드 곳으로, 늑대를 죽인 사람들에게 포상금이 지급되었다. 미국 전역에 걸친 늑대에 대한 반감은 매우 열정적이었으며, 이 악마의 동물을 죽이는 일은 멸종 위기에 이르는 20세기까지 관습적으로 지속되었다.[20] 늑대가 더 이상 현실에서 위협 대상이 아니라는 판단에도 불구하고 이 동물에 대한 절멸은 한동안 정부정책으로 남아 있었다. 한 예로 미국의 어류 및 야생동식물보호국의 전신인 연방생물조사국의 설립 수장이었던 에드워드 골드만Edward Goldman은 20세기 초반에 다음과 같은 말을 남겼다. "우리의 가축과 사냥감을 파괴해온 (늑대와 같은) 거대한 포식동물들은 선진 문명 아래에 더 이상 존재할 공간이 없다."[21]

야생동물 보호에 앞장섰던 유명한 환경운동가들조차도 늑대를 경멸하곤 했다. 앞서 말했듯이 시어도어 루스벨트 대통령의 늑대에 대한 발언에서도 이러한 시각을 엿볼 수 있다. 뿐만 아니라 뉴욕동물학회의 설립자인 윌리엄 호나데이William Hornaday, 1854~1937는 늑대를 잡는데 덫을 사용하는 것을 맹렬히 반대한 환경운동가였음에도 불구하고 이런 선언을 했다. "북아메리카 지역에 서식하고 있는 모든 야생동물들 가운데 늑대보다 더 비열한 짐승은 없다. 사악함과 배반 그리고 잔인함은 헤아릴 수 없을 정도로 깊다."[22]

광범위하게 이루어진 늑대 사냥의 목표는 완전히 전멸시키는 것이었고, 그러한 행동은 윤리적·도덕적으로 전혀 문제 되지 않는 것으로 인식되었다. 어쩌면 늑대를 죽이는 작업을 본질적으로 쓸모없거나 악의적인 것으로부터 세상을 해방시키는 것으로 여겼을지도 모른다. 이러한 늑대에 대한 강렬한 반감은 다음과 같은 배리 로페즈의 주장처럼 문화적 편견을 대표하는 것처럼 보인다.

늑대들을 말살하는 행동은 일종의 환상과 장난으로 형성된 오해, 사유재산에 대한 강렬한 애착, 무시와 비이성적인 증오로부터 비롯되었다. 하지만 무심하고도 무책임한, 무차별적인 살육이 지니는 잔인함은 좀 다른 범주의 것이었다. 일부의 행동이었고, 그것이 인간의 기본적인 충동으로부터 비롯되었다고 생각하지는 않는다. 그보다는 우리가 이 우주에서 자신의 위치를 제대로 이해하지 못했기 때문에 늑대에 대해 지나친 반감을 갖게 되었다고 생각한다.[23]

20세기 후반부터 늑대에 대한 태도는 극적으로 변화하기 시작했다. 그들에 대한 고마움 또는 동정의 시각이 유럽에서 번지기 시작한 것이다. 이러한 변화를 촉진한 데에는 많은 요소가 있으나 무엇보다도 멸종의 위기에 처함으로써 늑대의 역사가 청산될 지경이었기 때문이다. 더욱이 미국에서는 단순히 늑대라는 종이 사라지는 문제를 떠나 영토 전반에 걸쳐 야생지와 야생동물의 소멸로 이어지는 현상이 나타났다. 그러자 늑대 생물학과 종의 환경적 가치에 대해 이해하려는 움직임이 형성되면서 공감의 시각이 자리하기 시작했다. 늑대에 대해 점점 관대해지는 태도는 도시화된 사회와 무관하지 않다. 도시 사회에서는 가축 생산이나 사냥과 같은 전통적인 풍경의 활동이 거의 없기 때문에 늑대를 위협과 경쟁의 대상으로 여기던 시각이 사라진 것이다.[24]

20세기 초반, 선구적 생태학자 알도 레오폴드는 늑대에 대한 연구를 통해 시각의 이러한 급진적 변화를 예상했다. 처음에는 그 역시 동시대 사람들과 마찬가지로 늑대에 대해 가축과 사냥감을 위협하는 사악한 동물로 여겼다. 1909년 예일포레스트 스쿨을 졸업한 그는 뉴멕시코에 있는 길라 국립삼림청에서 일할 때에도 늑대 사냥의 기회를 거절하지 않았다. 하지만 야생에 대한 이해를 얻고 포식자와 먹이 간의 생태적 연결에 대한 현장 지식을 쌓으면서 레오폴드의 인식은 변화되었다. 특히 늑대를 죽이는 사건을 겪은 후에는 늑대에 대한 새로운 통찰, 넓은 의미에서 보면 자연 자체에 대한 관점이 완전히 바뀌었다.[25] 레오폴드는 기존의 관념을 완전히 바꿔놓은 1912년의 사건에 대해, 한 죽어가는 늑대를 다음과 같이 기술했다.

우리는 벼랑 끝의 바위에 앉아 점심을 먹고 있었다. 벼랑 아래로는 강물이 사납게 굽이쳐 흐르고 있었고 물 위에 떠 있는 어떤 동물을 보았다. 처음에는 암컷 사슴이라고 생각했다. 그 동물은 급류를 헤치며 건너기 위해 애쓰고 있었는데 가슴 주변에는 하얀 물거품이 뒤덮여 있었다. 그 동물은 간신히 강물에서 빠져나와 둑을 기어오르더니 우리 쪽을 향해 꼬리를 흔들었다. 그제야 우리는 그 동물이 사슴이 아님을 깨달았다. 그것은 늑대였다. 버드나무 쪽에서 불쑥 튀어나온 또 다른 여섯 마리는 분명히 다 자란 새끼였다. 그들은 꼬리를 흔들고 장난을 치면서 환영회를 벌이고 있었다. 늑대 무리는 우리가 앉아 있던 바위 옆의 넓적하고 평평한 곳에서 몸을 구르면서 즐겁게 장난을 쳤다.

당시 우리는 늑대를 죽일 수 있는 기회를 거절한 경우에 대해 들어본 적이 없었다. 순식간에 우리는 총알을 장전했고 정확히 겨냥할 수 없을 만큼 흥분된 상태였다. (…) 소총에 총알이 남아 있지 않았을 때 늙은 늑대는 쓰러졌고, 새끼들은 다리를 절룩이며 바위 뒤로 몸을 숨겼다.

우리는 곧 늙은 늑대에게 다가갔다. 늑대의 눈 속에 피어난 강렬한 푸른 불길이 점점 희미해지면서 죽어가는 모습을 보았다. 그 눈에서 나는 여태껏 몰랐던 새로운 것, 아마 늑대와 산만이 알고 있을 그 무엇을 깨달았다. 그 당시 젊고 패기 넘쳤던 나는 늑대의 수가 적어질수록 사슴의 수는 많아질 거라고 생각했다. 따라서 늑대가 사라진 세상은 사냥꾼들의 천국이 될 거라고 믿었다. 하지만 늑대의 눈에서 파란 불길이 꺼져가는 것을 본 후 나는 늑대와 산 모두 그러한 풍경을 허락하지 않을 거라는 사실을 깨달았다.[26]

레오폴드의 깨달음은 늑대에 대한 범사회적인 변화의 전조가 되었으며 20세기를 지나는 동안 설득력과 힘을 얻었다. 오늘날 미국인에게 늑대라는 단어는 동정심을 의미하는 것이자 미국을 대표하는 야생의 상징이다. 물론 늑대가 서식하는 지역 주변에 살고 있거나 사냥감을 두고 경쟁하는 관계에 있는 사람들은 지금까지도 이 동물에 대해 반감을 품고 있기도 하다. 조사에 따르면 늑대가 사는 곳에서 가까운 시골 또는 자연자원에 의존하는 지역에서는 늑대에 대한 혐오와 두려움이 더 크다. 이것은 도시에서 살며 제도교육을 받는 일반 미국인들 사이에 형성된 긍정의 정서와는 확연히 반대되는 현상이다.[27] 이러한 차이를 분명히 보여주는 예가 있다. 바로 옐로스톤 국립공원 안에 늑대를 서식케 하는 문제에 찬성하는 쪽과 반대하는 쪽이 내건 대조적인 문구들이다. 1872년에 설립된 이 국립공원은 멸종 위기에 처해 있는 회색곰, 늑대, 들소, 와피티사슴 등의 야생동물이 서식하는 것으로 잘 알려져 있다.

"이 아름답고 중요한 동물의 거주에 동의하지 않는 자는 바보들뿐이다."
"늑대는 바퀴벌레와 같아서 옐로스톤을 빠져나가 야생동물들을 잡아먹을 것이다."
"옐로스톤에 늑대를 복귀시키는 것은 이오지마에 깃발을 꽂는 것과 같을 것이다."(이오지마는 일본 남쪽 해상의 이오섬硫黃島으로, 제2차 세계대전 당시의 전략적 요충지였다. 미국은 일본과의 치열한 전투 끝에 이 섬을 정복함으로써 승기를 잡는 계기를 마련했다.—옮긴이)

"뇌사 상태인 개자식들만이 늑대의 거주를 좋아할 것이다. 그것은 에이즈 바이러스를 받아들이는 것과 같은 행위다."[28]

여전히 변하지 않은 것은 강렬한 감정을 유발하는 늑대의 타고난 능력이다. 이러한 늑대의 능력은 자연에 대한 우리의 태도를 결정짓는 바로미터가 되었다. 즉, 늑대에 대한 인간의 견해를 보면 우리의 행동을 좌우하는 것이 지성이 아니라 감성이라는 사실을 알 수 있다. 예컨대 늑대의 보존과 복원을 적극 찬성하는 사람들과 반대하는 사람들 사이에서 늑대에 관한 위대한 지식이 발생한다는 사실이 여러 연구를 통해 밝혀졌다. 물론 이 연구들은 늑대를 향한 그들의 편견을 재검토하기 위한 것이 아니라 자신들의 감정을 합리화하고 지지하는 데 활용하기 위한 지식이다.[29]

곤충과 거미에 대한 우리의 자각처럼 늑대에 대한 돌출적인 감정 또한 자연세계에 대한 깊은 두려움에서 비롯된 것이다. 이러한 감정은 절지동물과의 관계와 마찬가지로 긍정적이고 유익한 쪽으로 바뀔 수 있다. 긴 역사 속의 어느 순간, 그러니까 자연으로부터 가장 크게 분리되었던 그 순간에 늑대에 대해 느꼈던 강렬한 감정은 자연세계를 더 많이 이해하거나 감사함을 깨닫도록 작용할 것이다.

자연에 대한 내재적 혐오는 현대에도 여전히 대체적인 적응을 유발하고 있다. 따라서 이러한 혐오의 합리성을 부인한다면 또 다른 종류의 역기능과 자기 파괴적인 시각을 초래할 뿐이다. 자연세계는 끊임없이 우리에게 현실적 위협을 제기한다. 예컨대 허리케인, 홍수, 지진과 같은 자연재해들을 비롯해 가파른 산, 물거나 쏘아대는 무척추동물, 엄청난 규모의 삼림을 태워버리는 산불, 상어, 쥐, 뱀, 지상의 커다란 포식자들이 바로 그러한 위협들이다.

　자연과의 상호 적응적 관계가 지속적으로 그 기능을 발휘하려면 강력하면서도 조화된 관계가 형성되어야 한다. 두려움은 약한 상태를 의미한다든지 비겁함의 징표라고 생각하는 것은 무신경하고 오만한 가정이며, 근시안적인 시각에 불과하다. 최악의 경우에는 재앙을 불러들일 수 있다. 한편 자연세계에서 발생하는 위험으로부터 건강한 거리를 유지하지 못하는 것 또한 경멸받아 마땅한 어리석은 짓이다. 자연의 위대한 힘을 무시하면 비이성적인 행동을 자초해 해로움을 당할 수 있으며 심지어 죽음까지도 초래할 수 있다. 자연세계를 무시한 결과 벌어진 파괴적인 사례들이 있다. 1994년의 로스앤젤레스 지진, 2005년의 허리케인 카트리나, 2008년의 아이오와 홍수 등은 그러한 현실을 명백히 보여주고 있다. 이밖에도 자연세계가 지닌 무서운 힘에 대한 무관심이나 오만한 태도의 결과로 입은 피해 사례는 너무나 많다. 자연을 더 이상 두려워하지 않을 때 우리는 범람지대에 건물을 짓거나 강에 지류를 너무 많이 내어 채널화하거나 습지를 없애기 위해 매립하는 등의 자기 파괴적인 짓을 벌이곤 한다.

　자연에 대한 두려움은 우리보다 더 위대한 힘이 있음을 일깨워준다. 인간은 자신을 뛰어넘은 세계, 즉 자연세계에 내재하는 강력한 기운과 힘에 대해 존경의 마음으로 마주할 때 자제력과 이성을 갖추게 된다. 인류학자 리처드 넬슨은 이러한 행동이야말로 모든 자연세계가 내뿜는 힘의 발산을 인정하는 자세라고 했다. 이러한 힘의 발산은 웅장한 강물이나 무서운 포식자, 심지어 가장 작은 생명체나 원자 규모의 미생물 등에서도 나타난다.[30] 이렇듯 부분적으로 자연이 드러내는 힘을 인정할 때 비로소 우리는 자연에 대한 존경심을 가질 수 있게 된다. 자연에 대한 건전한 두려움은 '외경awe'이라는 단어의 사전적 정의에도 반영되어 있다. 정의에 따르면 "숭배, 두려움, 무언가 장엄한 것에 의한 놀라움 등이 뒤섞인 감정 (…) 권위에 대해 두려움이 가미된 존경"을 뜻한다.[31]

완전히 길들여진 자연은 우리로 하여금 존경이나 감사 또는 경외의 감정을 불러일으키지 못한다. 이제 호랑이, 사자, 늑대는 완벽히 통제된 채 보잘것없는 사육장에 감금되어 있다. 그 안에서 정신없이 배회하는 그들은 야생의 본성을 잃은 채 창살 너머로 인간의 공손함을 요구할 뿐이다. 더 나아가 자연세계를 향한 외경이 부족할 경우 인간은 선량한 환경 관리인으로 행동하기 어렵다. 인간은 자신이 존경하는 대상을 보호·보존하기 때문에 환경관리의 윤리는 애착심이나 미적 감상성 또는 강력한 힘에 대한 우려름으로부터 비롯된다. 자연세계에 대한 두려움, 경외감, 존경심 사이에 존재하는 복잡한 연결성을 직접 겪은 내 일화를 통해 들려주고자 한다.

몇 년 전 나는 캐나다 북서 지역에서 열린 야생 카누여행에 참가하기 위해 일행과 함께 유콘 지역에 있는 화이트호스로 비행기를 타고 갔다. 거기서 다시 수상비행기를 타고 여행지로 향했다. 비행기는 한 시간 정도 거대한 야생지대를 날아갔는데 이름조차 알 수 없는 크고 작은 호수와 강들이 눈 아래 펼쳐져 있었다. 수상 비행기에서 목격할 수 있었던 것은 오직 끝없이 넓게 펼쳐진 야생과 성장을 저해당한 나무들이었다. 이런 광경을 보면서 우리는 흥분과 걱정을 감출 수가 없었다.

비행기는 착륙하자마자 다시 이륙해 되돌아갔고 우리는 완전히 고립되고 불안정한 지역에 있다는 사실을 실감했다. 인간의 거주지가 없는 불편함은 명확히 현실로 나타났다. 끊임없이 고통을 안겨주는 진딧물과 모기, 쉴 새 없이 내리는 비, 항상 젖어 있는 땅, 가끔 목격하는 회색곰이나 늑대와 같은 포식동물들이 그곳의 현실이었다. 첨단 기술이 동원되었다는 비옷은 이미 흠뻑 젖어버렸고, 우리는 습기와 추위 등 여러 가지 불편에 처하게 되었다.

그럼에도 우리는 훼손되지 않은 거대한 야생의 아름다움을 감상할 수 있었다. 이제까지 인간이라는 존재를 한 번도 만나본 적이 없었을 수많은 물새, 도요새, 카리부(북미산 순록), 심지어 무시무시한 곰과 늑대들에게 온통 마음을 빼앗겼다. 이들은 포악하기보다는 호기심에 가득 찬 것 같았다. 늦은 8월의 낮은 길었지만 시도 때도 없이 비가 내리는 흐린 날씨 때문에 거의 저녁 하늘을 볼 수 없었다. 그러나 어둠의 시간은 겨우 몇 시간뿐이었다.

도착한 지 엿새째 되는 날 밤, 마침내 날씨가 갰다. 짧은 어둠이 내리자 책으로만 접했을 뿐 한 번도 본 적이 없었던 장관이 눈앞에 펼쳐졌다. 그곳에서는 내가 살던 곳에서 날마다 바라보는 저녁하늘처럼 일상적인 풍경일 것이다. 하지만 그날 저녁 나는 북극광(오로라)과의 첫 만남을 이루었다.

나는 몇 시간 동안이나 누운 채 황홀경에 빠져 있었다. 수증기가 가득한 빛의 리본이 울퉁불퉁한 유령처럼 소용돌이치는 모습을 바라보았다. 색채는 끊임없이 노랑, 초록, 파랑, 빨강, 자홍, 자주색으로 변화했다. 모양이 순식간에 새로운 형태로 변하는 장면은 말로 표현할 수 없이 장대하면서 아름다웠다. 기적을 본 듯한 그때의 감정을 제대로 전달하기란 불가능한 일인 것 같다.

역설적이게도 나는 어떤 무서움과 불안을 느꼈다. 따지자면 그것은 그저 하늘일 뿐이며, 지식을 통해 너무나 당연한 현상으로 받아들였던 것이 현실로 나타났을 뿐이다. 하지만 그날 저녁은 뭔가 특별했고 초자연적이었다. 정상적인 것에 대한 나의 견해는 산산이 깨지고 말았다. 나는 겸허해졌으며 현실에 안주하려는 마음 대신 아주 흔한 것들에 대한 새삼스러운 존경과 놀라움이 가득 채워지는 것을 느꼈다. 나는 이성적으로 북극광에 대해 잘 알고 있었으며 그 여행에서 그 장관을 보게 될 것도 예상했다. 하지만 직접 맞닥뜨린 현실은 추상적으로 이해했던 것과 거리가 있었다. 내 마음은 하늘에 대해 여태껏 느껴보지 못했던 신선한 경외심으로 가득찼고 숭배와 존경의 감정에 휩싸였다.

그 순간 도시의 아이들은 밤하늘에서 오직 몇몇의 별들만 볼 수 있다는 사실을 상기했다.[32] 나는 저 먼 고대에 살았던 아이들을 상상하면서 하늘의 장관을 지켜보았다. 그것은 무수한 별들이 신적 존재들의 이야기를 통해 구성한 별자리로, 나는 고대의 아이들이 느꼈을 깊은 감상에 빠져들었다. 새롭게 깨달은 하늘에 대한 존경심과 감동을 안고서 나는 캐나다의 북서 지역을 떠날 수 있었다. 그리고 아이들이 매일 창조의 기적을 경험할 수 있는 세상을 위해 일하리라고 결심했다.

개척

현대사회는 자연의 가치를 물질적인 재화와 서비스 재료로만 책정하는 경향이 있다. 건축자재와 종이를 생산하기 위한 숲, 교통수단의 에너지를 공급하기 위한 화석연료, 작물을 재배하기 위한 토양, 가축의 식량으로 제공되는 풀, 식수를 제공하는 지표수나 지하수……

이러한 편협한 관점으로 인해 우리는 물질, 감정, 지성, 정신의 건강과 안녕에 기여하는 자연의 혜택을 과소평가하곤 한다. 더욱이 개발과 경제시장 중심으로 사고하는 오늘날 인간에게 자연세계의 역할은 제한적으로 이해되어 왔다. 물질적 이익에 편중되지 않고 생태계 서비스의 실제적인 중요성, 즉 "자연의 요소들은 (…) 인간의 복지에 큰 역할을 한다"는 사실을 인식한 사람들은 거의 없다.[1] 여기서 말하는 생태계 서비스란 폐기물 분해, 작물의 수분 공급, 씨앗의 확산, 오염 조절, 토양 회복, 영양 물질의 순환, 산소와 물의 생산, 음식과 약물의 제공 등이다. 더구나 자연의 잠재력이 회복될 수 없을 정도로 훼손되었을 경우, 발달된 지식과 기술에도 불구하고 자연의 재화와 서비스를 계속 공급받을 수 없음을 직시하는 사람도 거의 없다.

자연세계를 착취하여 얻어내는 수많은 혜택에도 불구하고 현대사회는 자연의 환경적 가치보다는 물질적 가치에 과도하게 경사되어 있다. 그 경사의 정도가 너무 심해서 균형을 잃을 지경인 데다 여러 방면에서 역기능 현상까지 일으키고 있다. 자연세계의 중요한 가치들을 무시한 채 오직 재화와 서비스를 얻으려고만 하는 인간의 이기심으로 인해 어떤 문제와 갈등이 발생했는지 들여다보기로 하자.

나는 이른 아침 개들과 함께 공원 산책을 즐기곤 한다. 공원 입구에는 새롭게 복원된 나무다리가 있는데 3세기 전쯤 역마차 길의 출발지점에 만들었던 것이다. 한번은 개들과 함께 다리를 건넌 뒤 강을 따라 난 길을 걸어보았다. 또한 아주 먼 옛날 화산 폭발로 인해 사암이 침식된 흔적을 지닌 90미터 높이의 암석절벽 아래까지도 가보았다.

이른 봄에는 기나긴 겨울 동안 얼어붙었던 땅이 풀리기 시작하는 모습을 볼 수 있는데, 흠뻑 젖은 늪지대는 마치 거대한 진흙 파이처럼 보인다. 늘 그렇듯이 산책을 나갈 때 숲과 강의 풍경이나 자연의 소리들은 책임, 걱정, 계획 같은 근심거리들에 싸여 있는 나를 해방시켜 준다.

강의 범람지대 근처를 걸을 때 나는 주변에 존재하는 대상에 주의를 기울이곤 하는데, 어느 날엔가는 더러운 늪지대에서 수상한 움직임을 발견하고 발길을 멈추었다. 둥근 모양의 그것은 처음에는 느리게 수축과 이완을 반복하며 진동하는 공 같았다. 조금은 놀랍고 불안한 마음으로 그 이상한 물체의 모양과 우스꽝스러운 움직임을 관찰했다. 더 가까이 다가가 바라보던 나는 그 물체가 살아 있는 대상이라는 사실을 깨달았다. 갈색, 베이지색, 검정색, 흰색이 뒤섞인 그 동물은 주변의 잎사귀들과 진흙에 잘 동화되어 효과적인 위장을 하고 있었다. 적당한 크기의 새를 닮은 그것은 조금 뚱뚱해 보였고 머리 양쪽에 눈이 있고 좁고 긴 부리를 지녔는데, 아직 군데군데

얼어 있는 진흙 속으로 머리와 부리를 밀어넣으려 애쓰고 있었다. 이 숲에서 가장 매력적인, 그러나 쉽게 볼 수 없는 아메리카 우드콕과 마주쳤음을 깨달은 나는 '유레카'를 외쳤다. 엄밀히 말하자면 바닷가에 사는 아메리카 우드콕은 도요새의 일종인 샌드파이퍼sandpiper와 물떼새plover와는 달리 해변보다는 숲이나 습지 내부에서 발견된다. 팀버두들timberdoodle이라는 별명을 지닌 아메리카 우드콕은 그 이름에 어울리는 우스운 모습으로 언제나 나를 즐겁게 만든다. 지금도 그때를 생각하면 딱 맞는 별명 때문에 미소를 짓곤 한다.

겨울을 나는 동안 몹시 배가 고팠을 그 새는 얼음이 풀리기 시작한 땅속에서 맛있는 지렁이를 찾고 있었다. 아메리카 우드콕은 머리 양쪽에 눈이 달려 있어 양 방향을 동시에 볼 수 있으며, 봄에는 '스카이 댄스'라는 짝짓기 춤을 추는 것으로 유명하다. 이들의 짝짓기 의식은 수컷이 거의 90미터 높이까지 나선형으로 날아오르며 날갯춤을 추는 것으로 시작한다. 최대한 높이 날아오른 수컷은 지그재그 모양을 그리며 하강하는데, 그 모습에 호응을 나타내는 상대를 찾아 찍찍거리며 내려온다. 미국의 야생동물 보호단체인 오듀본 협회Audubon Society의 한 리포터가 이 스카이 댄스에 대한 글을 썼다. "많은 새가 화려한 깃털로 짝짓기 대상을 유혹하지만 아메리카 우드콕의 칙칙한 깃털은 매력적으로 보이지 않는다. 수컷 우드콕은 멋있게 보이는 것 대신 봄철마다 놀라운 짝짓기 쇼를 통해 자신을 뽐내면서 상대를 유혹한다."[2]

70년 전부터 아메리카 우드콕과 그들이 추는 스카이 댄스에 대한 찬사가 부족한 것을 애통하게 여긴 생태학자 알도 레오폴드는 이런 말을 남겼다.

스카이 댄스 드라마는 무수한 농장에서 밤마다 일어난다. 농장 소유주들은 스카이 댄스의 즐거움에 탄성을 내지르면서 영화관에서나 볼 수 있는 환상을 만끽한다. 아메리카 우드콕은 땅 위에 살긴 하지만 땅에 의존하지는 않는다. '이 새들은 사냥감 새로써의 목표물이나 토스트에 올릴 식재료로써의 이용가치밖에 없다'는 생각에 반박할 수 있는 산 증거다. 그 누구도 나보다 더 10월의 우드콕 사냥을 원하는 사람은 없을 것이다. 그러나 스카이 댄스를 배우는 데는 한 마리나 두 마리 정도면 충분하다. 4월이 되면 노을 진 하늘을 배경으로 한 춤꾼들이 부족하진 않을 것으로 확신한다.[3]

그날 아침 우드콕을 만난 것은 커다란 기쁨이었다. 이 드물고 흥미로운 생명체의 놀라운 모습에 황홀한 인상을 받았기 때문이다. 자연으로부터 점점 멀어져가는 도시 혹은 도시 외곽의 주민들에게 이 새가 얼마나 매력적인 인상을 안겨줄까를 상상할 때, 나 또한 레오폴드와 마찬가지로 이 요상하게 생긴 새의 가치를 높게 여긴다.[4]

보통 조류를 관찰하는 이들에게 이 새는 감동과 전율을 줄 것이라고 생각한다. 조류 관찰의 인기가 높아지고 있지만 아직도 도시 사람들 중에는 소수만이 관심을 가지고 있는 것 같다. 그러나 보다 과학적인 입장에서 본다면 내륙 습지와 숲에 대한 우드콕의 적응력은 만족스러운 이해를 돕는다. 또한 자연사에 흥미를 가진 사람들이 우드콕과 마주쳤을 때를 상상할 때면 우드콕의 신기한 행동이 꽤 강렬한 호기심을 불러일으킬 것이라 믿는다. 어떤 이들에게는 우드콕의 생태와 보존에 대해 배울 기회가 제공될 것이다. 좀더 실용적인 쪽을 원하는 이들에게는 숲의 영양물질 순환에 우드콕이라는 종이 어떤 기여를 하는지, 또 목재와 펄프 생산력에는 어떠한 의미 있는

10. 아메리칸 우드콕은 호숫가보다는 숲속에서 볼 수 있는 물새다. 특이하게 생긴
오리라고 할 수 있는 이 새는 머리 양쪽에 눈이 있어서 시야가 광범위하다.

기능을 하는지 알 수 있을 것이다. 야생에서 우드콕을 볼 기회를 엿보는 사람들, 즉 조류 관찰자나 자연연구자, 심지어 사냥꾼들은 도전에 성공했다는 만족감을 느끼게 될 것이라고 확신한다. 우드콕의 스카이 댄스는 많은 사람에게 미적인 즐거움과 영감을 선사할 것이며, 특히 삭막한 겨울이 지난 뒤에 묘한 매력을 지닌 이 새와의 만남은 일종의 봄소식인 동시에 감성적이며 정신적인 보상이 될 것이다.

우드콕은 마치 만화경처럼 다양한 가치를 지니고 있으며 서로 간의 연결, 탐구, 자연의 이용에 관한 여러 경로를 보여준다. 또한 단순한 물질적 이용을 넘어 우리의 정체성과 삶의 가치를 발견하도록 감각의 지평을 넓혀줄 힘을 지니고 있다. 물질이라는 단편적 가치만을 고려한다면 우드콕은 하찮은 존재일 것이다. 또한 실질적인 땅에서 실용적이고 경제적인 보상을 창출하는 것과 비교한다면 물질적인 중요성과는 무관한 존재임이 분명하다. 그러나 관계라고 하는 넓은 스펙트럼의 맥락에서 본다면 이 새는 우리의 보살핌과 존경을 받을 가치가 있는 생명체다.

우드콕과 관계를 형성함으로써 우리는 자신의 세계를 넘어 다른 세계와 소통하는 이야기를 가질 수 있다. 물론 우드콕이 사는 늪에 대한 거부감을 완전히 없앨 수는 없을 것이다. 우드콕뿐만 아니라 다른 어떤 생명체나 그 서식지에 대해서도 편견을 버리지는 못할 것이다. 그러나 생명체와의 유대감이 형성된다면 그 생명체와 서식지를 과소평가하지는 못한다. 이러한 일들이 계속 벌어진다면 우리는 다른 생명체들과 그들의 서식지에 대한 책임감을 느끼게 될 것이다. 결과적으로 우드콕은 우리로 하여금 넓은 공동체에서 자아와 구성원으로서의 보다 깊이 있는 인식을 하게 함으로써 개인과 집단의 삶을 더욱 풍요롭게 해준다.

자연의 물질적 혜택

앞서 언급했듯이 우리는 자연세계로부터 풍부한 재화와 서비스를 제공받고 있다. 특히 물질적 안정과 안락한 삶에 크게 기여하는 원자재와 천연자원이 이에 해당한다. 일상에서 소비하는 음식, 연료, 섬유, 의약품, 건설 자재, 다양한 소비재 등은 모두 자연으로부터 받은 혜택이다. 세상에는 아직 가난과 불평등이 존재하지만 기본적으로 안락한 주거지, 긴 수명, 건강, 그 어느 때보다 높은 수준의 경제적 생활을 누릴 수 있게 된 것에 대해 우리는 큰 자부심을 지니고 있다.

인간은 역사적으로 수많은 종류의 동식물과 광물을 활용해왔을 뿐만 아니라 금속, 석유, 석탄, 천연가스[5] 등의 자원을 추출해왔다. 그 자원들이 현대의 농업, 에너지 생산, 운송 수단, 건축, 제조업 등의 방면에 사용되어 큰 발전을 이루게 되었다는 사실을 모르는 사람은 없을 것이다.

그럼에도 우리는 자연세계에 대한 우리의 물질적 의존도가 얼마나 높은지에 대해서 잘 모른다. 그것은 생산된 제품들이 포장, 재가공, 생산, 마케팅 공정 과정을 거치면서 자연에서 기원된 사실이 가려졌기 때문이다. 실제로 많은 재화와 서비스에서 자연의 역할은 거의 가려져 있다. 셀로판에 포장된 고기, 요리용 냉동채소, 가공 압축된 나무, 플라스틱으로 변한 석유, 화학비료로 정제된 퇴비, 알약으로 정제된 약용 식물들이 그러한 사례다. 유전적으로 변형된 작물이 드넓은 땅에서 대량생산될 때 우리는 그것이 땅에서 자라는 식물임에도 불구하고 자연세계에서 기원한 것으로 받아들이기보다는 인간의 발명에 따른 산물로 인식하는 경우가 있다. 그 작물들에는 대량의 화학비료와 살충제가 뿌려지고 먼 곳으로부터 끌어들인 물이 공급된다. 이처럼 환경이 제공하는 모든 재화와 서비스의 기원이 왜곡되는 것은 그 근원에 대한 지식이 부족한 탓이다.

자연보다 인간의 발명과 창의력에 더 높은 점수를 주려는 경향은 현대의 의약품에서 더욱 잘 드러난다. 오늘날 우리가 이용하는 약품의 3분의 1에서 절반은 야생의 식물과 동물 혹은 미생물에서 생산된 것이다.[6] 하지만 사람들은 대부분 이 약들이 실험실과 합성생산이라는 기술을 통해 창조된 것으로 받아들인다. 포장과 마케팅 기술로 인해 의약품들이 자연에서 비롯되었다는 점이 가려진 채 공급되기 때문이다. 살균과 소독된 환경이 더욱 강조되면서 자연세계와 현대 의약품 간의 단절은 가속화되었다. 살균과 소독이라는 개념의 기초에는 병을 낫게 하고 공공위생을 위해 필수적으로 다른 생명체를 죽여야 한다는 인식이 깔려 있기 때문이다.

대부분의 사람들은 현대사회가 더 많은 재화와 서비스를 얻기 위해 얼마나 자연을 착취하는지, 또 인간이 얼마나 자연에게 의존하고 있는지 거의 느끼지 못한다. 우리는 자연으로부터 다양한 의약품과 음식은 물론 석유, 윤활유, 페인트, 종이, 살충제, 플라스틱, 의류, 화장품, 건축자재를 착취한다. 또한 자연의 자원들을 더 많이 사용하려는 목적으로 경쟁대상인 해충들을 통제하기 위해 야생의 다른 생명체들을 이용한다. 예컨대 우리는 농작물의 상당한 양을 먹어치우는 곤충들의 수를 조절하기 위해 새와 박쥐 같은 종을 동원한다. 나아가 식물과 가축을 번성시키기 위한 이종교배 또는 유전공학의 발전을 위해 많은 종을 활용하고 있다.

예컨대 바다로부터 거둬들이는 생산물로써 우리의 식량 의존을 설명할 수 있다. 사실 해산물에는 "소, 양, 가금류, 달걀 같은 전 세계 인구가 사육하는 가축 또는 야생의 동물들로부터 얻는 것보다 훨씬 더 단백질이 많다"고 한다.[7] 그 해산물의 절반은 새우, 조개, 게, 바닷가재 또는 기타 갑각류다. 그러나 불행히도 상당수의 바다 생물들은 환경 파괴적인 기술과 정부의 비효율적 관리로 인해 지나친 속도로 남획되어 왔다. 그 결과 자원고갈이라는 문제에 봉착했다. 조수성 습지, 산호 숲, 맹그로브와 같은 중요한 해양 서식지에서는 이미 상당한 파괴가 진행되고 있으며, 이러한 이유로 해산물의 수확이 감소하자 우리는 양식어와 양식 조개에 크게 의존하게 되었다. 이로써 인간 역사상 처음으로 전 세계 해산물이 '양식'에 의해 생산되고 있는 실정이다.[8] 오늘날 야생에서 자유롭게 생활하는 종들에 대한 상업적 사냥은 거의 구경하기 어려워졌으나, 그럼에도 해산물 수확이 지속되고 있다는 것은 자연에 대한 우리의 물질적 의존이 얼마나 깊은지를 증명해준다.

꿀벌은 인간이 물질적인 혜택을 얻기 위해 야생의 생명체들에게 의존하는 현실을 여실히 보여주는 존재다. 오랜 시간 중요한 감미료 역할을 해온 벌꿀의 거래 규모는 세계적으로 매년 10억 달러에 달하며, 300여 종의 개화식물이 꿀 생산에 이용된다. 덧붙여 벌들의 가루받이 활동은 많은 농작물 생산에 중대한 역할을 한다. 예컨대 미국에서도 사과, 알파파, 아몬드, 블루베리, 체리, 크랜베리, 오이, 멜론, 자두, 배, 스쿼시, 딸기 등을 포함한 각종 작물의 약 3분의 1을 벌들의 가루

11. 꿀벌들은 자연을 이용함으로써 파생되는 유용성을 잘 보여주는 예라고 할 수 있다. 벌은 꿀 생산의 원천이자 꽃가루 매개자로, 미국의 농작물 중 3분의 1이 벌의 가루받이 활동에 의존하고 있다.

받이에 의존하고 있다.[9]

경제적 측면에서 볼 때 현재 야생 동식물에 대한 물질적 의존도는 세계 경제의 15퍼센트라고 할 수 있으며, 이를 돈으로 환산하면 수 조 달러에 이른다.[10] 또한 간단히 재화로 측정되거나 경제시장에서 교환될 수 없는 다양한 형태의 생태계 서비스를 얻기도 한다. 그것은 바로 산소와 물의 공급 또는 조절, 토양 조성, 침식 조절, 영양분 순환, 기후 조절, 식물의 수분, 씨앗의 퍼뜨림, 생물체의 분비물 분해, 오염성분 정화 등이라 할 수 있다. 구체적인 예로, 매년 미국에서는 약 1억5000만 톤의 유기물 쓰레기가 사람들과 가축들로부터 배출되며 거의 모두 미생물에 의해 분해된다. 그런데 미세한 생물체의 기능이 멈춘다면 과연 어떤 사태가 벌어질까?[11] 모든 생태계 서비스를 돈의 가치로 환산하기는 어렵지만, 2010년 한 해 동안 자연으로부터 얻은 직간접적인 서비스를 돈으로 환산하면 30조 달러에 이르는 것으로 밝혀졌다.[12]

인간의 복지와 물질적 안녕에 기여하는 자연의 혜택은 자연을 이용하는 지식이나 기술적 능력이 발전할수록 늘어날 것으로 예상되고 있다. 물론 모든 동식물 종의 물리적, 화학적, 생물적 가치를 충분히 탐구하고 그에 대한 정보를 이끌어낸다면 각각의 생명체가 지닌 잠재력을 십분 활용할 수 있을 것이다. 그러한 가치는 이루 헤아릴 수 없는 진화적 시도와 오류를 통해 오늘날까지 살아남은 생물체의 유전자에 내재된 것으로, 적합한 번식과 생존의 결과물이며 모든 생명의 고유한 특질을 구성한다. 우리는 모든 종 가운데 15~25퍼센트 정도에 대해서만 그 물질적 잠재력을 과학적으로 규명했다. 유전학, 분자생물학, 생명공학 분야가 보여주듯이 인간은 생명체에 대한 지식을 축적했고 그 지식을 활용해 상당한 기술의 발전을 이룩했다. 이와 같은 혁명적 확장은 피할 수 없는 흐름이며, 멀지 않은 미래에 세계의 삶과 경제에 상당한 기여를 하게 될 것이다. 물론 이러한 혁명의 과정에서는 환경 파괴로 인해 생물 종이 멸종되는 사태가 발생해선 안 된다. 하지만 서식지 파괴, 과잉개발, 땅과 대기의 오염 상황으로 인한 멸종 속도를 감안해볼 때, 다음 반세기 동안 지구상 생물 종의 4분의 1은 사라지고 말 것이다.[13]

사람들이 미래의 자연적 혜택을 과소평가하는 태도는 생태계 시스템의 가치를 돈으로 환산하려는 시도와 연관이 있다. 이러한 경향은 현대 경제학의 한계를 반영하는 것이다. 물론 돈은 가치를 평가하는 중요한 기준이다. 특히 현대사회와 같이 상당히 시장 지향적인 물질 사회에서는 더욱 그러하다. 하지만 돈을 기준으로 가치를 측정할 때 우리는 자연이 복지와 안녕에 제공하는 수많은 기여를 확인하기 어렵다. 더욱이 현대 경제학에서는 기술력과 변화하는 시장에 의해 좌우된다고 여기기 때문에 자연이나 생태계의 가치는 거의 고려 대상이 되지 않는다. 예컨대 생물 종의 고갈이라는 문제에 대한 해결책을 찾을 때 현대 경제학에서는 유사 생물 종으로 대체하거나 문제를 해결할 만한 기술을 발명하면 된다고 여긴다. 그러나 이런 잘못된 생각으로 바다의 고래는 큰 수난을 겪었다. 과도한 포획으로 멸종 직전까지 내몰렸던 고래들은 풍부한 영양을 지닌 다른 생물 종으로 대체되었다. 더불어 고래 포획에서 얻는 수익을 다른 곳에 투자하면 된다는 식으로 고래 포획이 합리화되었다. 이러한 편협한 생각은 도덕적 해이를 보여줄 뿐만 아니라 고래가 우리 인간에게 제공하는 물리적, 감정적, 지성적, 정신적인 가치를 무시하는 처사다.

　이렇듯 경제적 척도로는 쉽게 포착할 수 없는 자연의 광범위한 기여는 사람의 특성이나 성격 발달에도 반영된다. 경제적 혜택을 떠나 자연을 접할 때 우리는 물리적이면서도 심리적인 보상을 받는다. 정원 가꾸기, 야생 식량의 채집, 땔감 모으기, 양봉, 캠핑, 낚시, 사냥과 같은 활동들은 신체의 건강을 도모할 뿐만 아니라 비판적 견해, 독립심, 자신감, 자부심을 돕는 만족감을 제공한다.

　오락적 기능을 지닌 사냥과 낚시는 논쟁의 여지가 있는 흥미로운 이슈를 제공한다. 예컨대 조류나 포유류에 대한 사냥은 현대사회에서 격렬한 논쟁을 일으키는 반면 낚시의 경우는 다른 형태의 척추동물 사냥임에도 불구하고 조류나 포유류의 경우보다는 저항이 낮은 편이다. 연구 결과에 따르면 사냥은 신체적·정신적으로 상당한 혜택을 부여한다고 한다. 이때의 혜택이란 고기를 얻고, 자연에 대해 배우고, 다양한 기술을 습득하고, 야생에서 기량을 발휘할 때의 만족감을 포함한다. 사냥을 즐기는 이들은 천부적으로 예민한 감각을 지닌 생물체들을 자신의 손기술과 지혜로 상대하는데, 이때 자연에 능동적으로 참여한 자로서 만족을 얻는 것이다. 또한 포획한 야생동물을 음식으로 섭취할 때 에너지와 물질의 변환과정에 대해 감동을 느낀다고 한다. 이것은 생명이 죽음을 통해 또 다른 생명으로 전환되는 과정이라고 할 수 있다.[14] 다음의 이야기에서 나는 사냥을 통해 자연을 물질적으로 이용하는 즐거움, 물리적이고 정신적인 보상을 얻은 개인적인 경험을 소개하고자 한다. 동시에 이러한 활동과 관련된 도덕적 논쟁에 대해서도 나름의 의견을 제시할 생각이다.

경험 속으로

2009년 봄, 나는 로키마운틴 엘크Rocky mountain elk를 사냥하기 위해 북부 중앙 와이오밍에서 몬태나까지 뻗어 있는 로키산맥으로부터 수백 킬로미터 떨어진 빅혼Big Horn 산맥을 찾았다. 도착한 이튿날 동이 트기도 전에 나는 안내자와 함께 서둘러 아침식사를 한 뒤 말을 타고 짐을 실은 노새까지 이끌고 작은 언덕으로 향했다.

날이 어둑해질 무렵 우리는 적막 속에서 산을 오르고 있었다. 평소 도시의 생활과는 완전히 대조적인 그곳의 적막이 내게는 마치 소리처럼 느껴졌다. 어느 지점에서 나는 어두운 하늘을 올려다보았다. 높은 하늘에는 깨끗한 공기와 수많은 별로 가득 차 있었지만 낯익은 별자리를 찾아보기는 힘들었다. 쏜살같이 달리는 산토끼와 뮬 사슴mule deer의 그림자들이 나를 깜짝 놀라게 하기도 했다. 어둠 속에서 나보다 더 뛰어난 감각을 발휘하는 말을 본 나로서는 노새를 이끌고 가려 했던 마음을 접었다. 이튿날까지 우리는 거의 12시간 동안 엘크를 찾아 걷거나 타고서 산을 올랐으나 아무 수확이 없었다. 그러는 동안 우리는 여러 모험을 해야 했고 상당히 지쳐 있었지만 왠지 즐거운 기분이었다. 때때로 엘크와 마주치기도 했다. 하지만 내가 가까이 다가가려 할 때마다 어떤 놈들은 도망쳤고 어떤 놈들은 적중시키기에 너무 먼 거리에 있었다. 게다가 나는 크고 늙은 수컷을 찾고 있었기 때문에 어린 수컷이나 암컷을 만났을 때는 그냥 지나쳐버렸다.

두 번째 날, 오후로 접어들 무렵 우리는 높은 바위 끝에서 점심을 먹었다. 그날 새벽 4시에 일어났기 때문에 점심을 먹은 후에는 잠시 낮잠을 잤다. 잠에서 깨어 수평선을 바라보던 나는 약 13킬로미터 정도 떨어진 곳에서 두 무리의 엘크 떼가 풀을 뜯고 있는 모습을 발견했다. 엘크 떼가 촉촉한 목초지 쪽으로 내려가기 전에 접근하기 위해 우리는 다섯 시간 동안이나 험한 지형을 오르내려야 했다. 한참을 내려간 뒤 최대한 조용히 엘크 무리에 접근했다.

늦은 오후, 수평선으로 해가 넘어가면서 밝은 빛은 어두워지기 시작했다. 첫 번째 엘크 무리는 대부분 암컷과 새끼 사슴들이었다. 두 번째 무리를 찾았다. 그 무리에서 수컷 엘크를 찾긴 했지만 그들은 늙은 엘크가 아닌 번식기를 앞둔 작고 어린 수컷들이었다. 해가 빠르게 지기 시작했기 때문에 우리는 다시 캠프로 돌아가는 긴 여정에 올랐다. 어둑어둑한 가운데 더 높은 고원으로 오르던 중 걷기 편한 장소에 닿았을 때 저 멀리 산비탈에 무리 지어 있는 엘크들을 보았다. 이미 나는 12시간 이상 돌아다닌 탓에 몸은 흙투성이가 되어 있었고 마음도 완전히 지쳐 있었다. 눈을 찌르는 먼지와 피로 때문에 안락한 캠프와 따뜻한 식사도 간절했지만 무엇보다 씻고 싶은 마음이 굴뚝같았다. 눈앞에 나타난 엘크들을 주의 깊게 살펴보던 중 나는 여러 마리의 엘크 사이에 끼어 있는 성숙한 수컷을 발견했다.

우리는 더 자세히 보기 위해 가까이 접근하기로 했다. 엘크들이 겁을 먹지 않게 하려고 가파른 비탈을 살금살금 내려갔다. 우리는 비탈에서 고전을 했다. 사실 안내자는 숫염소처럼 성큼성큼 뛰어다니며 전혀 지친 기색 없이 비탈을 탔지만 나는 엉금엉금 기어야 했다. 고산지대의 희박한 공기에 완전히 적응하지 못한 나는 공기를 힘겹게 빨아들이면서 살찐 몸을 한계에까지 밀어붙였다. 예민한 엘크들을 놀라게 하지 않으려고 우리는 한 줄로 서서 천천히 다가갔다. 심지어 네 발 달린 동물(엘크)처럼 보이기 위해 나는 가이드의 뒤에 바짝 붙어서 걸었다.

마침내 우리는 엘크 무리로부터 300~400미터 떨어진 곳까지 접근할 수 있었다. 나는 피곤한 눈으로 그들을 유심히 살폈고, 다른 엘크들과 함께 소나무와 향나무 사이에 있는 거대한 수컷 엘크를 발견했다. 다른 엘크가 다치지 않도록 안전하고 정확하게 맞춰야 했기 때문에 거의 20분 동안이나 라이플의 망원 조준기를 들여다보고 있었다. 긴장된 상태로 부동자세를 취하느라 매우 힘겹기는 했지만 못 박힌 듯 자리한 채 몰입을 유지하고 있었다. 시각뿐만 아니라 청각, 후각, 미각, 촉각까지 모든 감각을 가다듬었다. 바로 그 순간이 사냥의 전 과정을 통틀어 가장 예민한 때였다. 목표물이 된 동물의 세계는 바로 나 자신의 것이 된다. 그것은 더 이상 그림, 판타지, 스포츠 관람 같은 간접적 현실이 아니다. 그 순간 나는 엘크가 포함된 자연사회에 사로잡힌 채 그로부터 친밀하면서도 완벽한 무언가를 느꼈다. 그것은 스페인의 철학자인 호세 오르테가 이 가세트José Ortega y Gasset, 1833~1955가 했던 말과 같다.

사냥을 하고 있을 때에는 공기가 달라지는 것을 느낄 수 있다. 피부를 스치고 폐로 들어가는 공기가 느껴질 만큼 감각이 예민해진다. 바위의 생김새는 더 선명해지고 주변 식물들은 의미를 드러낸다. 이 모든 것은 사냥꾼이 앞으로 나아가거나 몸을 웅크리고 기다리면서 잡으려는 동물과 땅을 통해 묶여 있는 느낌을 받기 때문이다. (…) 감각과 육감 (…) 그것에 의지해 사냥꾼은 자신의 시야를 놓치지 않으면서 목표물이 바라보는 주위 환경까지도 파악한다.[15]

시야가 트이자 목표물을 향해 방아쇠를 당겼다. 나는 사격 실력에 자신이 있었고 서쪽으로 오기 전에 충분히 사격 연습을 해두었다. 그 덕에 수컷 엘크는 곧바로 죽었고 나머지 엘크들은 빠르게 흩어져 달아났다. 어두운 가운데 우리는 엘크가 쓰러진 곳으로 올라가 엘크를 네 토막으로 나눈 다음 노새 등에 실었다. 우리는 밤이 되어서야 캠프에 도착할 수 있었다. 다음 날 나는 가공업자에게 엘크 고기를 맡겼고, 몇 주 후 여러 토막으로 분리된 45킬로그램의 고기를 받을 수 있었다. 나는 가족, 친구들과 함께 고기를 즐겼고 일부는 나눠주었다. 그 엘크는 자연이라는 풍요로운 땅에서 스테로이드나 항생제 없이 자란, 가축들이 가득 들어찬 축사나 도축장을 거치지 않은 짐승이었다. 그런 순수한 야생의 엘크를 먹으면서 나는 훌륭한 생명체의 건강함과 생동감을 내 일부로 만들었다. 그 과정에서 나는 신체적, 심리적, 정신적으로 풍요로운 선물을 받은 느낌을 받았다.

나는 이 생명체를 죽인 것에 대해 깊은 책임을 느꼈으며 지금까지도 슬픔을 느끼고 있다. 그럼에도 죽은 엘크는 분명한 이익과 만족을 안겨주었다. 사냥을 통해 나는 체력과 힘, 인내심과 기술을 증명했고 나와 다른 이들에게 엘크 고기를 맛볼 기회를 부여한 성공적인 수확자였다. 그 순간 그 동물뿐만 아니라 땅의 아름다움과 풍요로움에 친밀하게 연결된 느낌을 받았다. 엘크의 세상에 몰입된 나 자신이 좋았다. 느리게 흐르는 시간 속에서 엘크의 존재를 내 실제와 상징에 포함시켰다. 내가 사냥한 이 생명체는 나름대로 잘 살아가는, 그의 같은 종들 가운데 대표격이었다. 그 동물의 근원을 나 자신의 일부로 만든다는 현실에 대담해졌다.

반드시 필요한 경우가 아닌 사냥은 야생동물에 대한 잔인하고 파괴적인 살육이라는 사실을 나는 잘 알고 있다. 또한 사냥을 유혈 스포츠라고 합리화하려는 주장은 사냥 반대자들을 결코 설득할 수 없다. 그들은 나그네비둘기, 큰바다오리, 호랑이, 아메리카 들소와 같은 생물체들의 경우를 들어 과도한 사냥으로 인한 참혹한 상태를 꼬집는다. 특히 자주 언급되는 대상은 어느 시기에나 가장 흔히 볼 수 있었던 나그네비둘기로, 유럽인들이 북아메리카에 정착할 때까지도 최소 50억 마리나 서식하고 있었다.[16] 그러나 이루 말로 할 수 없을 만큼 잔혹한 살육이 자행되었다. 조류학자이자 미술가인 존 오듀본John James Audubon, 1785~1851은 19세기 중반의 나그네비둘기 사냥에 대해 이렇게 증언하고 있다.

갑자기 멀리서 "그들이 이쪽으로 와요!"라고 외치는 소리를 들었다. 멀리 떨어져 있었지만 그들이 만들어내는 소음은 마치 바다에서 돛을 모두 접은 배의 지붕 위로 몰아치는 돌풍을 떠올리게 했다. 새들이 날아와서 지나칠 때의 공기 흐름으로 인해 나는 놀라고 말았다. 폴맨polemen에 의해 엄청 많은 비둘기가 바닥에 떨어졌으나 새들의 수는 여전히 늘어나고 있었다. 불이 켜지자 놀랍고 무서운 광경이 펼쳐졌다. 수천 마리의 비둘기들이 날아와 사방에 겹겹이 내려앉았고, 이리저리 뻗은 나뭇가지에 몰려든 새들은 거대한 형상을 이루었다. 새들의 무게를 이기지 못한 나뭇가지가 꺾여버리자 수많은 새가 땅바닥으로 추락했고 수백 마리의 새가 바닥에 깔아 뭉개졌다. 그것은 무척 소란스럽고도 혼란스러운 광경이었다. 바로 옆에 있는 사람에게 무어라 소리쳐봤자 전혀 알아들을 수 없는 지경이었다. 가까이서 총을 쏘아대는 것조차 잘 들리지 않았다. (…) 새를 계속 죽이는 것에 대해 그 누구도 신경 쓰지 않았다. (…) 밤사이 소란은 계속되었다. 동이 틀 때쯤 소란이 다소 진정되었다. (…) 이 살상의 주모자들은 죽거나 죽어가고 있거나 난도질 당한 새들 사이로 걷기 시작했다. 각자 처리할 수 있을 만큼 비둘기들을 모았더니 몇 무더기나 되었다. 나머지는 돼지들을 풀어서 먹어치우게 했다.[17]

마지막으로 남은 나그네비둘기가 죽은 것은 1914년 신시내티 동물원에서였다. 아이러니하게도 사냥의 미덕과 혜택에 관한 훌륭한 글을 썼던 사냥광 알도 레오폴드는 지상 최후의 나그네비둘기인 '마샤Martha'를 추모하며 다음과 같이 통찰력 있는 견해를 제시했다.

3월 봄, 하늘을 휩쓸며 숲과 초원의 겨울을 몰아내던 이 용감한 새들의 군무를 다시는 볼 수 없다는 사실에 슬픈 마음을 금할 수 없다. (…) 책과 박물관에서는 언제나 이 새들을 찾아볼 수 있지만 그것은 어떤 고난도 기쁨도 느낄 수 없는 단지 조각상과 사진에 불과할 뿐이다. 책 속의 비둘기들은 자신을 숨기기 위해 구름 속에서 빠져나와 사슴을 (놀라게 해) 달리게 할 수도 없고, 또한 날개 퍼덕이는 소리가 숲속에 울려 퍼지게 할 수도 없으며, 미네소타의 갓 베어낸 밀알이나 캐나다의 블루베리를 먹을 수도 없다. 또한 우리에게 계절의 흐름을 알려줄 수도 없고 태양빛, 바람, 날씨를 느낄 수조차 없다. (…) 우리의 선조들은 주택, 음식, 의복의 차원에서 현재 우리가 누리는 것보다 훨씬 열악했기에 그러한 환경을 개선하려고 많은 노력을 했지만, 그 결과 비둘기들을 사라지게 했다. 우리가 지금 슬퍼하는 이유는 비둘기를 잃은 대가로 무엇을 얻었는지 확신할 수 없기 때문일지도 모른다. 산업이라는 기술이 만들어낸 도구와 기기들은 더 많은 편리함을 줬다. 그러나 그 도구들이 과연 봄의 찬란한 아름다움만큼 대단한

12. 유럽인들이 아메리카로 이주할 무렵 50억 마리가 서식하는 것으로 추정했던 나그네비둘기는 멸종되었다. 이것은 지나친 사냥의 여파가 어떠한지를 보여준다. 1914년 신시내티 동물원에서 마지막 나그네비둘기가 죽으면서 나그네비둘기는 완전히 멸종했다.

13. 필요성이라는 이름으로는 결코 정당화될 수 없는 사냥의 도덕성에 대해 논쟁이 활발하다. 수확을 하는 이들에게 사냥이란 자신의 기술과 기량을 뽐내는 활동이다. 그러나 다른 이들에게 사냥이란 불필요한 죽음 또는 순수한 동물을 잔인하게 괴롭히는 것으로, 자연에 대한 시대착오적인 착취일 뿐이다.

것을 선사할 수 있을까?[18]

필요성이라는 이름으로는 정당화될 수 없는 사냥의 도덕성에 관한 논쟁과 혼선이 빚어지고 있다. 어떤 이는 사냥이라는 것을 기술과 기량을 떨칠적절한 운동으로 여긴다. 땅과 친밀감을 느끼고 혼연일체가 될 기회, 혹은점점 더 자연과 분리되고 있는 현대사회에서 자연을 배우며 물질적으로 이용하기 위한 방법으로써 말이다. 또 어떤 이들은 재미로 즐기는 사냥은 시대착오적이며 위험한 자연착취라고 생각한다. 그것은 불필요한 죽음을 유발하며 죄 없는 동물에 고통과 괴로움을 가하는 잔인한 행위라고 생각한다.[19]

나는 사냥의 경험을 통해 좁은 의미에서 자연을 이용하면 돈의 보상을넘어서는 혜택이 있음을 깨달았다. 그것은 사냥, 낚시, 정원 꾸미기, 야생식물 수집, 땔감 모으기 등의 야외 활동에서 얻을 수 있는 것이다. 더욱이 이러한 활동을 통해 몸의 건강이나 기술, 기량과 인내심, 독립심과 자율성, 자연 속에서의 즐거운 몰입 등을 배우게 된다. 죽음이 삶의 불꽃을 더 밝게 타오르게 만든다는 말이 있듯이, 정의 내리기 어려운 이러한 보상은 자연의물질적 수확과 이용의 차원에서 수용해야 할 것이다.

물질주의에 대한 과도한 집착

자연에서 얻는 물질적 이익에 대해 아직 충분히 이해하지 못하고 있음에도 불구하고 현대사회는 자연 개발을 환경적 가치보다 우위에 두고 있다. 또한 지배적인 문화 규범과 시장 지향의 경제가 이러한 편협한 생각을 더 심화시킨다. 그러나 자연의 물질적인 가치에 대한 불균형적 관념은 그 정도가 너무 심해져 점점 역기능을 드러내기 시작했다. 사회 전반에 걸쳐 빠른 속도로 환경이 파괴되고 있으며, 그로 인해 다른 중요한 환경적 이득이 줄어들고 있는 실정이다.

이러한 불행한 상황에서도 자연의 물질적 이용에 대한 가치는 줄어들지 않고 있다. 이는 다른 생명친화적인 가치와 마찬가지로 자연의 물질적 이용이 과도해서는 안 되며, 자연의 다른 중요한 가치들과 균형을 이뤄야 한다는 사실을 시사한다. 사실 자연세계를 물질적으로 이용하려는 경향이 반드시 환경 파괴로 이어지는 것은 아니다. 자연으로부터 얻는 재화와 서비스는 어쩔 수 없이 자연을 변형시킨다. 인간뿐만 아니라 코끼리, 악어, 비버, 수달부터 산호충과 흰개미와 같은 수많은 종도 자연을 변형시킨다.[20] 때로는 물질적으로 자연을 이용하는 과정에서 파괴적인 변화가 생기기도 하지만 이 생명체들은 근본적으로 자신의 주변환경을 변화시킬 뿐이며, 대개는 자신의 터전인 자연경관의 생성에 기여한다. 나는 이러한 생명체들과 같이 사람도 자연으로부터 원하는 것을 얻되, 서로 도움을 주고받는 상호적 관계로 생존할 수 있다고 생각한다.

그러한 결과를 위해서는 자연에 대해 지배적인 착취가 아니라 적절하고 균형 잡힌 이용이라는 자세가 요구된다. 물론 자연에 대한 물질적인 지배와 변형을 진보와 문명의 관점으로 받아들이는 편협한 시각은 벗어던져야 한다. 많은 사람은 미국의 역사학자 린 화이트^{Lynn White,} ^{1907~1987}가 기술했던 가설 "영원히 진보하려는 신념이 현대인들의 일상 습관을 지배했다. 그 어떤 것도 인간의 물질적 욕구를 충족시킬 수는 없을 것 같다"는 가설에 동의하고 있다.[21]

현대사회에서 자연의 물질적 가치와 자연세계에 대한 인간의 우월감을 드러내는 주장은 하나의 신조라고 할 수 있다. 자연에서 상당한 물질적 이익과 경제적 진보를 얻을 것이라고 예상될 때 서식지와 생물 종의 파괴를 걱정하는 이들은 거의 없다. 이런 기저에 깔린 그릇된 생각을 비판적으로 수정하지 않고, 오로지 정부 규제나 유해성을 완화하는 임시방편에만 의존해왔다. 자연세계에 대한 물질적 이용은 당연히 거부할 수 없는 일이지만 자연의 또 다른 가치들과 균형 잡힌 관계를 형성해야 한다는 사실은 자각해야 할 필요가 있다. 이때 자연의 물질적 가치 혹은 자유 시장경제의 합리성을 부정하는 건 다른 왜곡을 불러들일 뿐이다. 자연의 물질적 이용을 규제 없이 방치하는 것 또한 역기능을 조장한다는 사실을 기억해야 한다.

지속 가능한 사회와 경제를 위해서는 자연의 가치를 물질적으로 매기려는 경향을 완화하고, 자연친화적인 다른 가치들과도 균형 잡힌 관계를 이루어야 한다. 에너지, 섬유, 거주지, 물, 레크리에이션, 수많은 생태계 서비스를 받아온 자연으로부터 더 이상 아무것도 얻을 수 없게 되는 것만큼 큰 문제는 없다. 따라서 단기적으로 자원의 최대치를 추출하려는 태도는 다른 환경적 가치와 미래를 완전히 무시하는 짓이다.

무엇보다도 땅을 다양하게 활용함으로써 환경적 가치들을 관리하고 장기적 측면의 이익을 얻는 방식을 찾는 것이 중요하다. 하지만 짧은 기간에 최대한 많은 자원을 얻어내는 데 초점이 맞춰진 자유 시장 경제에서 이러한 접근이 유효할까? 여러 가지 지속 가능한 지역 이용에 초점을 둔 대체모델은 기존의 이용방식보다는 장기적으로 더 나은 결과를 창출할 수 있다. 그것은 여러 가지 이익을 도모할 뿐만 아니라 어쩔 수 없는 경제적·환경적 변화에 대해 더 잘 적응할 수 있기 때문이다. 이처럼 다면적이며 지속 가능한 땅의 사용방법은 물리적·심리적으로 폭넓은 보상을 제공하는 다양한 환경 가치들을 포함한다. 이 방식이 성공하기 위해서는 장기간에 걸쳐 다양하게 이용할 수 있는 광범위한 땅이 요구되는데, 그런 방식은 인간과 자연 서로에게 보완적이고 생산적인 관계여야 한다.

태평양 제도에 관한 프로젝트에 참여했던 내 경험을 통해 이러한 다면적이고도 지속 가능한 지역 활용을 엿볼 수 있다. 현재 태평양 제도에서는 거의 모든 에너지를 수입해 사용한다. 대부분 수천 킬로미터를 건너온 화석연료에 의지하고 있다. 문제는 에너지 비용이 너무 크고 온실가스 배출로 인해 광범위한 화학적 오염이 발생한다는 것이다. 이곳의 경제는 농업 생산에 많이 의존하고 있는데, 설탕이나 감귤류 등 몇 가지 안 되는 작물을 대량생산하고 있다. 이곳 사람들은 작물을 수천 마일 떨어진 시장에 수출하지만 80퍼센트의 가공 생산된 식량을 수입한다. 이러한 시스템으로 인해 광범위한 서식지가 파괴되고 외래종이 유입되며, 토양과 지하수층이 고갈되는 현상이 발생했다. 여기에만 서식하는 동식물들 또한 멸종하거나 멸종 위기에 처하게 되었다. 하지만 섬들은 잠재적으로 바람과 태양 에너지를 십분 활용할 수 있다. 게다가 이 섬들은 과일과 채소를 비롯해 다양한 유기농 작물 재배가 가능한 기름진 화산토와 열대기후를 자랑한다.

태평양 제도 중에서 약 800제곱킬로미터에 달하는 두 개의 섬에 다면적이고도 지속 가능한 프로젝트가 실시되었다. 원래 이 지역에서는 오랫동안 단일작물만을 재배해왔기 때문에 토양 고갈, 숲의 황폐화, 해수 유입, 그 밖의 광범위한 오염에 노출되어 있었다. 게다가 문화적으로 부적합하고 일시적인 거대한 규모의 관광지 개발이 진행되었고, 결국 그 계획은 실패하고 말았다. 프로젝트는 영구재생적인 바람 에너지의 생산, 유기 농업과 풀을 먹인 가축 생산, 생물학적 폐수처리, 생태친화적 지역사회 개발, 자연을 기반으로 한 관광에 중점을 두었다. 초기의 경제적 원동력은 이 지역에 잠재된 훌륭한 풍력 에너지였다. 풍력 발전은 경제적으로나 환경적으로 현저하게 낮은 부담으로 제도에 필요한 에너지의 5분의 1 이상을 생산할 수 있었다. 보행자 중심의 조밀한 마을 구조는 지역사회가 필요로 하는 에너지를 다목적으로 활용하도록, 또 지역 전체의 2퍼센트도 안 되는 땅에서 쓰레기들을 재활용할 수 있도록 했다. 또한 생물학적·문화적 자원들, 즉 토양, 습지, 숲을 복원함으로써 조만간 지역의 경제와 환경의 인프라 구조가 재구축되고 지역 주민들의 유산도 복구될 것으로 보인다.

이 프로젝트는 기본적으로 자연의 물질적 이용을 강조하면서도 자연과 인류의 상호 보완적인 관계를 장려한다. 이에 따라 자연과 인간을 더 풍요롭고 생산적이며 건강한 관계로 연결하는 시스템을 작동시킨다. 이를 통해 자연친화적인 가치들이 서로 균형을 이루며 존중 받고, 그 가운데 개발될 수 있는 모델로서 제시될 수 있다. 그 결과 더 생산적이며 자연경관은 더 아름다울 것이고, 인간 사회는 더 건강하고 지속적인 경제구조로 나타날 것이다. 이러한 개발은 자연을 '보존'한다는 명목으로 인간의 욕구를 억압하지 않는다. 대신 건강하고 생산적인 자연 시스템을 통해 장기적으로 물리적·심리적·정신적인 보상을 받을 수 있는 혜택을 마련한다.

5장

애착

어떤 생명체나 장소에 대해 깊은 애착을 표현해본 경험쯤은 누구에게나 있을 것이다. 때때로 우리는 이러한 감정을 강하게 느끼기도 한다. 예컨대 반려동물을 바라볼 때나 특별한 추억을 지닌 해안이나 산, 오랫동안 정성을 들여 가꾼 정원을 바라볼 때 말이다. 또한 숨 막힐 정도로 아름다운 폭포와 무지개, 형형색색의 벌새, 아름다움을 발산하는 봄꽃과 같은 자연의 극적인 현상에 감동받아 표현을 주체하지 못하는 자신을 발견하기도 한다. 사람들은 아마도 이런 식으로 말할 것이다. 여기 너무 좋아요, 저 개는 내게 가족과 같이 소중한 존재예요, 나는 이 계곡이 맘에 들어요, 이 계곡이 사라진다면 마음이 너무 아플 거예요.

　자연에 대한 우리의 애착은 다른 사람들에 대한 정서적 감정과 동등한 정도라고 말할 수 있을까? 만약 그렇지 않다면 그 강렬한 감정 또는 사랑은 정확한 표현이라기보다는 미사여구적인 표현으로 간주해야 하지 않을까? '사랑'의 사전적 의미는 "사람에 대한 깊고 애정 어린 애착과 배려, 친근감 또는 일체감으로부터 시작되는 감정"이다. 이는 주로 사람에 국한된 질문에 대한 제한적인 접근이며, 비인간 세

계에는 적합하지 않아 보인다.[1]

보통 사람들이 그러하듯 나 또한 특정 식물이나 동물 또는 특정 공간에 대한 애착이 있으며, 특별히 배려하거나 돌보려는 감정을 지니고 있다. 가장 가까운 대상은 반려동물일 것이다. 그 개는 오랜 시간을 함께 보내면서 나의 친한 친구가 되었다. 이 글을 쓰는 순간에도 바셋하운드 종인 마리오와 바셋하운드 잡종인 파스칼은 나와 함께 집을 공유하고 있다. 그들을 향한 나의 감정은 사랑이라고 믿는다. 그래서 그들이 갑자기 사라지거나 다친다면 나는 커다란 상실감과 슬픔을 느낄 것이다. 그들이 보여주는 전적인 애정을 나는 소중하게 생각하며, 착각일 수도 있겠지만 그들도 나를 사랑한다고 믿고 있다.

이런 신비로운 문제에 대해 생각할 때, 나는 로버트 올트먼 감독의 '프레리 홈 컴패니언 Prairie Home Companion'이라는 라디오 프로그램에서 들었던 농담이 떠오른다. "당신의 개가 당신을 사랑하며 당신의 가장 친한 친구라는 사실을 어떻게 알 수 있습니까?"라는 질문에 대해 다음과 같은 질문을 던진다.

자, 당신은 당신의 배우자나 개 또는 다른 중요한 대상을 차의 트렁크에 넣어둔 채 10분 동안 달립니다. 10분 후 당신은 차를 멈추고 트렁크를 열어봅니다. 기쁨과 애정을 가지고 당신을 바라보는 대상은 누구이며, 죽일 듯 달려들며 당신을 때리는 대상은 누구일까요?[2]

나의 경우 최소한 반려견들과는 강한 애정을 주고받으며 깊고 한결같은 정서적 만족을 느껴왔으므로, 대략 사랑과 동등한 감정일 것이라 믿는다. 특히 그들은 내가 걱정에 빠져 있거나 스트레스를 받았을 때 풍부한 애정을 표현해주며, 그 행위 자체를 무척 좋아한다. 사람과 반려동물 사이의 특별한 정서적 유대감은 이례적인 것이긴 하지만, 자연세계에 대해 사람들이 지니는 일반적인 감정을 드러낸 것이라 생각하지는 않는다. 사실 반려동물은 인간의 가정에 입양되어 가족의 일부가 됨으로써 '인간화된' 생물체처럼 보일 수 있다.

물론 이러한 관계와 정서적 애착은 야생의 동식물이나 자연풍경처럼 좀더 멀게 느껴지는 자연과의 관계와 매우 다르다. 물론 나는 어떤 야생의 생물체와 환경에 대해 매우 강한 애착을 느끼기도 하며 때때로 그 사랑을 표현한 것도 기억하고 있다. 나는 곰이 정말 좋아! 이 산이 너무 좋아! 이 해변은 내가 아는 장소 중에 가장 소중한 곳이야! 꽃들과 아름다운 석양 없이 이 세상을 산다는 건 상상할 수 없어! 자연에 대한 사랑은 내가 지닌 감정 중에서 가장 소중해! 이렇게 멋진 장소에서 죽는다면 행복할 거야! 등등의 말을 외친 기억이 있다.

내가 겪은 여러 극적인 경험 중 한 사례일 뿐이지만 자연에 대해 엄청난 애정과 친근감을 갖게 된 적이 있다. 이 특별한 경험은 탄자니아의 응고롱고로라는 거대한 분화구 가장자리에서 느꼈던 것이다. 깊고 넓은 분지를 가로지르는 수많은 영양과 얼룩말, 기린, 코끼리, 그들 사이에 드문드문 위치한 몇몇 사자와 치타를 두 눈으로 직접 볼 수 있었다. 분화구에서 멀리 떨어진 곳에 있는 호수에서는 때때로 움직이는 수천 마리의 홍학을 구경할 수 있었다. 깊은 호수에 갇힌 흰 구름과 활짝 갠 하늘이 일렁이는 모습도 볼 수 있었다. 나는 자연스럽게 그곳에 대한 나의 사랑을, 일반적으로 말하자면 자연에 대한 사랑을 외쳤다. 이러한 경험에서 비롯된 강렬한 감정은 내 기억 속에 박힌다는 것을 알고 있다. 몇 년이 지나도 생생히 간직된 그 기억은 내 정체성의 일부가 되었고, 심지어 놀랍게도 어떤 식으로든 나를 돕거나 지탱하는 힘이 되어주곤 했다.

생각해보면 이러한 경험은 이례적이어서 자연에 대한 애착으로 일반화할 수 없을 것 같기도 하다. 일상적인 환경에서 느꼈던 유사한 감정을 찾다 보니 얼마 전의 일이 떠올랐다. 그때 나는 겨울이라는 계절이 가져다준 우울과 함께 일에 대한 부담도 느끼고 있었다. 그래서 답답할 때면 숲 주변의 강가를 걷곤 했는데, 산책길에서 짝짓기에 열중하고 있는 원앙새들과 남쪽에서 돌아오는 울새를 보았다. 그리고 일찍 꽃을 피운 연령초 속의 식물, 수컷 망아지의 발, 나무에서 싹트기 시작하는 선명한 녹색의 새순들과 마주쳤다. 나는 이들로부터 숲과 강이 품은 자연요소에 대한 깊은 애착과 정서적 연결을 느꼈고, 그 생명력으로 인해 희망과 활기를 되찾았다. 그때 나 자신을 넘어서 나를 살찌우고 지탱해주는 더 넓은 세상에 대한 애정을 경험했다.

이런 애착은 우리가 다른 사람들에게 느끼는 사랑과 같은 것일까? 특히 이러한 자연의 대상이 우리 감정에 화답할 수 없을 때에도 사랑이라고 느낄 수 있을까? 아마도 우리는 자연적 특성인 생명력이 자신의 신체와 정서, 정신을 이해하고 향상시킨다고 인식할 때 그렇게 느낄 수 있을 것이다. 그리고 그 감정을 확인하고 키우는 과정을 통해 우리 스스로 정서적으로 향상된 것을 느낄 수 있으며, 다른 사람에 대해서도 애정이 확장되는 자신을 깨닫게 될 것이다.

자연에 대한 애착은 인간이 지닌 감정의 중요성을 강조하기도 하지만 인간의 정서적 기질을 발달시키는 역할을 수행한다. 따라서 자연에 대한 애정과 애착은 인류의 정서적 수용력을 형성하는 데 매우 의미 있는 작용을 하며, 그 애정과 애착이 인간의 건강과 생존에 기여하는 내재된 성향으로 나타난다는 주장 또한 타당해 보인다. 이 책의 초반에서 나는 생명 사랑biophilia이라는 용어가 '삶에 대한 사랑'이라는 라틴어에서 비롯된 것임을 언급했다. 심리학자 에리히 프롬은 정신적 건강을 바탕으로 한 타인에 대한 사랑을 강조하기 위해 이 용어를 만들었다. 물론 프롬은 사람의 관계에 중점을 두고 있었지만 때때로 그는 "생명과 모든 살아 있는 대상에 대한 열렬한 사랑 (…) 사람이든 식물이든 생각이나 사회 집단일지라도"[3]라는 식으로 생명 사랑 개념에 대한 시선을 확장하고 있다. 이 관점은 넓은 범위에서 자연에 대한 신체적, 정서적, 지적 친밀감을 강조한 것이다. 자연에 대한 애정과 사랑을 느끼려는 성향은 우리에게 내재된 친밀감의 한 형태라고 생각할 수 있다.

이성은 우리가 중요한 선택을 하거나 감정을 통제하는 데 필요한 기능을 하지만 감성은 앞서 말한 것처럼 인간 존재의 중심이다. 실제로 감성과 지성은 거의 항상 함께 얽혀 있다. 강한 감성은 우리가 지식을 찾고 이해하도록 동기를 부여하며, 이성은 우리의 기분을 조절하거나 누그러뜨려준다. 사회적 존재로서 인간은 다른 사람, 특히 가족이나 친구와 같은 존재의 도움과 배려에 의존적이며, 유아기에는 더욱 심하다. 이에 따라 애정을 주고받는 특별한 능력은 인간의 생존 비결이기도 하며, 서로 간에 형성된 정서적 믿음은 양육과 보살핌을 더욱 촉진시킨다.[4]

이러한 정서적 능력은 사람들 사이의 친밀한 유대감에 기반하고 있으며, 자연세계에 대한 애정을 느낌으로써 발달한다. 그래서 인간을 상기시키는 다른 동물에 대한 보편적 관심과 애정은 매우 중요하다고 할 수 있다. 그 대상은 개, 고양이, 말 등의 가축이기도 하지만 때로는 곰, 고래, 코끼리와 같은 야생동물이기도 하다. 물론 주어진 환경에 따라서는 새, 양서류, 파충류, 어류와 같은 척추동물도 정서적 애정의 대상이 될 수 있으며, 특정 식물이나 풍경 또는 장소까지도 포함된다.

자연에 대한 이러한 애정의 감성이 인간의 육체와 정신 건강에 많은 영향을 끼친다는 일련의 증거가 많이 쌓이고 있다. 그 연구들은 특별히 야생동물이나 식물, 풍경까지도 포함하고 있지만 대체로는 반려동물이나 애완동물에 초점을 두고 있다.

'애완동물pets'이라는 용어는 사람들이 다른 동물을 쓰다듬거나 어루만질 때 애정을 고무시키는 촉각적 경험을 강조하는 데 반해, '반려동물companion animal'이라는 용어는 사람과 다른 생명체 사이에 존재할 수 있는 정서적 유대를 강조하는 표현이다.[5] 반려동물은 사랑하는 친구나 가족, 때로는 사랑하는 타인으로 대접받는다. 역사학자인 키스 토머스Keith Thomas, 1933~는 애완동물의 세 가지 특징에 대해 언급했다. 우선 이름이 주어지며 그들과 주거공간을 공유한다는 것, 그리고 그들을 먹지 않는다는 것이다.[6] 마지막 특성의 암묵적 중요성에 관해 어느 학생으로부터 받았던 질문이 떠오른다. 기근에 직면한 아프리카를 도울 만한 방법을 묻는 그 질문에 대한 나의 대답은 동물들을 '헛되이' 소각하기보다는 길에 버려진 '지나치게 많은' 고양이와 수백만 마리의 개를 굶주린 국가에 보냄으로써 보다 현실적인 선의를 실천할 수 있다는 것이었다. 다소 공격적인 관점으로 인해 나의 '겸허한 제안'은 현실적인 해결책이라기보다는 인육을 먹도록 권하는 것처럼 보일 수도 있겠다고 생각했다.[7]

오늘날 미국에서만 7200만 마리의 개와 8200만 마리의 고양이가 인간의 반려동물로 살고 있다. 우리가 반려동물을 원하는 이유는 다양하다. 그러나 설문조사에 나타난 바에 따르면 자신의 일, 사냥, 보호, 심미적 관점 등의 목적보다는 애정과 우정을 위한 선택이 대부분을 차지한다.[8]

반려동물의 존재는 스트레스 해소, 병의 치유 및 완화를 포함한 정신적·육체적 혜택과 어휘력 및 사회성의 발달, 자신감의 향상 등을 발휘할 수 있게 한다는 연구 결과가 있다.[9] 펜실베이니아대 정신과 의사인 아론 케이처Aaron Katcher와 그의 동료들은 이러한 영향력에 대한 유익한 연구를 수행해왔다. 케이처는 수의사인 앨런 벡Alan Beck과 생물학자 에리카 프리드먼Erika Friedman과 함께 연구한 결과, 몸이 아픈 아이들이 반려동물과 함께 지냈을 때 그렇지 않은 다른 아이들에 비해 혈압이 낮다는 결과를 얻었다.[10] 이들은 심장수술 후 회복 중인 성인 환자들에 대해 또 다른 연구도 실시했다. 우선 병의 증상과 인구 통계학적 특성에 따라 피험자들을 선정한 뒤 1군과 2군으로 나누어 1군 환자들에게는 반려동물과 접촉하도록 했다. 그 결과 1군 환자들의 치료와 회복 속도는 상당히 향상되었다.[11] 연구자들은 "애완동물과 접촉하는 환자의 사망률은 그렇지 않은 환자의 사망률 3분의 1에 해당한다"고 발표했다.[12] 그들은 영국의 시인이자 평론가인 사무엘 콜리지Samuel Coleridge, 1772~1834의 시 「늙은 뱃사람의 노래The Rime of Ancient

Mariner」를 인용함으로써 그 연구를 마무리 짓고 있다. 이 시는 인간의 몸과 마음을 건강하게 만드는 자연에 대한 사랑을 노래하고 있다.

인간과 새와 짐승을 사랑할 줄 아는 자는
기도할 줄 안다

위대한 것이든 작은 것이든
모든 것을 사랑할 수 있는 자가
가장 기도를 잘하는 자다
우리를 사랑하는 하나님이
모든 것을 만드시고 사랑하신다[13]

케이처와 그의 동료는 관상어류와 같은 하등 척추동물의 치료 효과에 대한 연구도 했다. 아픈 아이들이 어류에 노출되었을 때 상당히 혈압이 낮아졌고 스트레스도 경감되었다는 결과를 발표했다.[14] 치과 수술을 받은 성인들을 대상으로 한 다른 연구에서도 어항에 노출되었을 경우 스트레스가 감소하고 대처 반응이 높았다고 밝혔다.[15]

1993년 케이처는 윌킨스[Gregory Wilkins, 1956~2009]와 함께 주의력결핍장애[ADHD]인 소년들을 상대로 공동 연구를 수행했다. 연구자들은 동물과의 자연 경험을 지니지 못한 소년들에 비해 반려동물과 접촉한 소년들의 치료 효과가 상대적으로 높았음을 밝혀냈다. 그들은 소년들을 두 집단으로 나눈 뒤 한쪽에는 반려동물을 돌보게 하고 다른 한쪽에는 하이킹, 카누 경기, 암벽 등반과 같은 자연 체험에 참여하도록 했다. 자연 체험에서도 한 가지에만 치우치지 않도록 하기 위해 소년들에게 다양한 체험을 하도록 유도했다. 그 결과, 양쪽 활동에서 모두 유의미한 치료 효과가 나타났으나 반려동물을 돌보는 집단에서 더욱 강하고 지속적인 효과가 있음을 확인할 수 있었다. 소년들은 대체로 언어능력이 향상되었고 주의력이 좋아졌으며, 충동적이거나 방해되는 행동을 효과적으로 조절할 수 있게 되었고, 학교생활에도 적응력이 높아지는 치유 효과를 나타냈다. 이로써 연구자들은 주의력결핍장애를 가진 소년들이 반려동물과 정서적 유대를 형성할 때 스트레스 저하, 사회적 유대관계 및 공감력 향상, 학교 적응 능력과 학업 성취도가 높아진다는 결론을 내렸다.[16]

반려동물과의 감정적 유대가 어떻게 이러한 결과를 만들어내는지에 대해서는 많은 근거가 제시되었는데, 방대한 양의 연구 논문들을 검토한 수의사 제임스 세펠James Serpell은 잠재적 요소들을 선별해냈다.

애완동물은 우리 주위에 있으려 하며 관심을 갈구하고, 반갑게 맞아주며 고통을 나누려고 한다. 그들이 드러내는 공손한 표정 또는 소유욕은 우리에 대한 사랑과 배려를 보여주며 (…) 그로 인해 사람들은 사랑과 존중과 존경의 감정을 받는다. 그들은 사람들에게 가치 있고 필요로 하는 존재라고 느끼는 것을 즐긴다. (…) 우리의 신체적 건강, 자신감과 자부심, 생활 스트레스에 대한 대응력은 이러한 소속감에 의지하고 있다. 다만 애완동물은 인간을 보완하고 증강시킬 뿐 인간관계의 대용물이 아니다. 그들은 인간 생활에 새롭고 특별한 차원을 추가시킨다.[17]

이 조사는 애완동물이나 자연의 다른 요소에 대한 감성적 교감이 심신의 건강을 증진시켜 치료에 도움이 된다는 사실을 뒷받침한다. 그러나 동물에 대한 정서적 애착이 지나치면 문제가 될 수 있다. 애완동물에 대한 세펠의 방어적 언급은 현대사회의 지나친 반려동물 옹호를 겨냥하는 비판적 의견을 인정한 것이기도 하다. 즉, 현대사회에서 인간관계의 결함 또는 자연으로부터의 소외감을 보상받으려는 경향 때문에 애완동물에 과도하게 집중한다는 견해를 어느 정도 수렴한 것이다. 생태학자이자 철학자인 폴 셰퍼드는 이러한 관점에서 다음과 같이 강하게 언급했다.

'반려동물'이라는 다소 친밀하고 완곡한 표현은 무기력한 사회에서 목발에 의지하는 것 같은 느낌이다. 다시 말해 애정을 쏟을 생명체의 대용물이라고 생각한다. (…) 여기서 우려되는 것은 동물들은 인간 아닌 생명체의 시선을 갈구하는 사람들을 위해 멍청하게 손을 핥아주거나 깨무는 운명을 타고나지 않았다는 사실이다. 그들은 깊고 원형적인 욕구를 지닌 존재이기 때문이다. 내 관점은 우리의 정신 발달에서 야생동물이 애완용으로 대체되는 효과에 대한 것이다. (…) 동물과 그들의 표현은 인간 정신생활의 필수요소를 구성한다. (…) 야생동물 군이 유전적으로 결함이 있거나 겉으로 식별하기 곤란한 종으로 일부 대체된다면 그들의 손상된 지각이 인간의 자기인식 능력을 저하시킬 것이다.[18]

반려동물을 비롯한 자연에 대한 애착은 기능적으로 또는 역기능적으로 발현될 수 있다. 우리가 무관심하거나 하찮은 듯한 태도로 자연을 대하거나 과도한 유대를 가지려 할 때는 역기능이 발생할 것이다.

14. 개는 애완동물 가운데 사람들이 가장 많이 선호하는 동물로 약 1만5000년 동안 인간에게 길들여졌
다. 그러나 역사적으로 볼 때 개는 미국과 그 인접 지역에서 사람들이 멸종시킨 얼룩늑대와 유전적으로
거의 동일하다. 사진은 애완견과 애완묘의 모습.

후자의 경우 균형적으로, 그리고 적응 가능한 방식으로 실천된다면 자연세계에 대한 우리의 애착을 통해 얻게되는 이점들을 비판할 수 없을 것이다. 자연에 대한 친밀감과 사랑은 시간이 지남에 따라 인류에게 도움을 줄 것이고, 우리의 정서적 능력을 발달시키는 토대가 되어줄 것이다.

다른 생명 또는 풍경과의 정서적 관계는 고민이 있거나 외롭거나 병약한 사람들에게 기운을 불어넣는 효과를 지닌다. 인간은 모든 연령대에 걸쳐 특별한 생명체나 장소(개, 고양이, 말 또는 해변, 온천, 산장 등의 자연 요소)를 통해 치료 효과를 좇아왔기 때문이다. 게다가 때로 그러한 유대감은 사람들과의 관계보다 복잡함이 덜하다.

자연에 대한 애착이 우리의 건강과 발달에 도움이 된다면, 과연 그것이 자연보호의 목적이 될 수 있을까? 일부 회의주의자들은 그러한 애착은 미미하게 자연보호에 관계되긴 하겠지만 정책과 경제적 판단이 복잡하게 섞일 경우 오히려 자연에 해로운 작용을 한다고 주장한다. 이러한 비판은 멸종 위기, 화학적 오염, 기후 변화와 같은 도전에 대해 정서적 접근이 아니라 객관적이며 기술적인 접근이 필요하다는 주장을 뒷받침한다. 이제 소개할 이야기는 자연에 대한 애착이 환경보호의 목적과 무관하거나 부적합하며, 오히려 역효과를 낳는다는 편견을 지닌 자연보호 활동가들에 관한 것이다.

2009년 봄, 예일대에서 산림과 자연환경 연구에 대한 심포지엄이 개최되었다. 1세기 전의 졸업생인 알도 레오폴드를 기념하는 의미에서 열린 이 심포지엄에 참가한 모든 발표자는 서로 자연보호 활동의 전망에 대해 토론하면서 레오폴드의 삶과 견해를 연관시키려고 노력했다. 참가자들 중 어느 발표자는 멸종 위기 동물 종 보호, 화학적 오염, 어업 쇠퇴, 온실가스 배출, 부당한 환경문제를 포함한 현대 자연환경에 대한 여러 문제를 해결하기 위해서는 법적인 규제, 기술, 과학적이고도 경제적인 접근이 필요하다고 강조했다. 이에 대한 해결책들로는 에너지 효율 증대, 재생 가능한 에너지 생산 확대, 더욱 정교한 비용 편익 분석, 더 많은 과학적 연구, 새로운 법안과 규제, 가치 있는 생태계 서비스를 위한 경제적 도구 응용 확대, 감정적으로 편향된 대중교육 등이 제시되었다.

환경보호의 가치를 합리화하고 도움을 집결시키는 데 치중한 나머지 자연에 대한 정서적 애착을 활용하자는 의견은 거의 들을 수 없었다. 역설적이게도, 그 심포지엄의 중심인물이었던 레오폴드는 자연보호라는 목표를 성취하기 위한 필수 요소로 정서적 관점을 강조했다. 또한 대지와 생명체에 대한 인간의 의무와 책임의식이 높아져야 한다고 여겼다. 가장 많이 인용되는 다음 발언은 그의 논점을 명백하게 나타내고 있다.

우리는 직접 보고 느끼고 이해하며 사랑하는 대상과 관계를 맺거나 믿음을 가질 때만 도덕적일 수 있다. (…) 땅에 대한 사랑과 경의, 감동, 가치에 대한 깊은 존경 없이는 결코 땅에 관한 윤리가 존재할 수 없다.[19]

심포지엄의 참가자들은 어쩌면 대지에 대한 사랑의 감정, 믿음과 감동의 중요성에 대한 레오폴드의 주장에 대해 마음속으로는 반대한 것일까? 그들, 특히 과학자와 정책 담당자들은 레오폴드의 견해를 문자 그대로 받아들이거나 심각하게 받아들이기보다는 좀더 미사여구적인 표현으로 수용한 듯하다. 환경보호에 관한 전략적 메시지라고 인식했을 수도 있다. 그들은 어쩌면 감정적인 통로가 열리면 오히려 환경보호와 반대되는 것들이 정서적으로 끼어들어 목표를 실현하는 데 방해가 될 것이라 걱정했는지도 모른다. 그래서 과학자, 학자, 경제학자, 정책 담당자로 훈련된 그들은 자연에 대한 애정이나 사랑이 자연보호를 주장하는 데 동기부여가 될 수 있다는 사실을 마지못해 받아들였을지도 모른다. 그러므로 레오폴드에 대한 충성심에도 불구하고, 동기가 무엇이든 자연에 대한 애정은 자연 보호와 무관하고 부적절하며 복잡한 환경 정책에 직면했을 때 유용하지 않다는 입장을 취했다.

심포지엄은 비바람이 부는 날 신축건물의 꼭대기 층에서 개최되었다. 그 건물의 계획과 설계에 관여했던 나는 '환경에 끼치는 영향의 최소화'와 '생명친화적 설계'라는 두 가지 목적을 가지고 있었다. 앞의 목적에 관해서는 에너지 고효율, 재생 가능한 에너지 생산, 오염과 낭비의 축소, 재료의 재활용과 재사용, 환경 손상 완화 등을 강조한 설계를 의미한다. 두 번째 목적, 그러니까 '생명친화적 설계'란 사람과 자연의 관계를 촉진해 건강과 행복한 삶에 기여하는 주거환경의 설계를 의미한다. 그런데 환경에 적은 영향을 끼치는 설계는 환경보호의 전략으로 널리 받아들여지는 한편 생명친화적 설계는 전반적으로 지속 가능성을 성취하는 것으로 간주되었다.[20]

환경에 적은 영향을 끼치게 한다는 목적을 달성한 (심포지엄이 열리고 있는) 그 신축건물은 에너지 효율성, 낭비 최소화, 독성 효과의 부재에 대해 인정받아 미국 그린빌딩 협의회Green Building Council, GBC가 친환경 건축물에 수여하는 가장 높은 평가인 리드 플래티넘LEED Platinum을 받았다. 그 건물은 또한 대규모 자연 채광, 자연 환기, 외부 경관들, 복원된 풍경, 건물 안팎의 관계, 건물 안뜰, 콜로네이드(건물을 떠받치는 일련의 돌기둥—옮긴이), 자연주의적 조경, 인공수로, 천연소재 및 자연의 형태와 방식을 모방한 내부 인테리어 설비 등 생명친화적 설계를 달성했다.

심포지엄은 그 건물의 가장 높은 층에서 개최되었다. 건물은 커다란 아치형의 천장과 공간, 광범위한 자연채광, 학교의 숲에서 거둬들인 목재로 감싸인 벽, 나뭇결을 보완하는 프랙탈 기하학 구조, 주변 나무와 안뜰의 경관, 내부 인테리어 식물, 천연소재의 가구, 자연에서 우리가 체험한 다양한 정보와 복잡한 조직, 또 다른 생명친화적 설계의 특성이 표현되었다. 이는 가장 진보된 현대 기술을 활용해 환경적으로 변형한 건축물이었다. 그 건물은 무생물이었지만 많은 사람은 시설에 대해 "자연적이며 인공적이지 않다"고 묘사했으며, 특히 꼭대기 층에 대한 찬사와 애정을 나타냈다.

그날은 폭풍이 몰아쳤고, 꼭대기 층에서는 창문 너머로 짙은 먹구름이 보였다. 주위의 참나무들이 안개 속에 가려져 있어 찬바람이 이파리 없는 가지 사이를 지나는 풍경은 볼 수 없었다. 그럼에도 나는 참석자들에게 그 건물과 공간에 대해 질문을 던졌다. 레오폴드라면 그 건물 안에서 일하기를 즐겼을까? 개인적으로 그곳에 있는 것을 좋아할까? 그 공간을 회의에 적합

15. 예일대 삼림환경연구스쿨의 새 빌딩인 크룬 홀Kroon Hall은 친환경 건물로 선정되어, 미국 그린빌
딩 협의회가 주는 권위 있는 상 'LEED Platinum'을 받았다. 이 건물은 사용자의 편의와 생산성, 자연과
의 관계를 통한 건강한 생활을 향상케 하는 생명친화적 설계가 특징이다.

한 장소로 생각할까? 날씨가 좋지 않았지만 모든 참가자는 그 건물, 특히 심포지엄이 열린 방에 대한 애정을 표현했으며 레오폴드 역시 똑같이 생각했을 거라고 말했다. 나는 빠르게 진화하는 기술 사회에서 환경에 영향을 덜 끼치는 태양집열기와 같은 시설이 불가피하게 쓸모없어지는 시대를 상상해달라고 부탁했다. 그때 미래의 건물 사용자들은 과연 시설을 개조하거나 보수하려는 마음을 먹을 것인가에 대해서도 물었다. 이미 그 건물에 대한 강한 애정과 충성심을 지닌 참가자들은 건물의 사용자들 또한 건물이 그대로 보존되길 원할 것이라고 대답했다.

심포지엄 참석자들은 자신도 모르는 사이에 자연에 대한 정서적 관계의 중요성을 자인했다. 그들은 그 건물에 대한 개별적 기호를 떠나, 시설 보호 문제와 관련해 자연보호라는 동기부여를 받은 것이다. '지속 가능성'이라는 단어에 대해 사전은 "어떤 것을 계속 존재하게 하는 성질"로 정의한다. 건물이 오랫동안 유지 가능하도록 자꾸 새로운 무언가를 시도하려고 한다면, 불가능한 일이 아니라고 해도 달성하기 어려운 목표로 남게 될 것이다. 그날 우리의 초점을 둔 것은 애완견이나 호감이 가는 야생동물도 아니었고, 특별한 풍경이나 가치 있는 생태계가 아니었다. 그것은 인간이 만든 무생물의 건물이었다. 그러나 사람들은 건축물에 대한 애정에 동의했다. 기술적 성취를 떠나 그 건물을 소중하게 생각하고 감정적으로 자신과 동일시하기도 했으며, 비도덕적이며 무책임한 사람들의 손에 건물이 방치될 것을 걱정했다.

알도 레오폴드의 유명한 인용문은 자연에 대한 사랑과 신뢰의 중요성을 강조하고 있다. 참석자들에게 이 문장을 통해 건물을 유지하게 하는 정서적 중요성을 상기시키자 고개를 끄덕이며 동의했다. 그러나 잠시 후 오늘날의 환경적 도전에 대한 해답을 찾기 위해 분석적·기술적·정책적으로 우려되는 안건들이 논의되기 시작했다.

좀더 편안하면서도 합리적이고 기술적인 담론으로 논의를 국한시키고마는 참석자들의 성급한 태도 변화는 레오폴드의 또 다른 관찰을 상기시켰다. 자연보호를 과학적이며 경제적인 문제로 받아들여 손쉽게 처리하려 함으로써 자연보호는 사소한 일이 되어버릴 위험에 처했다.[21]

의인화擬人化의 도전

많은 환경학자와 정책 담당자는 자연보호와 관리에서 감정의 역할에 대해 우려하고 있다. 이는 자연세계에 인간의 감정을 투영하는 것에 대해 부분적으로 거부감이 반영된 결과다. 이러한 감정적 투영을 의인화라고 하는데, 이 말은 "무생물이나 자연 현상에 대한 인간의 자극, 특성 혹은 행동에 대한 속성"이라고 정의된다. 의인화에 대한 그들의 반감은 정기적으로 이목을 끄는 동물 종과 서식지 운영에 대한 논의로 나타난다.[22]

종종 인용되는 예는 '밤비 신드롬Bambi syndrome'이다. 어미 사슴과 새끼 사슴이 사냥꾼에게 위협을 받는 내용의 디즈니 영화는 이후 테러의 위협을 받는 경험과 비슷한 환경으로 관찰되면서 많은 논란을 남겼다. 특히 이 영화는 비전문가적인 왜곡으로 인해 야생생물 관리자들의 비난을 받았고, 감정이 자원 보호의 합리적 원칙을 약화시키는 사례로 인용되곤 했다. 또한 비평가들은 밤비 신드롬이 야생말과 백조의 보호, 바다표범 보호와 고래잡이에 대한 규제, 삼나무 숲의 수확, 불을 관리도구로 이용하는 것, 스포츠 사냥 등과 같은 사안에 대해 논쟁을 불러일으켰다고 말한다. 어쨌든 간에 밤비 신드롬은 자연보호 정책과 자원 운영에 대한 의사 결정에서 왜 우리가 좀더 합리적이고 과학적이며 경제적인 분석을 지지하는지, 또 주관적인 감정을 배제해야 하는지를 보여주고 있다고 설명한다.

그러나 과연 사람들이 정서적 관계와 상관없이 자연보호에 관심을 가질 수 있을까? 자연환경의 효과적인 관리는 지적 이해가 수반되는 충분한 정서적 신념에 기반하는 것이다. 이성과 감성은 대지를 보호하고 보전하기 위해 서로 보완되어야 하고, 사람들의 건강에 기본이 되도록 작용해야 한다. 우리는 다른 동물 종과 풍경, 심지어 건축물까지 우리의 건강과 얼마나 밀접히 관련되어 있는지 알아차릴 때에만 그 대상을 보호하고 관리할 가치가 있다고 느낄 것이다. 자선이나 이타주의에 따른 행위가 아닌, 자신에게 돌아올 혜택에 대한 깊은 깨달음에서 비롯된 관심과 사랑이야말로 자연과 생명체를 유지하게 하는 동기를 부여한다.

자연과의 정서적 관계를 방해하거나 부정한다면 결국 우리의 신체적·정서적 가능성은 저하될 것이다. 인류 스스로 자연을 분리시키려고 한다면 인류학자 리처드 넬슨이 말한 "위태로운 외로움"으로부터의 종말을 자초하게 될 것이다. 그는 다음과 같은 언급을 통해 자연과의 단절은 현대사회에서 증가되고 있는 고통이라고 했다.

자연 공동체로부터 우리를 멀어지게 하는, 우리로 하여금 먼 거리에서 자연세계를 보게 만드는 사회, 즉 지속 가능한 환경과 관계에 대해 음울한 이해에 빠지게 한 사회는 지금까지 없었을 것이다. (…) 다른 생명체와의 친밀감은 물, 음식, 공기와 같이 우리에게 필수적인 것이다. 그것은 우리 안에 깊이 존재하는 수백 년에 걸친 문제들로부터 벗어나게 할 수도 있다. (…) 생물학자 에드워드 윌슨은 이렇게 질문한다. "인류가 자연을 보전하기 위해 생명을 사랑하는 것이 가능할까?" 그것은 확실히 더 이상 중요한 질문이 아니다. (…) 그러나 역사에 걸쳐 인간이 생명을 사랑해온 것은 확실해 보인다.[23]

자연에 대한 사랑은 정서적 애착의 대상이 되는 특정 동식물이나 어떤 풍경에 대한 감정에서 비롯된다. 이것은 우리가 한 조각의 땅 또는 특정 생명체와 친밀해졌을 때 빈번히 나타난다. 처음에 우리는 자신의 시선에서 친밀하고 편안한 관계를 갖고자 한다. 그러나 끈기 있게 노력하는 과정 속에서 결국은 특정한 장소 또는 생명체에 대해 정서적으로, 지적으로 깊은 연관성을 느끼게 된다. 때로는 그 대상을 자신의 일부로 여기며, 심지어 영혼의 일부로 받아들이기까지 한다. 이런 식으로 자연의 특성을 소유하며 그 대상 또한 우리를 소유하게 된다. 우리는 세계를 나누는 공동참여자로서 생태 과정의 기반이 되며 서로를 지탱해준다. 커다란 관계 공동체의 일원으로서, 이 지구의 일부로서 더 깊은 사랑과 평화와 살아 있음을 느끼게되는 것이다.

6장

지배

모든 종은 자신의 주위환경을 완전히 통제하려 한다. 이런 본능은 가장 큰 육식동물이나 가장 작은 곤충들도 마찬가지며 육지부터 해양에 이르는 모든 서식지에서 발생한다. 종종 핵심종이라고 불리는 특정 생명체들, 예컨대 우리에게 잘 알려진 코끼리, 흰개미, 바다수달, 비버, 악어는 자신의 세계를 재구축하는 데 특히 능숙하다. 하지만 그 어떤 생물체도 환경이 제대로 기능하지 못할 만큼 과도하게 지배하거나 통제하지는 않는다. 그런데 오늘날 지구에 대한 인간 사회의 장악은 매우 지배적이고 변형적인 것이다. 막대한 생물 다양성의 훼손, 심각한 오염, 공기층의 변질, 기후의 잠재적 변화로 인해 세계적인 환경 위기를 초래했다.

 자연을 통제하려는 의지는 인간을 포함한 모든 생명체가 지닌 것으로 이는 환경에 적응하려는 성향이기도 하다. 따라서 이 성향을 상실한다는 건 인류의 무능력을 의미하는 것이기도 하다. 다시 말해 장기적인 건강과 생존에 필요한 기질을 상실했음을 뜻한다. 70억이 넘는 인구, 기술이 지닌 거대한 규모의 영향력, 1인당 소비 에너지, 공간, 물질 등을 감안할 때 현대의 심각한 불확실성은 자연을 통제하려는 인간의 욕구가 얼마나 균형 있게 발현되는가에 달려 있다. 이 문제는 우리에게 내재된 가치 또는 자연과 연계하려는 성향의 타당성에 관한 것이 아니라 적응 및 기능과 관계된 것이다.

자연을 통제하려는 우리의 비정상적인 열망은 서구 사회, 특히 유대-기독교 관습의 특징에서 유발되었다. 자연세계에 대한 지배를 장려하고 고무시키는 관습은 자연에 대한 정복을 정당화하며 인간의 진보와 문명을 우선시한다.[1] 역사학자 키스 토머스는 "인간 문명이란 사실 자연 정복과 동의어다. (…) 자연에 대한 인간의 지배는 자의식이 강한 자기주장일 뿐이다. (…) 하지만 장악, 정복, 지배의 이미지를 지닌 공격적이고 독재적인 방식에 대해 인간들은 도덕적으로 죄가 되지 않는 '과제'로 여긴다."[2]

역사학자 린 화이트Lynn White, 1907~1987는 자연을 장악하려는 욕구를 유대-기독교의 관점과 연계했다. 그는 인간을 위한 목적 외에 자연에겐 그 어떠한 존재 이유도 없다고 믿는 유대-기독교는 "세계에서 가장 인간 중심적인 종교"라고 서술했다.[3] 이 서구의 종교관습이 현대의 자연 지배에 어떤 영향을 끼쳤는지에 대해서는 논란의 여지가 있다. 그러나 자연을 장악하고자 하는 욕구가 자유 시장경제의 특징 중 하나라는 데에는 모두 동의하는 바다. 자유 시장경제는 자연세계를 조정하려는 현대 과학과 기술에 크게 의존해왔기 때문이다. 서구의 문화 종교적인 이상들, 자유 시장경제, 현대 과학과 기술의 조합은 지구를 지배하려는 성향에 불을 지폈다고 할 수 있다.[4]

유대-기독교에서는 오직 인간만이 신을 닮은 형상으로 창조되었다는 사실을 강조함으로써 인간은 자연을 지배하거나 그로부터 초월해 영적 구원을 받을 수 있는 대상으로 본다. 이로써 동물학적 기원을 논할 때 인간은 다른 동물 종보다 우월하다고 믿는다. 이러한 우월성을 얻으려면 신으로부터 지구를 지배하고 이용하도록 지시받았다는 사실이 전제되어야 한다. 이러한 관점은 『성경』 「창세기」에 반영되어 있다.

> 땅의 모든 짐승, 하늘의 모든 새, 땅을 기어다니는 모든 것, 바다의 모든 물고기가 너희를 두려워하고 무서워할 것이다. 그것들이 모두 너희 손에 주어졌다. 살아 움직이는 모든 것은 너희의 식량이다.[5]

신이 진정으로 이러한 것을 의도했다면 인류가 쌓은 업적을 꽤 자랑스러워할 것이다. 인구수로 볼 때 호모 사피엔스는 기하급수적으로 증가해왔다. 2000년 전쯤 신의 아들이 이 땅에 왔을 때 세계인구는 약 550만 명에 불과했다. 1500년경에는 4000만 명으로 늘어났으며, 그로부터 400년이 지난 1900년 무렵의 인구는 10억을 넘어섰다. 다시 한 세기가 지난 2000년에 접어들었을 때는 70억이라는 놀라운 숫자를 기록했다. 인간은 남극과 버려진 사막, 열대우림, 고산지대를 제외한 지구의 거의 모든 육지를 차지하며 거주하고 있다. 더욱이 다루기 힘든 몇몇 절지동물과 미생물들을 제외한 거의 모든 생물체들을 지배한다고 볼 수 있다.[6]

지구에 대한 현대사회의 헤게모니를 양적으로 측정하려면 태양에 의해 생성되는 생명 유지 에너지 중 인간이 전용하는 비율을 따져보면 된다. '순1차 생산력net primary productivity'이라고 불리는 이 에너

지는 "생물학적으로 고정된 에너지(대부분 태양 에너지)의 총량에서 1
차 생산자(대부분 식물)의 호흡량을 빼고 남은 에너지의 양"이다. 피터
비투섹^{Peter Vitousek}, 에를리히 부부^{Paul Ehrlich, Anne Ehrlich}, 파멜라 맷슨^{Pamela}
^{Matson}과 같은 생물학자들의 주장에 따르면 현대 인류는 지구의 1차 생
산력 가운데 20~40퍼센트를 소비한다고 추정한다. 이 소비에는 음
식·연료·섬유와 같은 직접적 이용과 도시 발전이나 운송업 등의 간
접적 이용 모두가 포함된다.[7] 이에 따라 다음 반세기 사이에는 생명
종의 수와 생물량(살아 있는 것의 무게)으로 측정되는 모든 비인간적인
생명이 4분의 1에서 절반까지 사라질 것으로 예상된다.[8]

현대 도시의 발달과 디자인은 자연에 대한 인간의 지배를 반영하
고 있다. 인간은 도시를 건설하기 위해 땅, 물, 광물, 식물, 동물 등을
지배하거나 변형시켰다. 게다가 현대사회에서 도시는 대부분 사람의
'자연 서식지'가 되어버렸다. 현재 경제가 발달한 국가의 국민 중 4분
의 3 정도는 도시에 살고 있으며, 세계 인구의 대부분은 도시에 거주
하는 역사가 시작되었다.[9] 현 시대의 중요한 과제 중 하나는 자연세계
를 지나치게 지배하거나 회복할 수 없을 정도로 파괴하지 않는 선에
서, 또한 자연과의 유익한 접촉을 원하는 사람들의 소망을 배제하지
않는 차원에서 현대 도시를 디자인하고 발달시키는 것이다. 이 점은
내가 마지막 장에서 제시할 주제이기도 하다.

이제까지 살펴보았듯이 자연을 지배하려는 인간의 성향은 다른 생
물 종들이 지닌 욕구와 같은 형태라고 할 수 있다.[10] 핵심종(생태계에
서 핵심종의 존재와 역할은 다른 생명체에 불균형적인 영향을 준다)은 특히
그들의 환경을 통제하는 데에 능숙하다.[11] 잘 알려진 핵심종으로는 사

바나의 코끼리, 늪지대의 악어, 해초 지대의 바다수달, 초원의 프레리 도그, 바다의 불가사리 그리고 현대 도시의 인간이다. 오늘날 사람들은 자연에 대해 유래 없는 통제를 가하고 있다. 이는 자연환경의 변형과 생명작용을 넘어서고자 하는 열망을 진보하는 것으로 간주하기 때문이다.

자연을 지배하려는 내재된 성향을 현대의 과도한 삶과 같은 선에서 이해해서는 안 된다. 동시에 그러한 욕구가 본질적으로 잘못되었다거나 적절치 않다고 여겨서도 안 된다. 환경을 지배하거나 조정하려는 욕구는 개인이든 단체든 간에 인간의 복지, 생산성, 건강을 유지하는 데 중요한 요소이기 때문이다. 자연을 지배하려는 경향은 육체적 힘뿐만 아니라 협동, 균형, 집중력, 대응력, 경쟁력 등의 기술을 발전시켰다.[12] 이 기술들은 우리로 하여금 독립성과 자율성을 느끼게 하고 개인의 정체성과 자신감을 갖추게 하며, 문제를 해결하거나 비판적인 사고력을 갖추는 데에도 중요한 역할을 한다.

이러한 기술의 습득은 사람들과의 경험이나 자연과의 접촉에 달려 있다. 특히 어린 시절의 경험과 접촉이 중요한데, 집 근처의 야외환경에서 놀이를 즐기는 것이 이에 해당한다. 사춘기와 청소년기에는 좀 더 야생적인 환경에서 자연을 장악하는 기술이 축적된다. 이 시기의 자연 체험은 더 심화된 도전과 응전의 모험에 맞설 수 있게 해준다. 현장 모험 프로그램에 참여하는 사춘기 아이들과 청소년들을 대상으로 한 연구가 이러한 내용을 증명한다. 모험 프로그램은 도시의 안락하고 편리한 생활을 떠나 상대적으로 원시적인 환경에서 동료들과 함께 긴 시간을 보내도록 편성된다. 한 참가자의 발언에서 그들이 체험하는 도전과 현대적 삶의 대비를 확실히 느낄 수 있다.

나는 특별히 강하지도 않았고 야외 체험도 없었기 때문에 어떻게 헤쳐 나갈지 확신할 수 없었다. 지난 2주 동안 나는 예상치 못한 추위로 육체적 고통을 받았다. 더불어 체력이 그리 뛰어나지 않다는 사실 때문에 자존심이 상했다. 뿐만 아니라 인간의 상호작용과 현대 세계에 대한 나의 깊은 신뢰조차 거의 매순간마다 흔들리는 도전을 받았다.[13]

이 10대 소녀는 박탈감을 느꼈지만 안전을 포기하고 야생 환경에서 몸과 정신의 도전에 맞섰다. 먼 거리를 걸었고, 가파른 산을 올랐으며, 원시적 환경에서 야영을 하고, 요리를 하면서 다양한 위험과 위협적 상황을 경험했다. 아픔, 통증, 쓰림, 불편함을 느꼈고 벌레에도 물리면서 다양한 역경에 대응해야 하는 필요성을 절감했다. 그러나 다른 참가자들과 마찬가지로 모험을 통해 소녀는 향상된 체력, 협동, 기술, 문제 해결력과 비판적 사고, 협동력, 타인과의 상호작용, 독립성과 자율성, 자존심과 자부심이 향상되는 특별한 보답을 받았다. 이러한 지배력은 이 활동을 강력히 추천하는 참여자의 글에 잘 반영되어 있다.

내 인생의 가장 중요한 순간에 야외 체험을 했다. 그 경험으로 나는 위험이라는 걸 겪어볼 수 있었고 스스로의 감각을 강화할 수 있었다. 이때껏 가져보지 못했던 목적의식과 자아 존중 같은 걸 느끼게 해주었다. 그것은 놀라움과 경외감을 안겨주었고, 진지한 생각을 할 수 있게 해준 가장 도전적인 경험이었다. 진정으로 이루고 싶은 것이 있다면 실현할 수 있다는 신념도 얻었다. 내가 누구인지 깨닫도록 도와주었고, 주위에 어떻게 적응해야 할지를 깨닫도록 해주었다.

자연 속에서 자신에 대한 놀라운 자신감을 얻었다. 예전에는 알지 못했던 아름다움, 힘, 마음의 평화를 찾았다. 존경심과 목표를 세우는 것과 한계에 도달하는 것, 그 한계를 넘어서는 것을 배웠다. 이 기술들은 내삶의 모든 부분에 중요하며, 전반적으로 성공적인 삶을 살 수 있도록 도와줄 거라고 느꼈다.

다듬어지지 않은 감정과 단순한 야외 활동이 전부였던 그 도전에서 나는 자신 안에 내재된 것들을 극복할 수 있었다. 내가 직면했던 많은 문제는 결국 두려움과 나약함에서 비롯된 것이었다. 복잡한 문제가 닥칠 때 이제 나는 해결책이 무엇인지를 곰곰이 생각할 수 있게 되었다. 그 문제가 단순히 나 스스로에 대한 것이라면 해답은 분명해진다.[14]

삼림 감독관 앨런 에월트[Alan Ewert]는 다양한 야외 모험 프로그램과 활동들에 대한 연구를 검토했다. 그리고 그 활동에 참여함으로써 얻는 심신의 혜택과 사회적 혜택에 대해 정리했다.[15]

나 또한 동료 빅토리아 데어[Victoria Derr]와 함께 세 가지 야외 활동 프로그램 참가자들에 대한 규모 있는 연구를 수행했다. 이 연구는 국제야외리더십스쿨[National Outdoor Leadership School]에서 제공하는 프로그램 참가자 800명을 대상으로 조사한 것이다. 우선 참여자들이 야외 활동에 참여하기 전 6개월과 이후의 데이터들을 모았고, 한편으로는 최근 20년 사이에 이 프로그램 중 한 가지라도 참여했던 다른 사람들의 데이터를 모았다.

심리적 혜택	사회적 혜택	신체적 혜택
자기 개념	연민	건강
자신감	협동	기술
자부심	존경심	힘
실현	소통	협조
복지	우정	운동
가치 정화	소속 의식	균형

조사 결과, 참여자들의 4분의 3은 야외 활동을 자신의 삶에서 중요하고도 영향력 있는 경험으로 여기고 있으며, 특성 계발에도 의미 있는 영향을 받았다고 대답했다. 인상적인 것은 자신감, 자아 존중감, 자부심에도 기여한다는 점이었다. 대다수 참여자들은 독립심과 자율성, 낙천적 성격과 스트레스를 다루는 방법에 큰 도움을 받았으며 다른 사람들과 함께 일하거나 문제를 해결하는 능력, 어려운 결정에 지혜롭게 대처하는 능력을 키울 수 있었다. 뿐만 아니라 참가자들은 자연과의 내적인 소통을 경험함으로써 새삼 자연에 대한 감사와 존중의 감정을 느낄 수 있었다.[16]

이런 프로그램은 특히 젊은 계층에게 주목할 만한 가치를 지닌다. 음식, 에너지, 주거지, 안전, 유동성 등의 기본 요소들을 남에게 의존하고 있다는 생각과 더불어 자기 삶에 대한 통제력마저 상실했다고 느낀다면 더욱 그렇다. 사회학자 리처드 슈라이어Richard Schreyer는 자연 속에서 도전하는 경험이 무엇을 반영하는지에 대해 이렇게 대답했다. "자연은 자아개념을 강화시키는 능력만 지니고 있는 건 아니다. 야생에는 장애물과 도전이 있고, 고독을 경험할 기회가 있다. 사회 세력으로부터 벗어날 자유와 자신에게 집중할 수 있는 능력을 향상시킴으로써 자아개념을 계발하는 데 최적화된 여러 특성을 포함하고 있다."[17]

이러한 야외 활동 프로그램은 그리 많지 않은 편이어서 청소년들에게 두루 경험의 기회가 주어지지는 않는다. 그러나 대도시 속의 야외 활동만으로도 청소년들은 다양한 기술을 습득할 수 있다. 야생 환경이 아닌 교외 지역이나 도시 공원일지라도 자연환경은 자기 탐색과 자아 존중, 자아를 인식하는 데 중요한 매체로써 기능한다.[18]

70억이라는 인구의 영향, 강력한 기술 사용 확대, 1인당 소비 에너지, 공간, 물질들을 따져보았을 때 오늘날 현대사회가 자연을 과도하게 지배해 역기능이 발생하는 상황에 처했는지에 대해서는 어느 정도 의문이 있다. 세계 인구는 넘치고 물질주의가 팽배한 사회에서 자연을 제압하려는 열망은 더 이상 감당할 수 없는 사치가 되어버린 걸까? 아니면 인간의 복지와 건강 및 발전의 기반인 자연을 어느 정도 통제해야 하는 상황을 무시한 채 자연을 지배하려는 욕구 자체를 폄하하면서 스스로 퇴보하고 있는 것일까?

정답을 말하기는 어렵다. 어느 정도 자연에 대한 통제가 필요하긴 하지만 자연의 생산력을 감소시키거나 시스템을 파괴해선 안 된다. 사실 가장 이상적인 것은 자연 시스템을 더욱 풍성하게 하는 것이다. 누군가는 '환상'이라고 표현하는 이 가능성에 대해 퓰리처상을 받은 생물학자이자 선구적인 보존학자 르네 뒤보스Rene Dubos, 1901~1982는 아직 유효하다고 말한다. 인도의 시인이자 소설가인 타고르Rabindranath Tagore, 1861~1941로부터 영감을 받은 뒤보스는 인간이 자신의 이익을 위

16. 야외 활동 프로그램의 참가자들은 대부분 자연 체험이 자아 발견이나 개성 발현에 도움을 주었다고 말한다. 야생 환경, 교외 지역, 도시 공원 어디에서든 자연환경은 개인의 성장과 성숙에 중요한 능력을 발전시키는 필수 매체가 될 수 있다.

해 자연을 통제하면서도 강화할 수 있다는 주장을 펼치면서 "지구를 향한 구애wooing of the earth"라는 표현을 사용했다. 이것은 "인류와 자연의 관계가 지배보다는 존경과 사랑의 관계가 될 수 있음을 제시하는 것이다. (…) 이 구애의 결과 인류와 자연이 서로에게 잘 적응할 수 있는 관계로 변화한다면 풍요로움, 만족감, 지속적인 성공이 가능하다"고 뒤보스는 말했다.[19]

뒤보스는 자연을 지배하려는 인간의 성향이 모든 생물 종의 특징이라고 인식했다. 그것은 생물학적으로 잘못된 것이 아니며 문화적으로도 유감스러운 일이 아니라고 본 것이다. 그러나 자연세계를 조정하는 데에는 지혜, 절제, 존경을 지녀야 한다고 했다. 어느 정도 자연을 변화시키는 건 불가피하지만 절제와 존경의 태도를 기반으로 할 때 우리는 이익을 얻을 수 있을 뿐만 아니라 자연 시스템이 주는 건강함과 생산력을 강화할 수 있다고 봤다. 뒤보스에 따르면 인간은 사바나의 코끼리처럼 자연환경을 지배할 수 있고, 그 결과로 자연을 변형시키겠지만 생태적인 자연 시스템을 도출해낼 수도 있다. 그러한 자연 시스템은 종의 다양성, 생물체의 수량, 식물의 성장, 영양물질의 순환, 토양의 생산력, 수자원 보존과 같은 항목으로 측정 가능하다.[20]

자연세계와 이익을 주는 관계로 살아가기 위해서는 겸손, 지식, 숭배, 존경의 자세로 자연세계를 조정해야 한다. 이것은 기본적으로 우리가 제어하고자 하는 육지나 해양의 생물과 지질, 생태의 특징에 대해서 더 많이 이해하고자 노력해야 한다는 것을 의미한다. 그조차도 우리 지식은 부족하기 때문에 더 깊은 주의와 도덕적 절제로써 나아가야 한다. 충분한 지식과 겸손의 자세로 접근한다면 자연과 인류가 서로 지속 가능한 관계를 형성할 가능성은 높아질 것이다.

이러한 뒤보스의 신념은 역사에 대한 통찰로써 더욱 고무될 수 있다. 그는 자연과 인류가 성공적으로 적응해 생태적으로나 문화적으로 실현 가능한 여러 경우를 관찰했다. 게다가 인간과 자연이 이익을 주고받는 상호적 관계는 미적이고도 토속적인 느낌을 지닌 독특한 지역을 형성하게 한다. 말하자면 거주자들의 애정 어린 관심과 충실한 관리가 이루어지는 상황이라고 할 수 있다. 그는 자신의 고향이기도 한 프랑스의 일 드 프랑스Il de France, 영국의 코츠월드Cotswolds, 동남아시아의 계단식 경사지, 미국 남서부의 절벽 거주지 등을 예로 들고 있다. 아름다운 경관을 지닌 이 축복받은 지역들은 인간의 개입과 개발로 인해 변형되었음에도 불구하고 생태적인 생산성을 이끌었다. 거주자들과 여행자들에게 매력을 안겨주는 이 지역에 대해 뒤보스는 이렇게 말한다.

세계 어디를 가도 오랜 기간 비옥하면서도 매력적으로 남아 있는, 그러면서도 인간에 의해 변화된 땅들이 많이 있다. 중국에서부터 네덜란드, 일본, 이탈리아, 자바, 스웨덴에 이르기까지 인간은 다양한 생태계에 개입해 형태를 변화시키며 그 위에 찬란한 문명을 형성해왔다. (…) 인류와 지구의 상호작용은 진정한 공생을 낳았다. (…) 공생이란 상호작용 관계가 매우 밀접해 시스템 안에서 서로에게 이득이 되는 변형을 겪으며 살아가는 것을 의미한다. 상호작용에 의한 상호 간의 변형은 (…) 사람들과 그 지역의 특성을 결정하고, 그 결과 새로운 사회와 환경의 가치를 창출해낸다.[21]

이렇듯 사람과 자연의 이득을 주고받는 관계는 역사적으로 시행착오의 과정을 통해 천천히, 그리고 반복적으로 조정되어 왔다. 불행히도 오늘날에는 광범위한 기술에 기반해 거대한 규모로 급속하게 발전이 이루어지는 탓에 이러한 현상이 거의 일어나지 않는다. 게다가 국가와 세계시장과 경제에 대한 의존이 높아지고 있어 자연과 인간의 상호적 관계가 형성되는 지역의 환경과 문화가 무시된 결정이 내려지곤 한다. 그 결과, 현대를 지배하는 패러다임은 환경과 사회에 심각한 동요를 불러일으킨다. 엄청난 쓰레기와 오염물질이 배출되고 사람들은 자연으로부터 분리되고 있다.[22]

우리 시대의 가장 큰 과제는 수많은 종류의 발전 패러다임 중에서 자연과 인류의 상호 보완적인 형태를 마련할 수 있냐는 것이다. 물론 21세기 초반에 많은 사람이 '지속 가능한 발전'을 채택했지만 이를 실현하기는 쉽지 않아 보인다. 적어도 지금까지는 이러한 접근으로 성공을 거두지 못했다. 환경적 훼손을 최소화하기 위해 제한된 기술을 시도했으나 자연과 인간의 관계에 이득이 될 정도의 영향 또는 긍정적이거나 육성될 만한 지점을 구축하는 데에는 실패하고 말았다.

그럼에도 여전히 인간은 자연을 통제할 필요가 있으며 자연을 더 풍요롭게 변화시킬 수 있다는 뒤보스의 신념에 대해 나는 동의한다. 그것이 인간이라는 생물 종의 생태적 요구라고 보는 그는 다음과 같은 표현으로 생명친화적 개념을 주장하고 있다.

인류와 지구의 안녕에 이바지한다는 책임감과 지식을 기반으로 할 때 우리는 생태적으로, 또 미적으로 훌륭한 환경을 만들 수 있다. 더불어 경제적 보상도 얻으면서 문명의 발전을 지속시킬 수 있는 새로운 환경도 가능하다. 이러한 상호 적응의 과정은 우리 주위의 일상생활에서 발생하는 작은 변화들이 모여 발생된다. 그러나 의도적인 계획을 통해서도 실현될 수 있다. 그런 경우에는 그 계획이 생태적으로 실행 가능할 때, 그리고 인간의 진화 과정에서 유래된 본능의 욕구를 충족시킬 때 성공할 수 있다.[23]

지리적 관점에서 보면 자연과 인간이 서로 강화시켜주는 관계를 형성할 때 일반적으로 인간은 자신이 사는 장소에 대해 애착을 갖는다. 그런 경우 그 장소는 각 개인에게 필수적인 곳이자 집단적인 정체성을 지니는 곳이 되며, 안정과 안전을 느끼는 근원이 된다. 뒤보스는 이러한 장소와의 밀접한 연관성은 인간의 기본적인 욕구를 반영한다고 보았다. 그는 이렇게 언급했다.

사람들은 그들이 살고 있는 장소를 인식하고 이 장소와 밀접한 상호작용을 통해 감각, 감정, 정신의 만족감을 경험하기를 원한다. 이러한 상호작용과 인식은 그 장소의 정신을 만들어낸다. 자연과 인간의 요구가 합쳐지면서 그 장소의 특징을 형성하게 되는 것이다.[24]

특정한 장소와 관련을 맺고 그 장소와 동일시하려는 욕구는 영토에 대한 인간의 애착 성향을 반영한다. 역사적으로 인류는 특정 지역에 대한 깊은 친밀감과 그 환경에 대한 지식에 의지해 생존해왔다. 다시 말해 인간은 자원의 위치를 파악하고, 거주지를 찾고, 무사히 이동하고, 위험을 피하고, 자연 시스템의 복잡성을 이해하는 식으로 특정 환경을 장악하고 조정해온 것이다. 물론 오늘날의 우리는 더 자주 이동하며 한곳에 오래 머무르지 않는다. 그러나 우리는 '집(고향)'이라고 부르는 장소에 대해 친밀함과 익숙함을 여전히 갈망하고 있다. 그곳에는 우리의 정체성과 자아(특히 유년기)가 남아 있기 때문이다. 그러나 이것을 무시하거나 파괴할 때 우리는 특정 장소에 대한 신체적, 감정적, 지성적 연결의 결핍을 느낀다. 시인이자 보존학자인 웬델 베리Wendell Berry, 1934~는 이렇게 말했다. "어떤 한 장소에 대한 심오한 지식과 충실함이 없다면 그 장소는 무관심하게 사용될 뿐이며, 결국은 파괴된다."[25]

역설적이지만 자연과 상생의 관계를 조성하기 위해서는 자연에 항복해야 하고 자연을 하나의 독립적인 힘과 자율성을 지닌 개체로 존중해야 한다. 오늘날 이러한 상징적인 잠재성을 나타내는 두 가지 예가 있다. 하나는 인류가 건설한 창조물이라 할 수 있는 도시공원이고, 다른 하나는 다양한 작물을 얻기 위해 계획적으로 관리되는 현대의 산림이다.

도시공원의 대표적 예로는 19세기에 옴스테드Frederick Law Olmsted, 1822~1903와 복스Calvert Vaux, 1824~1895가 디자인한 뉴욕 센트럴파크다. 옴스테드는 개인과 집단의 정체성을 특정 장소와 연관하려는 사람들의 욕구를 강조하면서, 뒤보스가 사용했던 "장소의 영혼spirit of place"이라는 표현을 통해 자연의 경험이 육체와 정신의 건강에 필수적이라고 견해를 밝혔다. 그는 이렇게 말했다. "자연경관의 매력은 치유력이 매우 높다는 점이다. 그것은 우리가 사용할 수 있는 어떤 종류의 약보다 더 건강한 몸과 마음을 가질 수 있도록 해주며, 고도의 기능적 시스템이 직접 작동된다."[26]

옴스테드는 자연세계와 떨어져 사는 도시인들이 건강한 삶을 유지하기 위해서는 자연 체험이 필수적이라고 생각했다. 그는 도시 가까운 곳에 자연을 느낄 수 있는 공원, 예컨대 그린벨트나 에메랄드 목걸이(보스턴 광역권을 감싸는 공원도로 시스템―옮긴이), 공원산책길을 만드는 데 찬성했다. 이러한 자연은 도시인들이 거주하는 장소와 가까운 곳에 위치해 있어 그들의 삶 속에 스며들 수 있다.

옴스테드와 복스의 가장 유명한 작품인 센트럴파크는 360만 제곱미터에 달하는 탁 트인 공간으로 조성됨으로써 박물관이나 고층빌딩으로 대표되는 뉴욕의 또 다른 상징물이 되었다. 150년이 지났지만 도시는 여전히 거주자들 및 방문자들에게 아름다움과 오락과 심신 치유의 기능을 제공하고 있다. 뉴욕 센트럴파크는 다른 도시 공원들과 마찬가지로 자연에 대한 지배와 변형을 반영한 경우라고 할 수 있다.

센트럴파크는 분명히 사람들에게 혜택을 제공해왔다. 그러나 그에 앞서 자연환경을 파괴하는 대가를 치른 것이 아닐까? 이 공원의 자연환경은 균형적으로 변형되었음에도 불구하고 자체의 생태계와 생물군에 대한 연구 결과는 또 다른 의견을 제시한다. 가장 명백한 환경적인 혜택은 엄청난 경제적 가치를 지닌 개발을 포기하는 대신 자연을 보존함으로써 더욱 가치 있는 공간이 되었다는 사실이다. 생태적으로 볼 때 순수한 상태의 자연에는 못 미치지만 생산적인 자연 시스템의 특징을 갖추고 있다. 조사에 따르면 현재 이 공원의 식물은 처음 조성되었을 당시와 거의 비슷한 수준으로 종의 수가 유지되고 있다. 그러나 식물들의 대다수는 외래 유입종이며 일부 토종 식물은 사라졌다.[27] 서식동물 조사에서는 상반된 결과를 보여준다. 포유동물과 같은 육지 동물은 사라졌거나 수가 크게 줄어든 반면 조류와 같이 활동량이 많은 종은 그 수가 엄청나게 증가했다. 미국에 서식하는 888종의 조류 중 450종이 뉴욕 주에서 발견되며, 275종이 센트럴파크에서 발견되고 있다.[28] 면적에 비해 비정상적인 수치를 나타내는 이러한 현상 때문에 국립 오듀본 협회는 센트럴파크가 "에버글레이즈 국립공원, 요세미티 국립공원과 더불어 미국에서 가장 많은 새가 모이는 14개의 장소 중 하나"라고 발표했다.[29]

사람들에게 센트럴파크는 뉴욕이라는 도시 공간의 정체성과 아름다움을 보존함으로써 뉴욕의 정신과 우수성을 구현하는 대상이다. 센트럴파크는 지역 거주자들의 애정과 찬사를 받아왔으며, 공원에 대한 활발한 관리를 통해 그들의 열정적인 의지를 읽을 수 있다. 이 공원의 성공, 즉 이 장소를 문화적으로나 생태적으로 번성케 하려는 관심이 지속되고 있다는 것은 현대 도시환경에서도 사람과 자연이 상생 관계로 공존할 수 있다는 사실을 증명한다.

자연에 대한 지배 욕망으로 인해 종종 엄청난 환경적 훼손을 야기하는 현대의 산림 관리는 어떨까? 상업적 목적으로 산림을 정복하려는 성향은 특히 나무에 대한 서구적인 태도와 연결된다. 린 화이트는 나무의 권리에 대해 아무 의식도 없이 개발을 진행한다는 것은 나무를 물리적 사물로 보는 태도라고 설명했다.[30] 다시 말해 나무를 생명체로 생각하지 않고 다른 사물에 비해 특별한 대상으로 여기지 않는 태도를 뜻한다. 모든 나무는 다 똑같다는 인식이 대부분이며, 사람들에게 어떤 영향을 줄 것인지를 넘어서는 도덕적 고려는 거의 없다는 것이다. 캘리포니아의 전 주지사가 발언한 내용이 그러한 인식을 대변한다. "한 그루의 레드우드 나무를 보았다는 건 모든 레드우드 나무를 본 것과 같다."[31] 또한 유명한 영화 「아바타」에 등장하는 어느 사업가는 특정 나무를 지키려는 이들의 모습에 이렇게 반응했다. "저 인간들은 도대체 왜 저러는 거지? 나무는 단지 나무일 뿐이야."[32]

이러한 태도는 삼림을 그저 수확할 수 있는 상품 이상으로 보지 않는 시선과 관행을 조장했다. 그러나 나무 한 그루를 사용하더라도 애정과 겸손을 가질 필요가 있다. 수목 관리원으로 일하는 밥 퍼셀^{Bob} Perschel은 상업적 벌목에 대한 도덕적 접근을 설명하면서 이러한 대안적 관점을 제시했다.

당신이 하루 종일 산속을 돌아다니며 나무를 하나하나 관찰하는 산림 관리자라고 생각해보자. 나무들의 삶과 죽음을 결정할 수 있는 당신은 매일 3, 4만 그루의 나무를 관찰하고, 그중 300그루를 골라 파란색 페인트를 칠하는 일을 반복한다. 나무를 결정할 때 고려해야 할 것은 나이, 크기, 건강상태, 토양, 방향, 경제적 가치, 경쟁력, 성장의 잠재성, 야생적 가치 등이다. 당신은 산림에 대해 교육받은 지식으로 이 모든 것을 계산해야 한다. 그러나 나무에 사형선고를 선고하기 위해 페인트건을 들고 있을 때 내 속의 알 수 없는 무언가가 이런 질문을 던진다. 꼭 그래야 하나? 이 나무가 어떤 해를 끼쳤지? 이게 나와 무슨 관련이 있지? (…) 나무라고 부르는 이 독립체와 나는 무슨 관계일까? 이 행동이 정말 애정에 의한 것일까? 욕구에 따른 이기적인 행동일까? 아니면 돈을 벌기 위한 땅주인의 욕심 때문일까? 페인트건의 방아쇠를 당길 때마다 혹은 당기지 않을 때조차 이 과정을 수천 번 반복해야 한다고 생각해보라. 날마다 계절마다 해마다 이런 어려운 질문 속에 놓인다면 당신은 자신을 변화시킬 수 있다. 당신이 어떤 인간이며, 당신의 목적과 책임은 무엇이며, 자연세계 안에서나 자연세계와의 관계에서 당신의 역할은 무엇인가?[33]

엄밀히 말해 산은 다른 생태계와 같이 생명을 지닌 존재는 아니다. 그러나 그 안에서 많은 생명이 태어나고 유지되기 때문에 산은 살아 있다고 말할 수 있다. 비생명체와 생명체를 합치게 하는 질량과 에너지의 원천인 것이다. 산이 빈곤한 상황일 때는 생산적 능력이 감소한다. 그러나 산이 건강하다면 산은 많은 나무를 키울 뿐만 아니라 풍부한 생물군, 비옥한 토양, 영양물질이 함유된 물, 깨끗한 공기, 결실이 풍요로운 환경을 제공한다. 또한 인간의 건강한 성장과 회복을 위한 멋진 장소를 제공한다. 산은 생태적 회복력을 제공하는 데 그치지 않으며, 인간의 육체와 마음과 영혼을 풍요롭게 하는 매개체 역할을 한다.

7장

정신성

인간은 자기 자신이 의미 있고 가치 있다는 믿음을 지닐 때 풍요로운 삶을 누린다. 그러한 믿음은 생존을 넘어서는 삶의 가치를 느끼게 하며 더 고차원적인 목표를 갈망하도록 자극한다. 그것은 우리가 어떤 시공간에 존재하는 임의적 물질 이상이라는 사실을 확인케 한다. 이러한 믿음을 다른 이들과 공유할 때 우리는 공동체라는 걸 느낄 수 있으며, 공적으로 조직화될 경우 종교가 된다. 그리고 오랜 세월에 걸쳐 균형을 이룬 이러한 정신적 성향은 건강과 생존에 기여하는 형태로 우리 안에 내재된다. 나아가 우리의 자부심을 강화하고 타인과의 유대감을 갖게 하며, 위기의 상황에 닥쳤을 때 극복할 수 있는 힘을 불어넣거나 치유의 작용을 한다.

이런 중요한 감정은 자기 자신을 넘어서는 세계와 밀접하고도 견고하게 연결되어 있다는 인식으로부터 비롯된다. 즉 자신이 자연이나 거대한 창조물과 연결되어 있다는 인식은 우리의 삶을 더욱 풍요롭게 한다. 미국의 철학자이자 환경윤리학자인 홈스 롤스턴 Holmes Rolston, 1932~ 은 이렇게 말했다. "자연은 철학의 자원이자 과학·오락·미학· 경제의 자원이다. 우리는 '왜 그럴까?' 하는 의문을 갖도록 설계되어 있으며 자연적 변증법은 인간 정신성의 요람이다."[1] 자연과 정신의 연결에 대해서는 독일 출신의 의사이자 신학자로서 종말론을 주장했던 슈바이처[Albert Schweitzer, 1875~1965]의 삶에서 살펴볼 수 있다. 다음의 이야기가 그러한 사실을 보여준다.

알베르트 슈바이처는 1875년에 태어나 1965년에 세상을 떠났다. 그가 살았
던 시기의 서구사회에서는 정치, 도덕, 정신의 커다란 격변이 있었다. 그는
자신의 시대를 도덕적 불모지로 보았으며 극심한 슬픔을 느꼈다. 특히 당대
에 지배적이었던 환원주의적reductionist 철학과 과학사상에 대해서도 절망
하고 있었다. 당대 학자들은 생명을 객관적인 연구 대상, 즉 간단히 추론할
수 있고 이해할 수 있는 실증적·물질적 현상으로 여겼다. 슈바이처가 아프
리카에서 선교사로 활동한 이유는 선행을 실천하기 위함도 있지만 그에게
는 더 나은 도덕적 지표를 찾겠다는 희망이 있었다.[2] 결국 그의 해답은 "생
명에 대한 외경reverence for life"이라는 특유한 철학으로 이어졌다. 슈바이
처는 모든 존재는 저마다 자기 가치와 목적을 지니고 있다는 자신의 신념
을 실천에 옮김으로써 1953년 노벨 평화상을 받았다.[3]

 "생명에 대한 외경"은 슈바이처가 당대의 철학과 과학에 팽배하던 편견
을 반박한 개념이다. 그 당시 대부분의 철학자와 과학자들은 오직 이성, 실
증주의, 논리에 의존해 인류와 우주의 원리를 이해하려 했다. 그러나 슈바
이처는 비정상적으로 지성과 객관성에 의지하는 현상은 위험할 정도로 냉
소적이며 소외를 일으킨다고 보았다. 또한 윤리 가치가 상실된 현대사회의
과도한 물질주의적 특성을 반영한다고 여겼다. 슈바이처는 아프리카 야생
의 체험으로부터 자연의 아름다움과 다양성에 심취했고, 그로 인해 생명을

전혀 다른 관점에서 보게 되었다. 그는 모든 생명은 저마다 가치와 목적의
식을 지니고 있으며 존중의 대상이 될 수 있다고 생각했다. 믿을 수 없을 만
큼 활력 넘치는 아프리카의 모습은 그를 전율케 한 동시에 많은 가르침을
선사했다. 그곳에서 그는 열정적인 삶의 의지와 맞닥뜨렸다. 그리고 인간을
포함한 모든 생명을 자극하고 통합하는 어떤 근원적인 힘이 존재한다는 믿
음을 갖게 되었다. 그러나 당시 물질주의, 실증주의, 정량화를 강조하던 무
미건조한 사회는 생명체의 생생한 경이로움과 아름다움, 활력과 창조력을
무시하고 폄하했다. 대륙 내부를 향해 강을 거슬러 올라가는 여행 속에서
만난 깨달음의 순간을 그는 다음과 같이 묘사하고 있다.

> 윤리에 대한 철학으로부터 배웠던 모든 것은 나를 곤경에 빠뜨렸다. 더 이
> 상 항해할 수 없는 썩은 배를 대신해 새로운 배를 만들어야 할 처지에 놓
> 였다. 이런 정신적 상황에서 나는 강을 따라 긴 여정을 하게 되었다. (…)
> 우리는 천천히 상류를 따라 올라갔다. (…) 나는 배의 갑판에 앉아 생각에
> 빠졌고, 어떤 철학에서도 찾을 수 없었던 기본적이고 보편적인 윤리 개념
> 을 얻기 위해 몰두했다. 사흘 후, 해가 질 무렵 우리는 하마 떼를 지나고
> 있었다. 바로 그때, 예상치 못한 그 순간에 한 구절이 섬광처럼 머릿속을
> 스쳤다. 바로 '생명에 대한 외경'이라는 구절이었다.[4]

이 순간의 깨달음으로 인해 슈바이처는 존재의 의미와 목적을 중시하게
된 철학적 관점을 얻게 되었다. 그는 이 관점으로부터 행동의 윤리적 기틀
을 구축했으며, 모든 생명체가 근본적인 공통성을 공유한다고 인식하게 되
었다. 더불어 이러한 근본적 연결은 모든 존재에는 고유한 의미가 있다는

믿음과 경외의 시선을 갖추게 했다. 그는 생명을 향상시키고 양육하고 지키기 위해 노력해야 한다는 윤리관뿐만 아니라 모든 창조물은 신성하며 각자의 방향성을 지니고 있다는 신념을 구축했다.

"생명에 대한 외경"이라는 용어를 넓은 의미로 해석하자면 '불가사의한 생명의 신비에 대한 숭배의 감정'이다. 이러한 정의는 생명이 지닌 불가사의하면서도 고유한 힘, 즉 수수께끼처럼 알 수는 없으나 장엄한 아름다움을 지닌 힘에 대한 슈바이처의 믿음을 토대로 한다. 슈바이처는 우주 안에 내재된 기본적인 생명의 힘을 믿었으며, 또한 그것이 그 존재에게 정신적 의의와 의미를 부여한다고 생각했다. 그는 이 생명의 힘을 윤리적인 것과 도덕적 책임감으로 봤다.[5] 그는 이렇게 말했다.

생명에 대한 외경은 나의 윤리관에 근본적 원리를 제공한다. 다시 말해 생명을 유지하고 향상시키는 데 일조하는 것은 좋은 요소이며, 생명을 파괴하거나 해치고 방해하는 것은 악이다. (…) 생명에 대한 긍정은 아무 생각 없이 살아가는 것을 멈추게 하는 정신적인 행동에서 비롯된다. 또한 경외의 마음으로 생명에게 진정한 가치를 부여하고 그 자신을 헌신하는 것이다. 이러한 생명에 대한 긍정은 우리를 깊어지게 하고 성찰하게 하며 삶의 의지를 높인다.[6]

슈바이처는 모든 생명체는 살아 있는 다른 대상들을 죽이는 데 의존하며, 생존과 죽음 또는 생물과 무생물은 연속적 교류 속에 놓여 있다는 사실을 깨달았다. 또한 그는 이러한 필연적 관계를 비극으로 간주하기보다는 지각 있는 인간의 윤리적 선택이 필요한 부분으로 받아들였다. 즉 언제 어떤

17. 앨버트 슈바이처는 생명을 향한 경외의 철학으로부터 행동의 윤리적 기틀을 잡았다. 그는 모든 생명, 인간 또는 비인간이 근본적인 공통성을 공유한다고 보았다.

방식으로 다른 생명체를 죽이고 이용해야 할지에 대해 인간은 의식적인 노력을 기울여야 한다는 것이다. 이러한 의식과 사려 깊은 행동에 기반해 슈바이처는 인간의 행동방식을 이끄는 도덕적 입장을 세웠다. 그의 관점에서 인간이 다른 생명체들과 구분될 수 있는 지점이 있다면, 그것은 주변 세계에 영향을 끼칠 만한 의미와 가치를 지닌 윤리적 선택이 가능하다는 점이다. 그는 이렇게 설명했다.

모든 살아 있는 생명체가 그렇듯이 삶의 의지라는 딜레마 앞에서 인간은 다른 생명의 희생을 통해 자기 삶을 보전하고자 하는 욕구에 떠밀리고 있다. 하지만 생명에 대한 경외의 윤리에 감화되었다면 그는 오직 필요로 하는 생명만을 파괴할 것이며 부주의한 태도를 버릴 것이다. 궁극적인 문제는 우리가 죽음을 두려워하느냐 두려워하지 않느냐가 아니다. 진짜 중요한 것은 (파괴 행위를 할 때) 생명에 대한 경외심을 지니고 있는가이다.[7]

슈바이처는 모든 생명체들이 생존만을 위해 살아가는 게 아니라 각자 존재로서의 충족을 위해 고군분투한다고 믿었다. 슈바이처는 이 존재적 충족을 행복의 추구와 동등한 것으로 보았다. 존재로서의 충족을 얻으려는 생명의 이러한 갈망을 부정하거나 폄하하는 행동은 잘못된 것이며, 심지어 악이라고도 평가했다. 그는 다시 이렇게 주장했다.

다른 생명을 향해 나는 어떤 태도를 지녀야 하는 걸까? 나 자신의 삶을 대하는 태도와 같기만 하면 된다. 생각할 수 있는 존재라면 다른 생명체 역시 나 자신을 대할 때와 동등하게 존중되어야 한다. 그만큼 다른 생명체들도 나 자신이 충족되고 성숙되기를 바랄 것이다. 나는 생명을 파괴하거나 방해하거나 가로막는 것들은 악으로 간주한다. 그리고 내가 그것을 물리적으로 혹은 정신적으로 평가할 때 선善한 작용이 발생한다. 그러한 맥락에서 '선'이란 생명이 가장 높은 수준에 도달할 수 있도록 구하고 돕는 일일 것이다. 우리는 어떤 유형의 생명체든 간에 자연발생적일 때 동질감을 느낀다. 그들의 삶에 대해 상상할 수 있는 특징은 우리 스스로에게서 발견되는 것과 비슷하다. 그것은 바로 멸종에 대한 두려움, 고통에 대한 두려움, 행복에 대한 갈망 같은 것이다. 중요한 것은 우리가 생명의 일부라는 점이다. 우리는 다른 생명에 기인하면서 동시에 다른 삶에 존재가치를 부여할 수 있는 능력을 가지고 있다. 그래서 자연은 우리로 하여금 상호 의존적 현실, 즉 생명체들이 연결 관계에 있는 다른 생명체를 필연적으로 돕게 되어 있음을 일깨운다.[8]

슈바이처는 다른 생명을 우리의 친척이라고 보았다. 그는 자연이 상호 의존적 현실을 일깨운다고 말했다. 우리는 다른 생명들과 연결되어 있다. 이러한 생명체의 결속을 이해함으로써 우리는 생명의 기적과 신비에 대한 경외심을 배운다.

자연과 영혼

물론 생명의 연결에 대해 생각한 사람은 슈바이처만이 아니었다. 우리는 역사 속의 다양한 철학자와 종교인, 오늘날에는 몇몇 과학자들에게서도 이와 비슷한 견해를 만나볼 수 있다. 그들 사이의 공통점이 노벨 문학상 수상자인 존 스타인벡John Steinbeck, 1902~1968의 통찰에 투영되어 있다. 그는 다양한 역사인물을 통합하는 유사한 깨달음을 거침없이 묘사하고 있다.

확실히 생물 종들은 문장의 쉼표와 다름없다. 즉 각각의 생물 종은 곧 피라미드의 한 지점이자 출발점이며, 모든 생명은 연결되어 있다. (…) 그다음 생물 종의 의미뿐만 아니라 성장의 신비에 대한 느낌도 점점 흐릿해진다. 우리가 생명으로 알고 있는 것들이 비생명체로 알려진 것들과 접촉할 때까지 한 종은 다른 종과 합쳐지고, 개별 무리들은 생태군으로 합쳐진다. 따개비와 바위, 바위와 대지, 대지와 나무, 나무와 비그리고 공기와 같이 말이다. 이 개체들은 전체로 안착하며, 전체에서 떨어져 개별적으로 존재할 수 없다. 종교적 감정, 즉 인간 종에게 가장 소중하고 익숙하며 또 열망을 자아내는 초자연적인 요구는 대부분 인간이 전체로부터 떨어질 수 없는 관계에 속해 있다는 깨달음이자 시도다. (…) 말은 쉽지만, 이 심오한 깨달음이 예수 그리스도, 성 아우구스티누스, 로저 베이컨, 찰스 다윈, 아인슈타인을 탄생시켰다. 그들은 모두 자신만의 방법으로 모든 것이 하나이며 하나가 모든 것이라는 사실을 찾아내 보여주었다. 마치 바다에서 아른아른 푸르게 빛나는 플랑크

톤, 방적 공장, 더 나아가 광범위한 우주의 관계에서처럼 말이다.[9]

생명의 공통성과 생명이 거대한 세계와 연결되어 있다는 관념은 자연의 이해와 자연 속 우리 위치가 어떻게 영혼의 의미와 목적을 불러일으키는지를 반영한다. 이때 두 측면이 강조된다. 첫째, 영혼의 관점은 자연세계의 근본적인 질서, 조직, 구조를 본다. 여기에는 기본적인 관계성과 통합적인 전체성이 자연의 특성이라는 믿음이 있다. 비록 자연의 놀라운 다양성이 지구의 수천만 생물 종과 우주의 수십억 개의 행성으로 존재하지만 말이다. 자연세계의 특징인 기본적 통합성에 대한 인식은 역사적으로 철학과 종교에 의해 이성의 영역으로 들어왔다. 하지만 오늘날에는 이를 과학의 이해로 풀어가려 한다. 대부분의 사람이 놀랄 만한 정도의 다양성에도 불구하고 생명체들이 서로 비슷한 특성을 많이 공유한다는 통찰을 가지고 있다. 여기에는 육지에 사는 거미, 늪의 악어, 바다의 어류, 하늘에 날아다니는 새, 혹은 현대 도시인 사이에 기초적으로 유사한 신체 구조와 대사 과정이 모두 포함된다. 모든 생명을 통합하는 이러한 연대감은 에드워드 윌슨의 자연 관찰에 반영되어 있다. 그는 이렇게 말했다. "다른 생물 종은 우리와 친척이다. (…) 꽃을 피우는 식물에서부터 곤충, 인간에 이르기까지 모든 생물은 하나의 조상 생물 종 집단으로부터 유래했다. (…) 이러한 먼 관계는 유전자 코드와 세포 구조의 기본적인 특징을 통해 공통점이 모두 나타나 있다."[10]

둘째로, 자연과 생명과 인류를 묶는 영혼의 관점은 존재의 의미와 목적이 있다는 믿음으로 이끈다. 이 관점에서 우주는 혼돈 상태이거나 임의적이지 않으며, 비합리적인 방식이 아니라 유기적이며 논리적으로 연결되어 있다고 본다. 게다가 생명과 우주는 공간과 시간에 따른 일종의 방향성 있는 경로, 즉 궤도를 가지고 있다고 본다. 이는 단순한 부분부터 복잡한 부분에 이르기까지 진화 과정에 반영되어 있다고 한다. 이러한 믿음은 자연과 인간 모두 만족을 추구하며 조화를 이룰 수 있는 방향을 공유한다는 관점을 견지한다.

자연과 인류를 하나로 연결하는 데 기반이 되는 통합성, 본질적 의미 및 존재의 목적이라는 이 관념들은 대대로 내려온 많은 철학이나 종교와 마찬가지로 슈바이처의 '생명을 향한 경외'가 가지는 특징이었다. 이러한 통찰은 또한 월트 휘트먼Walt Whitman, 1819~1892의 시에도 보인다. 휘트먼은 생명 통합의 기적을 숭배하며 「나 자신의 노래Song of Myself」라는 기념비적인 시에 그의 생각을 담았다.

나는 믿는다, 풀잎 하나가 별의 운행에 못지않다고
그리고 개미도 역시 완전하고, 모래알 하나, 굴뚝새의 알 하나도 그렇다
그리고 청개구리는 최고의 걸작이다
그리고 땅에 뻗은 딸기 덩굴은 천국의 객실을 장식할 만하다
그리고 머리를 푹 숙이고 풀을 뜯는 소는 어떤 조각보다도 낫다
그리고 한 마리 생쥐는 셀 수 없는 불신의 무리를 아연하게 할 만한 기적이다[11]

이렇게 우주와 연결된 감각은 모든 위대한 종교의 특징이다. 종교는 한 집단에서 원칙과 관습으로 정례화된 영혼의 믿음이 조직화된

표현이다. 물론 세계의 종교들 간에는 엄청난 다양성이 존재한다. 하지만 우주에는 근본적인 질서가 있다는 믿음은 모든 종교가 공유한다. 그리고 그 일체감과 연결이 이성적으로 받아들여지는 방식이나 사람의 행동에서 드러나는 도덕적 암시에서의 차이는 있겠지만, 다른 모든 생명체와 인류가 연결되어 있다는 감각 역시 모든 종교가 공유하고 있다. 작가 헉슬리Aldous Huxley, 1894~1963는 세계 종교들 사이의 이러한 유사성을 "지속·반복되는 철학"이라고 명명하며 다음과 같이 묘사했다.

지속·반복되는 철학perennial philosophy은 세계의 모든 것, 생명, 정신에 있어 중요한 "신성한 현실divine reality"을 인지하는 형이상학적인 것이다. 영혼 안에서 신성한 현실과 비슷하거나 동일한 어떤 것을 통해 볼 수 있는 심리작용이다. 모든 것의 내재적이고 초월적인 기반에 대한 지식을 인간의 궁극적인 목적으로 삼는 윤리다. 그리고 아주 먼 태곳적부터 보편적으로 존재하는 어떤 것이다. 지속·반복되는 철학의 기본 요소는 세계 도처에 있는 원시사회가 유지하는 전통에서 그 핵심을 발견할 수 있으며, 그 완성된 형태는 더 고차원의 종교에서 찾아볼 수 있다.[12]

세계의 종교들은 지속·반복되는 철학을 공유하는데, 이는 인류가 인류를 넘어 목적의식과 의미 있는 방식으로 세계와 연결·연관되어 있음을 의미한다. 종교학자 메리 터커Mary Evelyn Tucker는 세계의 종교가 자연에서의 경험을 영적 계시와 이해로 연결 짓는 4가지 방법을 밝혔다. 4가지 방법은 다음과 같다.[13]

① 신성한 존재로 다가가는 길을 제공하는 은유로서의 자연

② 신성한 존재를 비추고 표출하는 거울로서의 자연

③ 사람들이 신성한 존재를 경험하는 장소인 매개체로서의 자연

④ 신성한 존재와 접촉하는 수단인 물질로서의 자연

종교들은 자연에서 이 방법들을 다양하게 이용해 사람들의 영적 의미와 목적을 증대하려 한다. 이는 네 가지 위대한 종교적 전통을 간략히 살펴보면 알 수 있다. 힌두교-불교, 유대교-기독교, 정통 부족 종교들, 오늘날 자연숭배라고 불리는 것이다. 이 다양한 종교적인 관점은 인간이 자연세계와 의미 있게 연결되어 있다는 신념을 공유하며, 이러한 연결은 존재에게 질서와 목적을 부여하고 사람들의 행동과 행실을 윤리적으로 이끄는 데 도움을 준다.

예를 들어 힌두교-불교는 인간과 비인간적 생명을 거대한 우주와 연결하는 공통성과 통합을 강조한다. 모든 살아 있는 것은 생물 종 안에서, 그리고 생물 종 간의 탄생, 죽음, 재탄생의 끊임없는 윤회를 돌고 있다고 여기는 것이다. 모든 생물 종은 유사한 상태를 공통적으로 가지고 있으며, 끊임없이 윤회하는 존재로서 계속해서 평화와 깨달음을 추구한다. "모든 것은, 심지어 풀 한 포기조차도 깨달음의 과정에 놓여 있다"[14]는 격언에서도 언급되듯이 모든 생물은 이러한 가능성에 포함되어 있고 성취감을 느낄 수 있다.

반면, 유대교-기독교는 자연과 인류의 관계에 대해 다른 관점을 제시한다. 유대교-기독교의 관점은 인간만이 깨달음을 얻고 도덕적 판단을 내리며 구원받을 수 있는 존재라고 생각한다. 유대교-기독교 신

학에서는 전지전능한 유일신이 모든 것을 창조했고 인간과 인간이 아닌 모든 것을 지배한다고 본다. 사람은 근본적으로 다른 창조물들과는 다르며, 신에 의해 선택받아 신과 비슷한 외형으로 창조되었다. 그렇기 때문에 사람만이 구원받을 수 있는 고귀한 존재가 된다. 사람은 영적 성취를 위해 물질적·신체적 존재를 초월하기 때문에, 그 결과 자연세계에 대한 생물학적 의존 역시 초월한다고 본다.[15]

자연과 사람이 이렇게 근본적으로 분리되어 있긴 하지만 유대교-기독교 관점이 자연의 중요성을 폄하하거나 자연을 돌봐야 할 인간의 책임을 축소시키지는 않는다. 인류처럼 자연 역시 신의 의도로 만들어진 산물이다. 또한 신이 세상을 창조했기 때문에 인간은 도덕적 의무감을 가져야 한다. 유대교-기독교 관점에서 터커는 이렇게 말했다. "신이 만들었기 때문에 창조물은 신성하다. 신에 의해 창조되었기 때문에 생물체는 귀중하고, 신을 닮은 형태로 만들어졌기 때문에 인간은 특히나 중요한 존재다."[16] 신이 인간에게 지구를 통치할 권리를 주었는지는 잘 모르지만, 이러한 힘에는 책임감이 뒤따른다. 신학자 존 패스모어[John Passmore, 1914~2004]는 인간이 신의 창조물에 대해 훌륭하고 자애로운 감독관이 되어야 한다고 설명한다. "창세기는 (…) 인간이 지구와 지구상 모든 것의 지배자이지만, 이와 동시에 인간이 만들어지기 전에 세상이 있었으며 세상은 인간을 위해서가 아니라 신을 위해 존재한다고 말한다."[17]

전통 부족의 관점은 영혼, 자연, 인간 간 관계에 대해 또 다른 시각을 제공한다. 일반화가 어려울 정도로 많은 전통 부족 종교가 있는데, 이중에서 종교적 관습을 경전과 규범으로 성문화한 경우는 거의 없다. 하지만 전통 부족 종교에 대한 연구는 자연과 인간의 관계에서 보이는 근본적인 통합을 설명한다. 이는 때때로 애니미즘이라고 불린다. 사람과 다른 동식물들과 물, 바위, 공기와 같은 비생물적 요소조차도 영혼과 자연 생명력이 있다는 믿음이다. 모든 것에 지각력, 정체성, 의식이 깃들어 있다고 본다.[18]

인류학자 리처드 넬슨에 따르면 이러한 시점에서 인간은 "지켜보는 세계의 지켜보는 존재들" 사이에서 존재한다.[19] 이러한 관점은 물리적 세계와 정신적 세계를 구분하지 않는다. 인간과 자연은 독립적이거나 다르지 않으며 단지 동일한 전체에서 파생된 일부에 불과하다. 생물과 비생물을 포함한 자연의 모든 요소는 정신과 의식을 지니며 도덕적인 판단이 가능하다. 수렵 채취 부족의 관점에 대한 넬슨의 설명은 인간과 다른 생명체와의 혼합을 반영하고 있다.

수렵 채취인들 간에는 자연과 문화가 서로 복잡하게 얽혀 있는 관계가 마치 살아 있는 세포와 주변 환경 간의 교류와 같다. 생명에 필수적인 호흡, 물과 영양분의 흐름, 바깥세계와 육체 내부의 혼합 등이 그러하다. 인간과 동물은 셀 수 없이 많은 방법으로 서로 연결되어 있다. 대지, 산, 강, 호수, 얼음, 폭풍, 번개, 해, 달, 별 같은 비생물적 환경 요소 모두가 영혼과 의식을 가지고 있다. 발아래 토양은 어떤 이들이 땅을 만지고 파는지 알고 있다.[20]

인류학자 로버트 레드필드Robert Redfield에 관한 연구에서 넬슨은 토착 종교의 세 가지 특징적인 관점을 강조했다.

첫째로 인간, 자연, 신성한 존재는 완전히 결합되어 있다. (…) 둘째, 인간과 환경의 관계는 대립보다는 미래지향적인 기반 위에 있다. 다시 말해서 인간은 주변 환경을 조절하거나 지배하려 들지 않는다. 오히려 회유하고 호소하고, 때로 강압적인 태도로 주변 환경과 협력하려 한다. 그리고 셋째로 (…) "인간과 인간이 아닌 존재는 별개가 아니라 하나의 도덕적인 질서로 결합되어 있다. 그래서 이 세상은 도덕적으로 의미가 있다."[21]

마지막으로, 우리는 현대의 자연숭배를 세계의 종교들에서 나타나는 자연, 인간, 영혼 간 연결을 보여주는 예라고 말할 수 있다. 전통 부족의 관점처럼, 오늘날 종교적 관점도 형식적으로 조직화된 종교보다는 영혼의 관점에 더 가깝다. 하지만 종교학자 브론 테일러[Bron Taylor, 1955~]는 이를 "다크 그린 종교Dark Green Religion"라고 일컬으며, 이 관점의 특징으로 3가지 신념을 밝혔다. 테일러의 다크 그린 종교란 지구 환경 전체의 조화를 유지하는 것이 중요하다고 생각하는 자세를 지칭하는 말이다.

- 신성한 존재로서의 자연
- 본질적으로 가치가 있는 자연
- 숭배와 보살핌을 필요로 하는 자연[22]

이러한 영혼의 관점은 인간과 자연을 근본적으로 유사하고, 생태학적 도덕적 질서를 공유하며, 함께 묶여 있는 것으로 본다. 자연과 인류는 서로의 부분을 강화해주는 상호 의존적 관계의 집적 시스템에서 나온 다양한 표현들처럼 보인다. 인류를 포함한 모든 창조물은 비슷하게 작용하는 물리적·생물적·생태적 원리들을 반영하는데, 이러한 원리들은 상호 의존성과 상호 관계성의 맞물리는 망을 통해 서로를 연결한다. 인간은 조직화된 우주에 묶여 있는 많은 생명 형태 중 단지 하나일 뿐이다.

자연과의 친밀함은 인간에게 영적 만족과 생명의 의미와 목적을 찾는 수단을 제공한다. 이러한 연결은 인류가 자연을 존중하고 보호해야 하며, 자연이 훼손되면 그 야생과 다양성을 그대로 복구해야 한다는 의무감을 심어준다. 현대의 자연숭배를 지지하는 자들은 영감을 준 기반으로 존 뮤어John Muir, 1838~1914의 관점을 종종 인용하곤 한다. 다양성에 대한 그의 관점이 그의 글 속에 잘 나타나 있다.

실로 우리 일부분이자 기원인 것처럼, 야생 상태인 자연의 모든 것들이 우리와 얼마나 완벽하게 들어맞는지 놀라울 따름이다. 태양은 우리 위를 비출 뿐만 아니라 우리의 내면도 비춘다. 강은 우리를 지나쳐 흐를 뿐만 아니라 우리를 통해 흐른다. 그래서 우리 신체의 모든 섬유와 세포를 흥분시키고, 쑤시고, 떨리게 하고, 이로 인해 섬유와 세포가 서로 미끄러지면서 노래한다. 우리 영혼뿐만 아니라 우리의 신체에서도 나무가 흔들리고 꽃이 핀다. 모든 새의 지저귐, 바람의 노래, 폭풍의 거대한 노래…… 역시 모두 우리의 노래다.

별이 빛나는 하늘로 높이 타고 오르는 내 주위의 소나무들은 분명히 신으로 가득 차 있다. 그 안에 신이 있다…… 무한정 풍부하면서도 보편

18. 자연을 노래하는 작가 존 뮤어는 자연과의 관계에서 영적 구원을 찾는 이들에게 영웅으로 꼽힌다. 뮤어는 자연과의 친밀한 관계를 통해 사람들이 영적 만족과 생명의 의미 및 목적을 찾을 수 있다고 믿었다.

적인 아름다움이 있다. 그 아름다움이 신이다.

이 장엄한 계곡은 교회로 불릴 것이다. 넓고도 압도적인 이 장소의 영향력은 위대한 창조주를 사랑하는 모든 이가 숭배하지 않을 수 없게 한다. 숲과 조각이 만든 모든 천장과 봉우리는 누구나 이해할 만한 인간의 사랑으로 신의 영광을 보여준다.

무미건조한 상자 모양 건물들이 아무리 첨예하고 아름답게 채색되어 있더라도 우리에게 창조주와의 진실하고 건강한 관계를 깨닫게 해주지는 못할 것이다. 자연 그대로 남아 있는 야생의 숲이 보여주는 것과는 달리 말이다.[23]

자연에 영적 가치를 부여하려는 성향은 생물학적으로 내재되어 있는 것이다. 시간이 지나면서 균형이 잡히도록 인간의 건강과 복지를 증진시켰기 때문이다. 모든 자연 친화적인 성향들처럼 이 역시 교육, 문화, 경험에 영향을 주기 쉬운 유전적 성향이다. 자연의 영적 가치는 여러 개인과 집단에서 다양한 표현으로 나타났는데, 기능적 방법과 역기능적 방법 모두에서 나타날 수 있다. 어쨌든 사람들은 자연에 대한 영적 친밀감으로부터 많은 이득을 얻어왔다. 다음의 논의는 자연과의 이러한 연결에서 기인한 다양한 적응적 기능을 암시한다.

- 생명을 의미 있고 목적 있는 대상으로 보는 관점
- 개인과 집단의 정체성과 자아 존중에 대해 증대된 감각
- 자연세계와의 연결과 연대감
- 자연을 보존하고 잘 대해야겠다는 성향의 강화

앞서 보았듯이 자연을 영적 측면에서 볼 때 우주는 전체의 구조화와 상호 연결성이라는 특징을 띤 채 유기적으로 조직되어 있는 것처럼 보인다. 자연세계는 본질적으로 의미 있고 가치 있어 보인다. 자연과 올바른 관계를 맺고 살아감으로써, 사람은 목적과 만족이 있는 삶을 얻을 수 있다. 정상적인 환경에서 이 관점은 만족감, 즐거움, 평화를 고무시킬 수 있다. 이러한 세상과의 연결과 의미 있는 관계는 역경이 닥쳤을 때 스스로를 뛰어넘어 물리적·정신적으로 원기를 회복할 수 있게 해준다.

본질적 가치로서 자연을 보는 시각은 또한 우리의 자아 존중감과 자부심을 강화할 수 있다. 자연세계와의 관계에서 우리는 우리가 누구인지, 세상에 어떻게 적응해야 할지에 대해 더 명확히 이해한다. 개인적·집단적 정체성을 확인하고 인내하며, 자연과의 관계와 창조를 통해 만족과 충족의 삶을 추구하려 한다. 인류뿐만 아니라 모두를 아우르는 우주에 묶여 있음을 영적으로 깨우치고, 우리의 추구를 증대시키는 일체감을 느낀다.

자연과 연결되어 있다는 느낌은 자연과 인류가 떨어져 있다는 편협함을 넘어 자연과의 유대감을 직관하게 한다. 자연세계와의 영적 친밀감을 통해, 더 광범위한 지역사회에서 소속감을 확대시키고 자연을 유지시켜야겠다는 의무감을 고무시킨다. 개인과 집단 사이의 이해가 확장되면서 우리는 자연의 보조자와 같은 존재가 된다. 자연을 훼손하는 행위는 물질적으로 지혜롭지 못할 뿐만 아니라 더 중요하게는 영적, 도덕적으로 비난받을 짓이 된다. 자연보존을 위한 이러한 동기 부여는, 현대 정부의 환경보호를 위해 형식적으로 제정된 법과 규제적 칙령보다 역사적으로 더 강력하고 효과적인 힘이 되어왔다. 생태적 보존을 위한 현대의 실행사항들에 반영되어 있듯이 자연, 영성, 보존과의 관계를 보여주는 마지막 이야기로 이 장에 대한 결론을 내릴까 한다.

생태계 복원은 일상과 과학적 용어에 매우 잘 융화되어 왔다. 이러한 활동에는 사람들이 참여하도록 동기를 부여하고 참여 경험을 증대시키려는 강력한 정신적 측면이 포함되어 있기도 하다. 생태계 복원의 정신적 측면은 자연의 부활과 회복에 대한 강조에서 유래한다. 게다가 자연 시스템의 복구는 전형적으로 인간이 가하는 피해를 바로잡으려는 필요성에서 동기가 부여된다. 생태계 복원은 슈바이처의 생명 숭배를 실제로 보여주는 예이며, 과거의 큰 잘못을 속죄하려는 시도인 것이다.

훼손된 자연 시스템의 복구는 종종 손상된 환경의 특성이나 기능의 보수로 합리화된다. 여기에는 멸종 위기 종 복원, 손상된 서식지 복구, 생태적 기능 부활이 포함된다. 종 개체군의 수, 외래 유입종 퇴치, 토양침식 제거, 수질 개선, 부패의 가속화율, 생물지구화학biogeochemical 흐름을 실증적으로 측정해 복구의 성공 여부가 결정된다. 이러한 관점의 생태계 복원은 전문가에게 알려진 현실적·기술적 과정에 지나지 않고, 대부분 과학적 목적에 의해 동기가 부여되는 경향이 많다.[24]

하지만 더 자세한 조사에서, 비전문가와 준 과학자로 생태계 복원에 참여하는 이들은 일반적으로 정신적 성장과 열망에 대한 동기와 공감을 드러낸다. 종, 서식지, 생태계 복원은 윤리적이고 도덕적인 자각을 불러일으킬 수 있다. 게다가 자연을 되살리려는 행동을 통해 참여자들의 자아 존중감과 세상 그 이상의 것과 연결되는 경험이 더 강화되고 풍부해진다. 생태계 복원은 대지의 생산력을 개선하는 만큼 인간의 영혼도 치유한다.[25] 종교학자 그레텔 반 위렌Gretel Van Wieren의 발견들에 생태계 복원에 대한 확장된 이해가 잘 반영되어 있다.

더 깊게 들어가 본다면, 생태계 복원은 자연과 인간의 관계 전체를 치유하려는 시도라는 것을 알 수 있다. 인간과 대지 간의 물질적 연결점을 제공하는 자연과 문화, 문화적 관습의 근본적인 상호 연결성을 형이상학적으로 이해한다면 생태계 복원이란 자연세계에서 인간의 전도유망하고 도덕적 삶의 방식을 제공하는 것으로 볼 수 있다. 생물 종을 재도입하고, 숲을 재조성하고, 식물을 재배했지만 손상된 땅을 복구함으로써 사람들과 집단은 대지로 돌아간다. (…) 치유 목적으로서의 생태계 복원은 과거(그리고 현재)의 정당하지 않은 파괴에 대한 일종의 배상으로 이해된다. (…) 복원주의자는 자기 존재의 외연이 확장되는 경험을 한다. (…) 대지가 파괴되어 느끼는 슬픔, 애도, 심지어 죄책감, 분노와 함께 대지와 인간 영혼의 회복 능력에 대해 성취감, 만족감, 희망, 경이로움과 놀라움을 느낀다.[26]

생태계 복원은 참여자들에게 영혼의 이해와 자연에 대한 숭배를 깊어지게 할 기회를 제공한다. 이는 자연세계와 연결되어 있다는 느낌을 고취하고 대지와 사람들의 건강, 치유, 아름다움에 기여한다. 자연을 복구하는 이는 대지에 새로운 활력을 불어넣으면서 자연의 재탄생을 돕고 개인적 재기와 과거에 행한 잘못을 보상하려는 감정을 강화한다. 참여자들은 종종 자신들과 대지 둘 다 모두 복구되었을 때 영적 만족감을 경험한다. 반 위렌은 다음과 같이 좀더 영적인 효과를 고려한다.

복원주의자들에게는 망가진 상태에서 전체라는 개념이 솟아난다. (…) 복원주의자들에게는 신뢰와 희망이라는 기념할 만한 정신이 존재한다. 대지와 교감하고 대지에 귀속되는 것이 실제로 가능하다는 생각이 그것이다. (…) 우리의 영혼과 마음은 분열과 파괴에서 변형되고 새로워질 수 있다. 우리는 우리 손으로 신성한 존재를 만질 수 있다.[27]

이러한 영적 생태적 결과는 프리만 하우스^{Freeman House}의 경험에 반영되어 있다. 그는 캘리포니아 북부 매틀Mattole 강의 치누크Chinook라는 연어 종을 복구하려고 힘쓴다.[28] 하우스는 연어가 사라지고 해당 수역이 파괴됨으로써 입은 피해와 불확실한 회복 때문에 슬퍼한다. 하지만 그는 연어를 되돌아오게 하려는 노력에서 생긴 정신적 부활과 도덕적 목적의식에 기뻐한다. 연어는 태평양 연안 서북부에서 자연의 중요성을 물질적·정신적으로 상징하는 생물 종이다. 강에 연어를 복원하려고 힘쓰던 어느 날 저녁, 그는 자신이 경험한 정신적 자각을 다음과 같이 묘사하고 있다.

마음을 사로잡는 매틀 강의 새벽 시간에 나는 늘 호화로운 자연의 디자인에 어안이 벙벙해진다. 이 강에 연어가 지속적으로 존재했음을 알게 된 그 순간 나는 나 자신을 알게 되었다. 강의 침입자로서 최근 도달한 인종의 일원으로서 내 불편한 정체성을 깨닫게 된 것이다. 이는 인간 종과 연어 종과의 만남이다. (…) 연어와 나는 물 안에 함께 있다. (…) 빈 마음의 경외심이 한순간에 갈라졌다가 합쳐지는 아주 심대한 경험을 했다.[29]

하우스의 경험은 생명 숭배를 깨달은 슈바이처를 떠올리게 한다. 슈바이처의 경우 아프리카 대륙을 향해 강을 거슬러 올라가고 있었다. 자연과의 깊은 친밀감을 통해, 슈바이처와 하우스 모두 세상 저편과의 심오하고 의미 있는 관계를 느꼈다. 그들은 내재된 인내의 힘을 발견했고, 창조와 그들의 연결을 확언할 수 있는 자신감, 더 큰 생명 공동체에 참여하고 있는 느낌을 맛보았다. 생명 숭배와 복원, 재탄생을 통해 그들은 위안과 평화, 만족을 찾았다.

8장

상징주의

인간을 특별한 존재로 만드는 것은 무엇보다도 상징을 이용해 현실을 나타내는 능력일 것이다. 대체로 우리 삶은 상징에 의해 영위된다고 할 수 있다. 그 상징은 기본적으로 언어와 화법, 의사소통 능력, 문화를 상상하고 창조하고 형성하는 수용력을 토대로 한다. 내용을 문자 그대로 해석하는 직역자literalist들은 상징이 현실을 제대로 반영하지 못한다고 여기기도 한다. 하지만 현실에 대한 상징은 인간 종의 특징과 인간 정신의 범위를 정의해주는 것이기도 하다. 상징화 능력은 인간의 학습과 발달의 근본적 요소이며, 특히 성장기에 더욱 민감하게 작동한다.

상징을 창조하는 인간의 능력은 자연세계와의 관계에 상당히 의존하고 있다. 우리가 자연의 실제를 다루려 할 때마다 항상 상징적인 이미지나 표현을 만들어내기 때문이다. 즉 실증적인 것에서 좀더 간접적인 현실로 바꾸면서 실제 대상을 가상의 형태로 변형시킨다. 이처럼 인간이 지닌 상징화의 성향은 애착과 매력, 혐오, 통제, 개발, 이성, 정신성과 같이 자연세계에 대한 우리의 타고난 친밀감에서 발생한다. 각각의 성향은 자연과의 관계에서 현실을 상징적인 형태로 만들어내는 데 도움을 주는 일련의 영역(스펙트럼)을 제공한다. 인간 사고의 기반으로써 자연을 상징화하는 중요성에 대해 논평한 생물학자 윌슨은 다음과 같이 말했다.

사람은 살아 있는 존재. 생명이 단어에 의해 상징화된 정신과 동일해질 수 있다면 그것은 그 용어가 담고 있는 모든 정보를 뇌에서 완전히 처리했기 때문이라고 할 수 있다. 생명을 탐구하고 연계한다는 것은 정신 발달에 있어 깊이 있고 복잡한 과정이다. (…) 생명은 우리의 일부가 된 의미 있는 인간을 끌어당긴다. (…) 살아 있는 생명체는 문화의 상징으로 바꾸는 자연의 대리인이다. (…) 결국 문화는 정신의 산물이고, 지도와 이야기들로 정리된 상징을 통해 외부 세계를 재창조하는 이미지 생산 기계로 해석될 수 있다. (…) 생명체는 은유와 의식의 자연을 이루는 중요한 요소다.[1]

자연은 이름, 이미지, 이야기, 장식요소, 디자인과 같은 여러 형태로 상징화된다. 그 상징은 은유와 신화, 꿈에서도 만날 수 있다. 또한 언어, 일상적인 담화, 시詩뿐만 아니라 광고와 마케팅에서도 분명히 확인할 수 있다. 잘 알려져 있지 않거나 숨겨져 있기도 하지만 단어의 어원, 담화의 형태, 구절의 순서를 살펴보면 자연에 기반을 둔 상징의 근원이 명백히 나타나기도 한다. 우리는 특별한 의미를 전하기 위해 자연의 이미지와 은유를 일상적으로 활용하고 있다.

올빼미처럼 똑똑하다

여우처럼 영리하다

비버처럼 바쁘다

꿀벌같이 근면하다

폭풍처럼 강하다

사자처럼 용맹하다

시인이 사용할 때는 덜 명백한 형태로 나타난다.

그대를 여름날에 비길 수 있을까?

그대는 그보다 더 사랑스럽고 화창하다.

거친 바람이 5월의 고운 꽃봉오리를 흔들고

여름의 기간은 너무나 짧다.

때로 태양은 너무 뜨겁게 쬐고

종종 그의 금빛 얼굴은 흐려진다.

어떤 아름다운 것도 언젠가는 그 아름다움을 잃게 되고,

우연이나 자연의 변화로 아름다움을 빼앗긴다.

그러나 그대의 영원한 여름은 사라지지 않을 것이다.

그리고 그대의 그 아름다움 또한 잃지 않을 것이다.

죽음은 그대가 자신의 그늘에서 방황한다고 자랑하지 못할 것이다.

불면의 시 속에서 그대 시간에 동화되니,

인간이 숨을 쉬고 볼 수 있는 한,

이 시는 그때까지 남아 그대에게 생명을 줄 것이다.[2]

주로 자연과 문화와의 관계를 쓰는 작가이자 방송인인 리처드 메이비[Richard Mabey, 1941~]는 자연으로부터 파생된 이미지와 상징들이 우리의 언어와 문화 도처에 존재하고 있다면서 다음과 같이 말했다.

자연은 우리의 행동과 감정을 은유적으로 묘사하고 설명할 수 있는 강력한 재료다. 자연은 대개 언어의 뿌리와 가지를 이루고 있다. 우리는 새처럼 노래하고 꽃처럼 피어나며 참나무처럼 서 있다. 한편으로는 족제비처럼 먹고 토끼처럼 많은 자식을 낳으며 보통 동물과 같이 행동한다. (…) 우리는 자연에서 가장 동떨어진 것으로 보이는 언어를 사용하는 것과 같이 끊임없이 자연으로, 우리의 기원으로 돌아가고 있다.[3]

자연은 주로 특별한 생명의 형태로 상징되곤 한다. 주로 인간의 관심과 요구가 주어지는 상황에서 상징이 이루어지며, 특히 동물의 신체적 특징이나 행동 습성으로 자주 표현된다. 진화의 과정에서 형성된 특별한 관계로 인해 특정 생명체와 풍경들이 두드러지는 것처럼 보이지만, 다양한 문화와 역사 속에서 수많은 종은 여러 목적으로 이용되었다.

이런 성향을 잘 보여주는 세 종류의 동물이 있다. 코끼리와 나비, 뱀이다. 이들은 생물학적으로 전혀 유사하지 않은 생명체지만, 인간에게는 그 자체의 고유한 성향을 통해 자연을 상징하는 존재로 인식되어 왔다. 육지의 포유동물들 중 가장 덩치가 큰 코끼리는 키가 사람의 두 배에 달하고 몸무게는 약 6톤에 달한다. 또한 평균 기대수명이 70~80년이나 되며, 이례적으로 복잡한 사회생활과 특별한 의사소통이 가능한 지능을 지니고 있다. 코끼리의 가장 특별한 신체적 특징은 기다란 코와 상아로, 인간은 오랫동안 코끼리의 상아를 착취해왔다. 금과 마찬가지로 상아로 만든 물건은 부를 나타내는 수단으로 이용되었으며, 예술작품이나 인장이나 악기를 만드는 데 사용되기도 했다. 코끼리가 집중적으로 포획되면서 특정 지역에 서식하는 코끼리의 개체는 급격히 감소되거나 완전히 사라졌다. 20세기 후반 아프리카 코끼리들이 자취를 감출 지경에 처한 뒤에야 인간은 코끼리 수렵을 제한하거나 금지하게 되었고, 이는 여전히 논란이 되고 있다.[4]

코끼리의 습성을 살펴보면 이 동물의 상징적 기능을 알 수 있다. 코끼리의 상징적 이미지와 묘사는 전 세계에 걸쳐 전통문화, 신화, 예술작품에서부터 마케팅에 이르기까지 다양한 형식으로 나타난다. 우선 코끼리는 힘과 지혜, 부, 충성, 장수, 행운, 특별함을 상징한다. 그리하여 힌두교 신인 가네샤Ganesa(인간의 몸에 코끼리 머리를 지닌 인도의 신으로, 지혜와 재산을 관장한다.—옮긴이)를 비롯해 동화책 속의 코끼리 캐릭터 '호튼'과 '바버', 신용카드와 전자제품, 컴퓨터 소프트웨어에서부터 탄산음료에 이르기까지 상업적 홍보에도 코끼리 상징이 사용된다. 최근에는 공항에서 서핑보드를 타고 파도를 즐기는 코끼리 그림을 보기도 했고, 컴퓨터 소프트웨어 회사의 작업과 관련해 코끼리의 민첩함을 알고는 깜짝 놀랐다.

이에 비해 나비는 아주 작은 생물체다. 중간 정도 크기의 나비가 1400만 마리 정도 모이면 코끼리의 평균 무게와 비슷하다는 쓸데없는 계산을 해봤다. 엄청난 크기 차이에도 불구하고 나비의 상징적 중요성은 여러 측면에서 거대한 코끼리에 필적할 만하다.

나비는 낮에 활동하는 주행성 생물이다. 식물의 중요한 꽃가루 매개자 역할을 하는 만큼 화려한 색상을 지닌다. 나비는 꽃의 번식을 도움으로써 인간에게 이득을 주는 존재지만 나비 애벌레는 나무나 곡물에 피해를 끼치기도 한다. 나비에게 지능이 있다고 알려져 있지는 않지만, 북미의 군주나비monarch과 같은 일부 종에서는 여름 서식지에서 월동 영역까지 4800킬로미터나 되는 거리를 정확하게 찾아간다.[5]

색깔은 인간에게 매력을 호소하는 중요한 요소 중의 하나다. 그래서 여러 곤충 가운데서도 형형색색의 아름다운 색을 지닌 나비에게 미적 매력을 느낀다. 특히 볼품없는 애벌레가 아름답게 날아다니는 생명체로 변신하는 과정을 통해 나비의 매력은 배가되며, 신비한 전설의 소재를 제공하기도 한다. 나비의 특성은 아름다움을 비롯해 생식, 조화, 창조, 변신, 무상과 허무, 부활과 신성함을 상징한다. 그런 상징은 전 세계적으로 전통문화, 예술작품, 종교에서 많이 사용되었고, 오늘날에는 자동차, 음식, 보험, 전자제품, 사탕과 같은 제품을 홍보하는 분야에도 동원되고 있다. 곤충학자 로널드 가글리아디Ronald Gagliardi에 따르면, 나비는 매우 다른 지역, 문화, 문명, 예술적 시대에서 놀랍게도 다양한 이해와 의미를 지닌다.[6]

이제 많은 상징적 중요성을 지닌 뱀에 대해 말할 차례다. 코끼리와 나비와는 달리 뱀은 대체로 인간에게 내재된 공포와 연관되어 있다. 인간뿐만 아니라 다른 영장류 동물들도 이 전설적인 생물에 대해 공포를 느낀다.

엄격하게 물리적 관점에서 볼 때 뱀은 "외부로 튀어나온 눈꺼풀과 귀가 없고, 가늘고 길며, 다리가 없는 육식성 동물"이다. 전 세계적으

19. 뱀은 약 3000여 종이나 된다. 오랫동안 뱀은 언어와 이야기,
신화 및 상상에서 위험하고 거만한 동물로 표현되었다.

로 뱀은 15과로 나뉘며 대략 3000여 종이 있다. 추운 극지대나 멀리 떨어진 섬을 제외한 모든 지역에 서식하는 뱀은 다른 파충류와 같은 변온동물로, 햇빛으로 몸의 내부 온도를 조절한다. 다리가 없는 뱀의 몸은 긴 원통 형태며, 주기적으로 허물을 벗으며 성장한다. 시각적 능력은 제한된 반면 예민한 후각과 움직임을 감지하는 능력을 지니고 있다. 725종의 독뱀을 제외한 대부분의 뱀은 사람을 해칠 만한 독을 지니고 있지 않다. 통계적으로 볼 때 뱀에게 물리는 경우는 흔치 않으나, 사람이나 다른 생물체를 물 수 있다는 것 자체는 이 파충류가 지닌 두려운 능력 중 하나다. 인도에서는 1년에 뱀에 물리는 경우가 25만 건이나 되며, 그중의 5만 명이 사망하는 것으로 알려져 있다.[7]

뱀은 거만하고 교활한 사람이나 어떤 대상을 나타내기도 한다. 이러한 상징은 종종 달갑지 않은 사람이나 악마 혹은 악마에 홀린 사람이 등장하는 그림에 표현되곤 한다. 거의 모든 시대에 걸쳐 그림이나 신화에 등장하는 뱀은 기피대상 또는 두려운 상대를 상징한다. 이러한 부정적인 연상은 우리의 진화 과정에서 기원한 것으로, 육지의 영장류는 특히 이 생물 종으로부터 피해 당하기 쉬우므로 내재된 혐오가 강력한 상징으로 분출된 것이다. 에드워드 윌슨의 관찰에 따르면, 뱀은 자연을 상징화하고 의사소통의 형태를 만들어내는 인간의 성향을 확실히 보여준다.

뱀과 구렁이, 그들과 친족관계인 파충류가 지닌 악령의 이미지는 우리와 자연의 관계가 지니는 복잡성을 드러낸다. 그것은 모든 형태의 유기체가 지니는 고유한 아름다움과 매력을 말해주는 역할도 한다. 가장 위험하고 불쾌한 생명체조차도 인간 정신에 기여하는 마술적 능력을 지닌다. 인간은 뱀에 대한 선천적 공포가 있다. 더 정확히 말하자면, 그러한 두려움을 빠르고 쉽게 배우는 고유한 성향이 있다. 인간이 형성한 이런 특별한 정서적 형태의 이미지는 공포뿐만 아니라 힘이나 남성성에 이르기까지 양면적이면서도 강력하다. 결과적으로 뱀은 세계적으로 우리의 중요한 문화의 일부가 되었다.[8]

모든 사람들은 다양한 동식물과 자연현상 또는 주변 환경을 상징화한다. 코끼리와 나비, 뱀은 단지 빙산의 일각일 뿐이다. 예를 들어 늑대, 쥐, 학, 개구리, 연어, 상어, 벌, 거머리, 꽃, 나무, 관목과 늪지, 사막, 목초지, 무지개와 폭풍, 별을 생각할 때 어떤 상징이 떠오르는지 살펴보자. 이런 목록 작업은 해변에서 모래 알갱이를 세는 것처럼 극히 부분적인 일이긴 하다. 자연세계의 모든 특성은 언어와 의사소통, 문화, 창조에 관한 우리의 능력을 발전시킨다.

인간은 자연의 어떤 특성을 마주할 때마다 그것을 상징적으로 수용한다. 대체로 동물, 특히 인간과 친밀한 관계에 있거나 인간과 유사한 동물 종을 상징화하려는 경향이 있다. 인류학자이자 수의사인 엘리자베스 로런스는 인간의 의사소통과 사고에서 상징적 자연을 강조하기 위해 "인지적 생명 사랑cognitive biophilia"이라는 용어를 언급하며 상징으로서의 동물이 어떤 역할을 하는지를 역설했다. 인지적 생명 사랑은 철과 석유와 같은 물적 자원처럼 인간의 건강에 관여하는 상징적 자원으로서, 자연세계의 중요성을 반영한다. 로런스는 그녀가 관찰한 상징으로서의 자연, 특히 동물이 갖는 중요성에 대해 다음과 같이 설명한다.

은유적 표현에 대한 요구는 동물계를 통해 큰 만족을 얻을 수 있었다. 상징적 개념에 대한 이와 같은 생생한 표현은 다른 어떠한 영역에서도 불가능하다. (…) 사실 참조라는 개념적 구조에 대한 다른 범주의 결핍이 있을 때 주목할 만하다. 동물을 상징화하는 습관은 우수하고 광범위하며 지속 가능하다. (…) 인간이 살아 있는 생명체와 마주할 때마다, 그것이 현실이든 반영이든 간에 '실제' 동물은 그들의 본질과 분리할 수 없는 이미지가 동반되고, 기존의 개인적·문화적·사회적 조건에 의해 영향을 받는다. 그래서 특별한 동물이 지닌 생물학적·행동학적 습성에 따라 표현된 '자연'은 일반적으로 훨씬 많은 장식이 포함된 동물에 관한 경험적 현실을 반영할 수도, 하지 않을 수도 있는 문화적 구성체로 변형되었다. 자연사의 관찰은 시작점이 될 수도 있지만, 문화적 구성체와 은유를 통한 창조의 일부와 관계를 맺으려는 우리의 필요에 의해 강하게 형성된다. 동물을 통한 상징화는 신화와 시, 종교의 언어에서 상징을 통해 초자연적 경험과 같은 형태로 나타나며, 인간 의식의 깊은 수준에서 일어난다.[9]

상징으로서의 자연은 실증적 세계의 경험으로부터 발생된다. 그러나 이는 상상과 문화를 통해 이미지와 은유로 구성되며, 성장과 발달을 촉진시키기 위해 아이들에게 들려주는 이야기에서 빈번하게 나타난다. 이러한 경향은 모든 문화와 역사에서 볼 수 있다. 고전적 이야기인 '신데렐라' '빨간 망토의 소녀' '이솝 이야기' '그림 형제 이야기'

가 그러하고, 다양한 전설과 신화에서도 엿보인다.[10] 이런 상징은 오늘날 아이들을 대상으로 하는 이야기에도 중요한 요소로 남아 있다. 다음의 이야기는 화이트[E. B. White 1899~1985]의 『트럼펫을 부는 백조』에 초점을 맞춘 것으로, 지금까지 설명한 내용을 잘 보여주고 있다.

E. B. 화이트가 쓴 『트럼펫을 부는 백조』는 1970년에 출판되었다.[11] 아이들의 발달을 향상시키기 위한 이 이야기에서 자연은 매우 강하게 상징화되고 있다. 이 책이 더욱 관심을 끄는 이유는 객관적 실재의 자연이 이미지와 상징으로 변형될 때 종종 왜곡과 의인화가 나타난다는 점 때문이다.

이 이야기는 젊은 트럼펫 백조(울음고니) 루이스와 소년 샘의 특별한 우정에 관한 내용을 담고 있다. 루이스는 선천적으로 목소리를 낼 수 없는 장애를 지닌 채 태어났지만 음악을 작곡하고 트럼펫 연주법을 배워 이러한 장애를 극복한다. 모험심 강한 루이스가 감금된 암컷 백조를 구해주고 그녀와 사랑에 빠지는 대목은 이야기의 절정을 이룬다.

이 이야기는 백조가 트럼펫을 연주한다는 비현실적인 설정을 비롯해 여러 부분이 터무니없는 내용들로 가득 차 있다. 그러나 상징적인 차원에서 볼 때 특정 연령대 아이들을 위한 스토리로 인격과 성격 발달에 중요한 갈등, 장애, 용기, 극복, 비극, 승리와 사랑, 주체성 등의 교훈들이 담겨 있다. 또한 과장된 상상이 포함되어 있음에도 실제 백조라는 종의 특성은 충실하게 반영되어 이야기가 효과적으로 전달되고 있다.

울음고니는 오리나 거위와 함께 물새 과에 속한다. 세계 전역에 서식하는 물새 과의 새는 지금까지 알려진 종만 해도 150종 가까이 된다. 그중의 하나인 울음고니는 북아메리카에서 가장 큰 새로, 날개 길이가 2미터가 넘고 무게는 거의 12킬로그램에 달한다. 대체로 흰색을 띠는 이 새는 우아하고 아름답게 비행하며, 평생 동안 짝을 짓는다. 평균수명은 야생에서는 10~15년, 사육되는 경우에는 35년 정도 산다.

울음고니는 북아메리카에서 멸종 위기에 처해 있다. 식량으로 또는 깃털을 얻기 위해 남획되었고, 인공 저수조의 개발로 인해 아이다호와 몬태나의 겨울 서식지가 줄어들면서 개체수가 현저히 줄어든 것이다. 그런데 E. B. 화이트의 소설 발표 이후 울음고니의 수는 500퍼센트 이상 증가해, 오늘날 약 2만4000마리 정도가 서식하는 것으로 알려졌다. 하지만 로키산맥에서 겨울을 보내는 울음고니는 계절에 따른 서식지가 아이다호 동부 스네이크 강의 일부로 제한되어 있어 아직도 멸종 위기를 벗어나지는 못한 상태다.[12]

E. B. 화이트의 소설은 상상과 도전, 로맨스로 가득하며 의인화가 짙다. 예컨대 울음고니 루이스는 글쓰기를 배우고, 그의 아버지는 말 못하는 어린 루이스를 위해 악기상점에서 트럼펫을 훔친다. 루이스는 글쓰기를 통해 다른 백조나 사람들과 의사소통을 할 수 있게 되고, 트럼펫을 능숙하게 연주한다. 그런가 하면 쿠쿠스쿠스 캠프에서 만난 샘과 함께 지내면서 가장 친한 친구가 된다. 보스턴의 백조 보트에서 트럼펫을 연주하고 호화로운 리츠칼튼 호텔의 욕조에서 밤을 보내기도 한다. 급기야 루이스는 몬태나의 야생에서 만나 사랑에 빠졌던 암컷 백조를 동물원에서 구출하기까지 한다.

이 이야기는 일정 부분에 있어서는 터무니없다고 느껴질 정도로 공상적이다. 그러나 이러한 환상과 의인화가 울음고니의 현실 또는 자연과 인간의 관계에 나쁜 영향을 끼칠까? 이야기의 표현이 자연세계에 대한 우리의 이해를 왜곡하고 있을까? 아니면 아이들의 발달에 이의를 제기할 만한 문제가 있을까? 내 대답은 낙관적이다. 이 이야기는 아이들의 성장과 성숙에 관한 교훈이 담겨 있으며, 상징과 묘사로써 객관적 현실을 효과적으로 구축했을 뿐이다. 더구나 이 책은 울음고니에 대한 보호, 더 일반적으로는 자연세계에 대한 감사와 존중을 내포하고 있다.

E. B. 화이트의 이야기는 아이들에게 영감을 주며 교육적이다. 게다가 개발에 관한 중요한 이슈에 직면하도록 만들어준다. 어린 독자들은 울음고니의 습성과 자연의 역사에 관한 무언가를 배울 테고, 아마도 생물 종을 보호하고자 할 것이다. 매우 온화한 성격을 지닌 고니를 주인공으로 한 것은 탁월한 선택이었다. 이 책은 의인화로 가득하지만 기본적으로는 실재하는 생명체가 등장해 매력을 더한다. 소설가인 존 업다이크^John Updike, 1932~2009는 이 책이 처음 나왔을 때 다음과 같은 촌평으로 관심을 보였다.

화이트가 말도 안 되는 사실들에 대해 대충 넘어갔다면 아마도 이야기는 조잡하고 엉성하게 흘러버렸을 것이다. 그러나 화이트는 심각한 문제들에 대해 말하는 것을 결코 잊지 않았다. 장애를 극복하고, 음악을 즐기고, 짝을 찾는 생명체의 욕구, 백조라는 아름다운 종의 생존……. 세부적인 자연에 대한 화이트의 투명한 사랑은 산문을 절묘한 단계로 끌어올렸다.[13]

E. B. 화이트는 울음고니의 형태와 생물적 습성이 잘 반영된 캐릭터를 만들어냈으며, 그 정확한 반영은 상상과 교육적 능력을 뒷받침한다. 물론 화이트는 상징적으로 윤색되었으나 종이 지닌 자연사를 토대로 했기 때문에 더욱 설득력 있는 효과를 지닌다. 이 이야기는 실증적인 것에서부터 시

작해 환상적이고 창의적인 교훈으로 그 의미가 확장되고 있다. 이 모든 것을 감안해볼 때 상징적 수식이야말로 인류와 자연에 대한 관심을 갖게 하는 데 큰 도움이 된다.

언어·발달·디자인에 드러난 '상징'으로서의 자연

E. B. 화이트의 이야기는 자연에 대한 상징적 이용이 인간의 의사소통, 개발, 생각을 어떻게 증진시키는지를 분명히 보여준다. 자연에 대한 상징은 경우에 따라 명백할 수도 있고 모호할 수도 있다. 그러나 단어나 디자인에서 나타나는 상징은 근원적으로 자연세계에서 흔히 발견되는 형태나 과정으로부터 영감을 받은 것이다.

자연으로부터 온 이러한 상징들은 우리 주변 곳곳에 존재한다. 지금 내가 앉아 있는 방 안을 둘러보기만 해도 얼마든지 찾을 수 있다. 소용돌이치는 잎과 나무의 패턴이 그려진 바닥 덮개, 유기물 모양이 수놓인 소파와 커튼, 팔각의 별 문양과 곰처럼 생긴 생명체가 그려진 깃발, 달걀과 식물을 닮은 조명기구와 꽃병, 물고기 모양의 작업대가 보인다. 또한 나는 벌처럼 바쁘고 새처럼 날개를 펼치며 날아가길 바란다. 글을 쓰고 있는 지금 나는 수많은 비유에 둘러싸여 있다.

자연의 상징은 언어와 연설능력을 촉진시키는 데 이용되기도 한다. 2장에서 나는 언어와 의사소통의 발달에 있어 기본이라고 할 수 있는 명명과 표시, 구분, 확인, 분류의 측면에서 자연세계가 지닌 정보의 풍요로움과 다양성에 대해 언급했다. 그리고 도시 한복판에 사는 평범한 아이조차도 일상적인 발표, 언어, 의사소통, 생각의 소재로써 매우 다양한 식물, 동물, 풍경, 암석, 물, 흙, 날씨 등 다양한 자연현상들을 접한다는 사실도 확인했다. 이러한 자연의 풍요로움과 다양성은 실제 세계에 속한 것들이지만 그림과 책, 이야기, 상상, 심지어 텔레비전과 컴퓨터 안에서도 중요한 가치를 지닌 상징적 형태로 존재한다.[14]

전형적인 교외지역에 사는 한 어린 소년을 상상해보자. 소년은 뒷마당에서 다른 새들과 모양이나 색은 다르지만 다양한 특징을 지닌 검정지빠귀blackbird와 마주친다. 소년은 새가 털을 가진 포유류, 비늘이나 뼈와 같은 단단한 껍질을 가진 파충류, 아가미와 지느러미를 가진 어류와는 다르지만 척추를 가진 동물과 유사하며, 곤충이나 벌레 등의 무척추동물과는 크게 다르다는 것을 안다. 범위를 조류로 제한해보자면, 소년은 검정지빠귀가 학이나 오리, 도요새나 바닷새 같은 조류와 기본적으로 다른 명금류鳴禽類, songbirds라는 것을 인식한다. 소년은 다른 종류의 동물과 식물, 지질학, 기상, 물, 풍경 그리고 자연의 모든 것에 대해서도 그와 유사한 행동을 수행한다. 분류하고 구분하며 명명하는 이 모든 과정에서 소년은 언어능력이 발달되고, 생각하고 의사소통하는 능력을 얻는다.

현대사회에 살고 있는 소년은 대개 거의 모든 시간을 실내에서 지낼 것이다. 책을 읽거나 영화를 볼 것이고, 주중에는 50시간이 넘도록 텔레비전 시청과 컴퓨터와 비디오 게임에 빠져 있을 것이다.[15] 심지어 그러한 활동에도 자연의 형상화는 중요한 기능을 수행한다.

이 소년은 자연에 대한 고대의 이야기와 자연의 상징에 매혹되었다. 예를 들어 뒷마당에서 마주친 검정지빠귀는 그가 가장 좋아하는 동요로 남아 있다.

6펜스 노래를 부르자, 주머니에 가득한 호밀
24마리 검정지빠귀는 파이 안에서 구워졌지
파이를 열었을 때 새들은 노래를 부르기 시작했지

이런, 이 앙증맞은 음식은 왕 앞에 바칠 것이 아니었던가?

왕은 보물창고에서 돈을 세고 있었고

여왕은 거실에 앉아서 꿀 바른 빵을 먹고

하녀는 정원에서 빨래를 널고 있네

개똥지빠귀 한 마리가 날아와 그녀의 코를 물어뜯었네[16]

자연으로부터 영감을 받은 상징은 소년이 부르는 동요뿐만 아니라 동화책, 텔레비전, 컴퓨터에서도 흔히 상호작용한다. 소년은 특히 『곰돌이 푸』 『호기심 많은 조지』 『모자 쓴 고양이』 『괴물들이 사는 나라』와 같은 이야기를 좋아한다.[17] 소년은 집 안에서 들판이나 산이 그려진 그림을 만나기도 하고 동물이나 식물의 모양을 닮은 가구와 옷을 만나기도 한다. 심지어 소년의 부모는 아이가 의미를 이해하지 못할 때에도 자연의 이미지를 동원한다. 예를 들어 소년의 부모가 다음과 같이 말하는 것을 듣는다.

"당신도 알다시피 당신 친구는 돼지야."

"그는 정말 양의 탈을 쓴 늑대야."

"그녀는 어린 양처럼 순해."

"당신은 정말 나를 미치게buggy 만들어."

"당신은 두더지가 파놓은 흙더미를 산이라고 말하는군you make a mountain out of a molehil."(과장한다는 뜻의 관용어—옮긴이)

"당신은 점점 수렁에 빠지고 있어."

"당신은 늪에 빠져있어."

"허니, 스위트피sweet pea('자기'의 애칭─옮긴이), 쓰레기 좀 버려주세요."

자연으로부터 끌어낸 상징은 언어와 연설에 필수적이다. 그런 표현은 평범한 대화보다는 좀더 창의적이며, 이는 흔히 인상적인 연설을 위해 사용된다. 때때로 재미없고 저속한 길거리의 언어(속어) 또는 마케팅이나 광고에도 존재한다. 대개 인간에게 길들여진 동물의 이미지는 불경스러운 의미를 표현한다는 점이 흥미롭다. 예를 들어 영어에서 나귀ass, 암캐bitch, 돼지pig, 소똥bullshit, 돼지swine, 수탉cock, 똥개cur, (토끼bunny 또는 여성의 성기cunny의 고대 영어에서 유래한) 컨트cunt, 고양이pussy과 같은 것들이 있다. 주로 성적이거나 불쾌함을 담아 상대에게 욕할 때 표현된다.[18]

현명한 마케팅 담당자들은 자연의 상징을 능숙하게 판촉에 이용한다. 잘 알려진 출판물을 보면 이러한 상황을 확인할 수 있다. 미국의 그 어떤 출판물보다 많은 판매율을 자랑하는 잡지『베니티 페어Vanity Fair』중 한 권을 무작위로 집어 들어 표지를 펼쳐 보니 참나무와 단풍나무, 야자나무, 잔디, 숲, 꽃, 화환, 목초지와 대초원, 물가, 해변, 바다, 호수, 강, 비와 눈, 개(자주 등장함), 고양이, 말, 기린, 하마, 코끼리, 오리, 부비새, 바다표범, 나비, 돌담 등의 이미지가 포함된 광고들을 확인할 수 있었다. 뿐만 아니라 자연에서 볼 수 있는 대상은 아니지만 확실히 자연의 형태와 구조에서 영감을 받은 이미지를 활용한 광고라는 점을 발견할 수 있었다.[19]『베니티 페어』가 가벼운 패션잡지라면, 이번에는 좀더 무거운 주제를 다루는 경제 주간지인『이코노미스트』를 선택해 다시 무작위로 한 권을 집었다. 표지에는 "도요타가

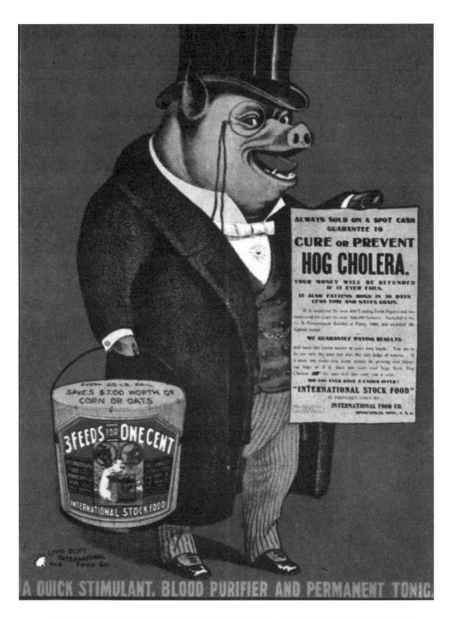

20. 돼지는 더럽고 냄새나고 고집스럽고 어리석고 나태한 이미지로 묘사된다. 주로 인간의 완고한 면모나 더럽게 생활하는 모습 또는 게걸스럽게 먹는 모습을 비유한다.

실수했다"라는 제목과 함께 바나나 밑에 바퀴가 달린 이미지가 실려 있었다. 그리고 잡지 안쪽에서는 초원 위의 풍차, 화환으로 장식된 문, 약을 파는 강아지, 나비와 이산화탄소를 잡는 나비채, 푸른 잎으로 꾸며진 호텔, 늑대가 밟고 있는 암석 위의 스마트폰, 관광지를 홍보하는 눈송이, 소프트웨어를 홍보하는 불가사리, 보험회사의 장점을 설명하는 지구 위성사진, 우아한 나무 로고를 자랑하는 재단, 경영대학원을 홍보하는 새를 볼 수 있었다.[20]

제품을 광고하기 위해 동원된 자연은 전자매체에서도 흔히 발견된다. 『뉴욕타임스』의 경제면에 실린 기사는 가장 비싼 광고료를 받는 슈퍼볼 풋볼 경기에서 제품을 홍보할 때 동물이 남용된다는 점에 중점을 두었다. "슈퍼볼은 동물 애호가의 천국"이라는 헤드라인 아래 기자는 다음과 같이 썼다.

양, 벵골호랑이, 독수리, 재규어, 홍관조 등은 슈퍼볼에서 뛰지 않는다. 그러나 그들의 부재에도 광고주는 기록적인 관중 앞에서 노아의 방주에 실린 동물의 가치를 알아보았다. (…) 개구리, 독수리, 말과 펭귄, 소, 사자와 코끼리, 얼룩말, 늑대, 활기 넘치는 금붕어와 돼지는 말할 것도 없고 공룡의 뼈 그리고 생기 넘치는 검은 표범과 코요테 (…) 이 동물들은 광고계에서 가장 중요한 날인 바로 이 순간 제품을 홍보하기 위해 뽑혔다. (…) 경기가 전국적으로 방송되는 사이 전파를 타는 스포트 광고에서 동물 광고는 47개 중 4분의 1이나 차지했다. (…) 마케터들은 대중문화에서 동물의 인기가 강력한 영향을 끼친다는 사실을 의심하지 않았다. (…) 분명 대부분의 사람은 동물을 좋아하며, 특히 기분

좋은 인간의 모습으로 묘사되었을 때 좋아한다.[21]

단언컨대 상징으로써 자연이 더 정교하게 사용되는 경우는 시와 뛰어난 웅변가의 연설일 것이다. 시인은 신선한 표현과 의미를 전달하기 위해 빈번하게 자연의 이미지를 불러들인다. 19세기 영국 시인 워즈워스William Wordsworth, 1770~1850가 쓴 「이른 봄에 쓰인 시Lines written in early spring」에는 그와 같은 경향이 잘 나타난다.

나는 수많은 선율이 어우러지는 노래를 들었다
수풀에 기대어 앉아 있는 동안
달콤한 분위기에서 즐거운 생각들이
마음속의 슬픈 생각을 불러낸다

자연은 자신의 훌륭한 작품들과 연결시켰다
인간의 영혼이 나를 통해 달려가도록
인간이 인간에게 행한 것을 생각하니
내 마음은 무척 슬퍼졌다

초록의 나무 그늘에 앵초 더미들 사이로
일일초의 잎은 넝쿨로 뻗어 나간다
그리고 모든 꽃은 호흡의 공기를 즐긴다고
나는 믿는다

새들은 주위에서 깡총거리며 놀고 있다
그들의 생각은 헤아릴 수 없으나
그들이 만들어내는 아주 작은 움직임에서도
기쁨의 전율이 보인다

움이 트는 가지들은 부채처럼 펼쳐져
산들바람을 잡으려 한다
나는 생각해야 한다, 내가 할 수 있는 모든 것을 하겠다고
그곳에는 기쁨이 존재하니까

이 믿음이 하늘에서 온 것이라면
자연의 거룩한 계획이라면
인간이 인간에게 행한 것에 대해
슬퍼할 이유는 없겠지[22]

상징의 자연은 훌륭한 웅변가의 연설에서도 관객의 주목을 이끈다. 더욱이 상징은 은유와 암시뿐만 아니라 듣거나 읽는 사람들의 마음을 사로잡기 위한 이야기까지도 연계된다. 19세기 뛰어난 웅변가로 평가받는 정치인 다니엘 웹스터Daniel Webster, 1782~1852의 연설은 그 실제적 예가 될 것이다. 그는 종종 자연에서 비롯된 이미지와 상징을 연설에 활용하는데, 남북전쟁 직전에 국회의원들을 상대로 한 연설에서는 국가가 남과 북으로 분단되는 일이 얼마나 비극적이며 어리석은지를 전달하기 위해 자연의 이미지를 이용했다.

마지막으로 천국에서 해를 보게 되었을 때 나는 영광스러운 미국이 치욕스럽게 분열된 모습을 볼 수 없을 듯합니다. (…) 공화국의 멋진 깃발을 보여주기보다는 미미하더라도 끝까지 사라지지 않는 깃발을 힐끔힐끔 볼 수 있게 합시다. (…) 지워지거나 오염된 줄무늬가 아닌, 희미한 한 개의 별이 아닌 (…) 그러나 활활 타오르는 살아 있는 빛이 닿는 모든 곳, 물결치는 바다와 대지, 천국 아래 바람이 닿는 모든 곳, 모든 미국인의 심장에 소중한 자유와 국가는 영원히 갈라놓을 수 없는 하나라는 것을 전합시다![23]

수사적인 글의 거장인 셰익스피어는 연극 「율리우스 카이사르」에서 관객의 마음을 사로잡기 위해 자연의 형상화를 이용했다. 그리고 카시우스의 웅변을 통해 시적 형태와 연설의 강렬함을 결합시켰다.

사랑하는 브루투스여, 잘못은 별이 말해주는 운명에 있지 않네
열등한 인간인 우리 자신에게 있을 뿐이라네[24]

제2차 세계대전 전후에 등장한 영국의 뛰어난 정치인이자 웅변가인 윈스턴 처칠Winston Churchill, 1874~1965은 종종 흥미와 반응을 유발하기 위해 유머를 활용하면서 자연의 이미지를 보여주곤 했다.

나는 돼지를 좋아한다. 개는 사람을 우러러보고 고양이는 우리를 얕보지만, 돼지는 우리를 동등하게 대한다.
어떤 사람은 사기업을 포식성 호랑이로 간주한다. 다른 이는 우유를 짜

낼 수 있는 젖소로 보기도 한다. 그러나 튼튼한 마차를 끌어주는 건강한 말로 보기에는 부족하다.

그것은 사자의 심장을 가지고 전 세계에 거주하는 국가와 민족이다. 사자의 포효를 표현하도록 요청받은 나는 운이 좋은 사람이다.[25]

『트럼펫을 부는 백조』는 상징적 자연이 아이들의 성격과 인성 발달을 돕는 사례라고 할 수 있다. 고대 전설과 동화 또는 현대 판타지와 꿈과 같은 아이들의 이야기에는 성숙과 정체성에 대한 어려운 과제에 대면하도록 하기 위해 자연의 이미지를 도입한다. 그들이 마주치는 문제들은 갈등과 경쟁, 조화, 도전, 고통, 괴로움, 슬픔, 상실, 필요, 요구, 권한, 힘, 기쁨, 충성과 배신 같은 것들이다.[26] 이러한 이야기를 좀더 매력적이고 흥미진진하게 만들기 위해, 특히 부모나 다른 힘센 어른과의 갈등에 대해 아이들이 덜 위협적으로 받아들이도록 의인화한 동물을 이야기에 포함시킨다. 동물이 사람처럼 말하고 행동하거나 상상 속의 동물 모습이 어딘가 인간 공동체와 닮아 있을 때 권위, 자율성, 포기, 사랑, 증오, 성 의식, 죽음과 같은 불안한 문제들은 종종 감춰지고 약화된다.

자연의 표현과 이미지는 성장기 발달과정의 중요한 문제를 다루는 데 사용된다. 주로 『신데렐라』『빨간 망토의 소녀』『아기 돼지 삼형제』『개구리 왕자』『아라비안나이트』『헨젤과 그레텔』『정글 북』『이상한 나라의 엘리스』와 같은 고전 이야기에서 발견된다.[27] 뿐만 아니라 『피터 래빗』『반지의 제왕』『굿나잇 문』『샬롯의 거미줄』『머나먼 여정』『곰돌이 푸』『블랙 뷰티(흑마 이야기)』『빨강머리 앤』『피터팬』

『버드나무에 부는 바람』『비밀의 화원』『오즈의 마법사』 등의 20세기 아이들을 대상으로 한 소설에서도 이러한 자연의 상징을 발견할 수 있다. 고전이건 현대소설이건 이러한 이야기는 모든 곳에서 아이들의 안전, 안심, 의존성, 자아, 정체성, 가족, 공동체, 권한, 의무, 도덕성에 대한 기본적인 개념을 다루되 일반적으로 인성과 성격 발달을 도모하기 위해 상징으로써의 자연이 사용되는 경향을 보인다.

선구적인 정신과 의사 해럴드 셜즈Harold Searles, 1918~는 상상이든 실제든 아이들이 경험하는 자연은 근본적으로 그들의 성숙과 발달에 기여한다고 주장했다. 시얼레스는 아이들의 성장과 자아 성찰에 중요한 역할을 하는 비인간 세계, 즉 자연이 아이들의 인격 발달에 끼치는 네 가지 측면을 정의했다.

- 자아실현self-realization : 자연의 경험은 아이들로 하여금 발견이나 창의적 표현을 제고하고, 자신의 능력과 한계를 인지하거나 자아의식을 형성하도록 돕는다.
- 현실감sense of reality : 자연의 경험은 아이들을 올바르고 책임감 있는 자리에 서게 하고, 세계를 현실로 인식하도록 돕는다.
- 고통과 걱정의 완화assuaging pain and anxiety : 자연의 경험은 아이들이 겪는 외로움, 이별, 고통의 감정을 완화한다.
- 생명에 대한 감사와 포용appreciating and accepting life : 자연의 경험은 생명을 가치 있게 여기고 관심과 돌봄에 대한 책임의식을 고양시킨다.[28]

시얼레스는 '진짜' 세계에서 실제 자연과 접촉할 때 인격 발달이 형성된다고 강조했다. 또한 개인의 정체성과 고통, 외로움, 현실, 이별, 공포, 책임감, 사랑, 관심, 생명의 가치 등과 같은 문제를 다루기 위해서는 이야기와 미신, 상상, 꿈의 형태로써 자연의 상징을 경험해야 한다고 생각했다.

또한 사회생태학자 폴 셰퍼드는 아이들의 인격 발달에서 상징적 자연의 중요성에 대한 연구를 진행했다. 그는 엘리자베스 로런스와 마찬가지로 동물의 특별한 역할을 강조했다. 이와 함께 연설과 언어 발달, 개인의 정체성과 자아, 사고와 의사소통 측면에서 동물의 상징적 이용이 아이들의 성숙에 미치는 세 가지 중요한 기능에 대해서도 정의했다.[29] 그는 자연과 동물의 상징화가 개인의 정체성을 형성하는 데 미치는 영향을 다음과 같이 묘사했다.

개인의 정체성이란 자연으로부터 자아 혹은 '인간'을 구분하는 것이 아니다. 그것은 우리와 유사하기도 하고 다르기도 한 다양한 동물들 사이에서 자연이라는 외부세계를 발견하는 것이다. 모방의 놀라운 화학작용에 의해 동물은 우리의 정신 속에 다시 수용된다. 우리가 멀리 떨어져 이렇게 다른 작용을 관찰할 때, 동물은 음악, 이야기, 노래, 내레이션, 춤, 무언극에서 나타나는 중재자처럼 보인다.[30]

상징과 표현으로서의 자연은 아이들의 야외 활동에서도 드러난다. 그곳은 상상력이 현실세계에 투영되는 경험을 할 수 있는 현장이다. 아이들은 흔히 뒷마당이나 나무, 공원, 공터 심지어 '버려진 땅'이라고 불리는 자연에서도 놀라운 환상의 세계를 창조해낸다. 이러한 놀이는 '실제' 자연에서 일어날 수도 있지만, 환상과 상상, 발명에서도 빈번히 이루어진다. 언론인 출신의 작가이자 시인인 딜런 토머스^{Dylan Thomas, 1914~1953}는 어린 시절 그가 자란 아일랜드 시내의 작은 공원에서의 기억을 다음과 같이 생생하게 설명하고 있다.

> 그 공원은 작은 공원이었다. 그에 비해 키가 큰 나무가 주위를 둘러싸고 있었는데 우리는 나무에 기어올라 우리의 이름을 새겼다. 저 바다 끝 어딘가에는 많은 비밀의 장소, 동굴과 숲, 대초원과 사막이 있을 것 같았다.
> 우리는 하루 만에 끝에서 끝까지, 도둑의 소굴에서 해적의 선실까지, 노상강도의 여인숙으로 사용된 목장과 우리가 딱정벌레 경주를 하며 놀았던 숲속의 숨겨진 공간을 탐험했다. 그리고 장작불을 피우고 감자를 구워 먹으며 아프리카에 대해 이야기했고, 자동차도 만들었다. 그러나 이튿날이 되면 다시 탐험한 적 없는 극지가 되어 있었다.
> 그 공원은 나와 함께 자라났다. 내가 공원의 비밀 장소와 경계를 알아가는 만큼, 내가 공원의 숲과 정글에서 상상 속의 숨겨진 집과 야생의 굴과 같은 은신처를 찾아나가는 만큼, 그 작은 세계는 넓어져만 갔다.[31]

아이들의 인격과 성격 발달을 촉진시키는 상징으로써의 자연은 모든 문화와 시대의 구별 없이 나타난다. 이렇게 여러 문화가 혼재된 표현은 조지프 캠벨의 『천의 얼굴을 가진 영웅』, 제임스 프레이저^{James Frazer}의 『황금가지』, 융의 『인간과 상징』과 같은 책에서 찾아볼 수 있다. 또한 로버트 레드필드, 마가렛 미드[Margaret Mead], 클로드 레비스트로스, 리처드 넬슨을 비롯해 다른 학자들의 인류학 저서에서도 묘사되고 있다.[32] 이렇게 어디에든 존재하는 전략은 생물학적, 진화적 기반을 제시한다. 더 일반적인 자연으로 적용 가능한 동물에 초점을 맞춘 엘리자베스 로런스는 이와 같은 일반적인 경향성에 대해 다음과 같이 면밀히 고려했다.

수백억 년에 걸쳐 지구의 모든 곳에서 이루어온 동물의 상징화는 생명 사랑이라는 고유한 의미를 지닌다. 우리는 진화적으로 또는 육체적, 심미적, 정신적, 심리적, 정서적으로 동물들과 묶여 있으며, 조상으로부터 물려받은 오래된 믿음이 인간의 환경에 뒤섞인 채 마음속에 흔적으로 남아 있다.[33]

상징으로서 자연의 중요성은 장식과 디자인에서도 나타난다. 직물, 가구, 덮개, 예술, 건축학과 조경 설계에서 우리는 자연세계의 이미지를 흔히 볼 수 있다. 건축 환경에서 구축되는 자연의 상징적 표현은 '생명친화적 설계'라고 말할 수 있는데, 이는 10장에서 다룰 것이다.[34]

장식 디자인에서도 자연의 상징화에 대한 연구가 진행되었다. 빅토리아 시대의 작가이자 건축가인 오웬 존스[Owen Jones 1809~1874]가 남긴 『장식의 원리The Grammar of Ornament』(1856)라는 방대한 저서가 그 산물이다.[35] 이 책은 생물학적 토대에서 전 세계의 지리, 문화, 역사를 망라해 자연세계의 형태와 구조, 원칙이 장식과 디자인에 얼마나 많이 응용되었는지를 밝히고 있다. 존스는 문헌 이전의 수렵민족과 아랍 민족, 중국을 비롯한 아시아 사회, 인도, 터키, 고대 그리스와 로마, 르네상스 시대의 이탈리아, 현재의 다수 유럽 국가의 장식 디자인에서 자연의 상징화 형태를 찾아내고 있다. 다양한 문화에 일조하는 독특한 디자인들은 특별한 재능을 지닌 이들의 역사적 영향력을 반영하고 있으나, 사실 기본적인 의미와 이해를 전달하기 위해 상징적 형태의 자연을 반복적으로 이용하고 있었다.

이러한 디자인은 드물게는 자연을 정확히 모방하기도 하지만 한편으로는 자연세계의 어떤 것으로부터 갈라져나감으로써 환상적이거나 비현실적인 것이 된다. 그러면서도 자연에서 발견되는 진짜 원칙과 절차를 고수한다. 또한 최고의 수준을 자랑하는 디자인은 자연 모방을 피하지만 자연으로부터 받은 영감을 독창적인 형태로 창조하면서 정통성을 유지하고 효과를 달성한다. 존스는 특별한 디자인에서 나타나는 중요한 특징을 다음과 같이 묘사했다.

예술의 전성기에는 모든 장식이 절대적인 모방을 시도하기보다는 자연적 형태의 배열을 조절하는 원칙을 고수했다. (…) 진정한 예술은 자연의 형태를 베끼는 것이 아니라 이상화하는 방식으로 이루어졌다.
굉장히 다양한 형태의 자연물로부터 어떤 보편적 적합성에 경도된다는 건 불가능하다고 본다. 그러나 일정한 법칙에 따른 배열, 주위와 비례되는 배치, 구부러진 선의 접선, 원류에서 뻗어나간 형태 등 자연에서 빌리고자 하는 모든 형태에 대해 모방하려는 마음을 떨쳐버리고 오직 보이는 대로 솔직히 따르고자 한다면, 영감을 얻기 위해 과거의 지배적

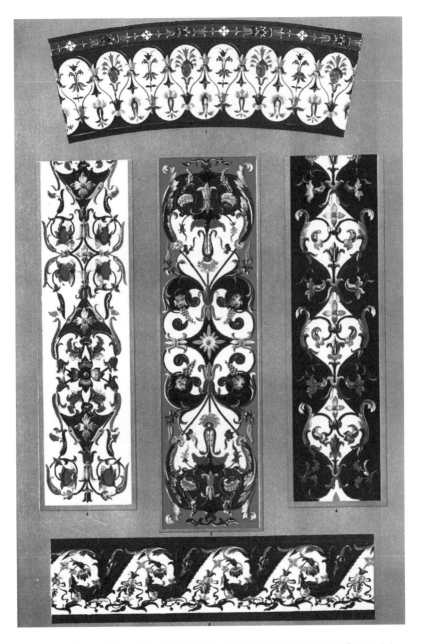

| 21. 19세기 건축가 오웬 존스가 장식과 디자인에 드러난 자연의 상징적 묘사에 대해 설명한 『장식의 원리』

인 패션을 연장하지 않는다면 분명히 새로운 아름다움을 손쉽게 얻을 수 있을 것이다.[36]

이 장에서 나는 언어와 의사소통, 인간의 발달, 장식, 디자인의 측면에서 자연의 상징화가 기여하는 역할에 초점을 맞추어 그 중요성을 강조했다. 그렇다면 그러한 상징화의 능력에 저해를 받는다면 어떤 일이 발생할까? 자연의 이미지와 표현을 유발하는 능력이 쇠퇴한다면 사고력이나 의사소통 능력, 창조하고 설계하는 능력도 약화될까? 자연으로부터 소외된 환경에 처한다면 오늘날 현대사회에는 고통이 번져나갈까? 지난 한 세기 동안의 현대미술, 건축, 언어, 연설, 시, 의사소통, 디자인이 질적으로 퇴화되는 문제가 발생할까? 엘리자베스 로런스는 다음과 같은 가능성에 대해 숙고했다.

자연세계와의 상호작용이 감소된다 해도 생명 사랑에 대한 인지적 표현에 영향을 미칠 것으로 예측하기는 어렵다. (…) 우리가 자연에 대해 현재의 파괴적인 정책을 고수한다는 건, 생각과 표현력의 피폐 때문에 인간의 언어에서 자연세계의 상징적 참조가 줄어든다는 걸 의미하는 걸까?[37]

우리는 자연에 대한 실제적이거나 상징적인 경험이 인간의 사고와 의사소통, 발달에 필요한 것으로 남기를 바란다. 또한 우리의 상상과 건강, 문화, 디자인을 계속 풍부하게 만들어주기를 희망한다. 시인 휘트먼의 지적처럼 우리는 "땅에 닿는 내 발의 압력에 많은 애정을 불러일으키게 만드는"[38] 자연으로부터 우리가 무엇이고 누구인지에 관한 원천을 찾는다. 이는 우리의 일부인 자연세계와 더 많이, 더 다양하게, 더 실제적이면서도 상징적인 접촉을 하도록 만들 것이다. 이러한 관계성을 염두에 두고 내가 사는 도시에서 마주친 송골매 이야기로 이 장을 마무리할 생각이다.

이 경험은 집에서 멀리 떨어지지 않은 공원 근처에 있는 두 마리의 송골매와 그들이 키우는 어린 새에 관한 이야기다. 송골매는 전 세계적으로 툰드라에서 아프리카의 사바나, 심지어 도시에서도 발견되는 육식성 조류 동물이다. 크기는 까마귀와 비슷하지만 놀라운 비행속도로 유명하다. 사냥감을 향해 급강하할 때는 거의 시속 320킬로미터에 달해 지구상에서 가장 빠른 생물체로도 불린다. 일반적으로 송골매는 좁은 계곡 가장자리나 절벽 또는 도심 고층건물 꼭대기에서 고속으로 강하해 먹이를 사냥한다.

송골매와 사람은 오래전부터 가까운 관계였다. 약 3000년 전부터 인간은 사냥을 위해 이 새들을 부분적으로 사육해왔기 때문이다. 고대의 매사냥은 다섯 종species이 함께 추는 죽음의 춤이었다. 송골매, 사냥감을 찾아내거나 쫓는 개, 먼 거리까지 접근할 때를 대비한 말, 사냥감, 큰 두뇌와 낭만적인 열망을 지닌 채 죽음의 발레를 구성하고 이끄는 사냥꾼까지가 이 춤의 구성원이다.

20세기부터 농작물 해충과 질병을 옮기는 곤충을 박멸하기 위해 DDT와 같은 강력한 살충제가 널리 사용되면서, 송골매는 현대 화학물의 황폐한 희생자가 되었다. DDT는 송골매의 알껍질을 얇게 하는 성분으로 알이 쉽게 깨지게끔 만들었고, 이는 그들의 생식 시스템을 붕괴시켰다. 그 결과 미국을 비롯한 많은 나라에서 송골매는 거의 멸종상태에 이르렀다. 미국의 동

부에서 그토록 많이 볼 수 있었던 이 새는 이제 거의 자취를 감췄다.[39]

좋은 소식도 있다. 1970년대에 DDT 살포를 금지한 이후로 미국에서 송골매가 다시 발견되고 있다는 사실이다. 이러한 제약은 많은 사람과 조직, 특히 환경보호 운동가인 레이첼 카슨과 DDT 살포를 고발한 그녀의 저서 『침묵의 봄The Silent Spring』이 엄청난 파급력을 발휘한 덕분이다.[40] 그리하여 송골매는 오늘날 북동부 주를 포함한 미국 전역에서 발견되고 있다. 고층건물의 꼭대기에 자리잡은 송골매는 대도시에서도 비둘기를 잡아먹으면서 잘 적응하고 있다. 예를 들어 2011년 뉴욕에서만 20쌍의 송골매가 발견되기도 했다.

2009년, 크지도 작지도 않은 도시인 내 고향 코네티컷으로 돌아와서 송골매를 발견했을 때는 매우 기뻤다. 2011년 봄에는 집에서 멀지 않은 공원의 가파른 절벽에 둥지를 튼 한 쌍의 송골매를 보았다. 나는 망원경의 도움을 받아 침실 창문에서 그들의 번식과정을 편안하게 관찰할 수 있었다. 먹이를 사냥하기 위해 활강하고, 둥지를 만들며 자식들에게 먹이를 주고 돌보는 그들의 모습을 나는 즐겁게 지켜보았다.

송골매는 자연의 부활을 상징하는 존재가 되었다. 그들은 독성물질뿐만 아니라 생명의 일상적 파괴가 현대사회의 이익으로 연결되는 상황과, 그것이 도덕적으로 용인되는 유감스러운 현실을 이겨냈다. 그 새들은 과거 자연의 남용에 대한 화해이자 새로운 계약관계를 상징하는 존재다. 우리로 하여금 저지른 잘못을 속죄하도록 도왔고, 인간 사회를 넘어선 세계와의 새로운 관계 가능성을 가져다주었다. 비록 도시는 기술적으로 매우 진보되었고, 대단히 건설적이며, 갈수록 밀집되고 복잡해지고 있지만 송골매의 귀환은 우리가 우주와 창조적인 관계를 유지하면서 살기를 원하는 좀더 개화된 동물이라는 사실을 의미한다.

9장

아동기

자연과의 접촉이 아이들의 건강과 발달에 끼치는 중요성에 대해서는 이미 앞에서 이야기했으므로, 지금부터는 아이들의 야외경험에 초점을 맞춰 이야기하고자 한다. 자연과 접촉하려는 아이들의 욕구는 건강과 생산성을 목적으로 자연세계와 연계되고자 하는 인간 종의 본질이 반영된 것이다. 인간은 일평생 학습을 하는 기이하고 독특한 능력을 지닌 존재지만, 모든 종류의 생물은 성숙과 발달에 가장 중요한 시기인 성장기를 지닌다.

자연과 접촉하는 모든 형식은 아이들의 건강과 성숙에 중요하다. 앞 장에서 살펴보았듯이 상징을 통한 의사소통은 아이들의 발달에 매우 긍정적이고 유익한 효과를 발휘한다. 특히 항상 전자 시스템으로 구성된 세계 안에서 대부분의 시간을 보내는 현대사회를 염두에 둔다면 말이다. 그와 더불어 자연과의 간접적인 접촉들(애완동물을 키우고, 정원에서 일하고, 화초를 관리하고, 물고기를 키우고, 동물원이나 자연보존센터를 방문하는 것 등) 또한 아이들에게 중요한 경험을 제공할 수 있다. 하지만 학습과 발달의 기본이 되는 활동, 즉 야외에서 직접 자연을 경험하는 것을 대체할 만한 활동은 없다. 많은 연구이론과 사례가 이러한 사실을 보증하고 있다. 더구나 어른의 제약을 덜 받는 상태에서 아이들이 야외에서 '자유로운 놀이'를 할 수 있을 때, 자연은 더욱 큰 의미를 지닌다. 그러나 오늘날 아이들의 야외 체험은 급격히 감소한 상태이며, 그로 인해 점점 신체적·정신적 건강과 발달에 위협을 받고 있다.

야외 체험이 아이들의 발달에 얼마나 중요한지를 보여주는 관찰로서, 먼저 개구리에 매혹된 여덟 살짜리 여자 아이를 상상해보자. 제인은 책과 그림을 통해 이 이상하게 생긴 양서류에 대해 관심을 갖기 시작했다. 웬일인지 제인은 개구리라는 생물체가 친숙하게 느껴졌으며, 매력적이며 귀엽고 재미있는 대상 같았다. 제인은 『개구리 왕자』나 『개구리와 두꺼비』 등의 이야기를 특히 좋아했고, TV에서 짐 해리슨의 개구리 인형극인 「초록 개구리」를 즐겨보았다. 또한 개구리 그림에 색칠하기나 개구리 장난감 또는 박제 개구리까지 모을 정도였다. 심지어 다양한 종류의 개구리들의 모습과 생명활동을 자세히 보여주는 비디오도 가지고 있다.

이렇듯 제인은 개구리에 관한 책, 사진, 텔레비전 프로그램과 영화를 즐기면서도 사실 개구리가 어떻게 태어나며 살아가는지, 어떤 습성을 가지고 있는지에 대해서는 정확히 이해할 수 없었다. 딸의 이런 불만을 알게 된 부모는 제인을 데리고 그 지역의 자연보존센터와 동물원을 방문했다. 그곳에서 제인은 가까운 곳에서 살고 있는 개구리와 매우 먼 지역에 사는 개구리들을 볼 수 있었다. 이처럼 개구리에 대해 알아가는 여행을 통해 제인은 이제까지 알고 있던 것과 다른 사실들을 알게 되었고, 더 많은 흥미를 갖게 되었다.

제인은 자연보존센터에서 개구리들을 직접 만져보기까지 했다. 처음에는 살짝 불안했지만 곧 개구리 피부의 감촉을 좋아하게 되었다. 개구리가 다치지 않도록 부드럽게 잡는 방법도 배웠다. 동물원에서는 아빠가 표지판의 정보를 읽어주었고 친절한 직원들로부터 개구리에 관한 흥미로운 이야기를 들을 수도 있었다. 제인은 세계 각지에 서식하는 다양한 개구리들의 생김새와 크기, 색깔을 구경하면서 놀라움을 감추지 못했다. 개구리에 완전히 압도되었던 제인은 얼마 가지 않아 지루해지기 시작했다. 하지만 책이나 텔레비전 쇼, 비디오 등에서 알던 것들보다 훨씬 더 많은 것을 배울 수 있었기에 여전히 동물원과 자연보존센터에 가는 걸 좋아했다.

제인은 개구리들이 실제로 어떻게 살아가는지 상상하기 시작했다. 예를 들어 개구리가 동료에게 어떤 행동을 하는지, 구체적으로 어떤 장소에 머물고 있는지, 집은 어떻게 만들고 어떻게 가족을 이루는지, 개구리가 사람들에게 뛰어들 때나 다른 야생동물이 개구리를 잡아먹으려 할 때 어떤 일들이 벌어지는지를 구체적으로 상상해보곤 했다. 제인은 자연보존센터나 동물원이 아닌, 개구리들이 실제로 살고 있는 장소에서 직접 그들을 보아야겠다고 마음먹었다.

제인은 집에서 그리 멀지 않은 공원과 연못을 찾아가보기로 했다. 며칠 전 아침과 오후에 밖에서 어떤 소리가 들려오자 아빠는 그것이 청개구리들이 노래하는 소리라고 알려줬었다. 때문에 공원에 가면 개구리들을 볼 수 있다고 생각한 것이다. 게다가 무척 크게 들리는 그 소리가 사실은 수많은 작은 개구리의 소리가 합쳐진 것이라는 말에 제인은 깜짝 놀랐다. 그 소리는 작은 개구리들의 소리라기보다는 새

울음소리처럼 들렸기 때문이다. 제인의 아빠는 그 소리에서 다른 종류의 개구리가 섞여 있다는 사실을 알아차렸다. 제인도 분명히 조금 다른 울음소리를 느꼈지만 그 소리가 개구리 소리인 것만은 확실했다.[1]

제인은 늪에 둘러싸인 연못에 혼자 가는 게 두려웠다. 그래서 항상 모험할 준비가 되어 있는 가장 친한 친구 케이트에게 같이 가달라고 부탁했다. 두 소녀의 부모님들은 그곳에 가는 걸 허락하지 않을 게 분명했기 때문에 둘만의 탐험은 비밀로 하자고 약속했다. 케이트는 기꺼이 허락했고, 둘은 토요일 이른 아침 부모님이 깨기 전에 빠져나와 비밀장소에서 만나기로 했다. 제인은 토요일이 다가올 때까지 일주일 동안 탐험에 대한 계획을 세우면서 신경쇠약에 걸린 환자처럼 초조한 시간을 보냈다. 마침내 토요일 아침이 되자 제인은 아침 일찍 일어나 비밀장소로 향했다. 그들의 비밀장소란 제인의 집 뒷마당에 우거진 수풀 뒤쪽이었다. 아직 이른 봄이었기 때문에 이른 아침은 특히 더 추웠다. 제인은 추위에 덜덜 떨면서 케이트와 함께 연못으로 향했다. 아직 해가 뜨기 전이라 사람들이 집 안에 있을 거라고 생각하니 제인은 안심이 되었다.

늪에 도착하자 두 소녀는 청개구리들이 떼 지어 우는 소리를 들을 수 있었다. 거리가 가까워질수록 그 소리는 점점 커졌다. 수천 마리가 연못에 몰려 있는 것만 같았다. 흥분한 두 소녀는 진흙에 발이 푹푹 빠졌지만 높게 자란 풀과 갈대들을 헤치며 간신히 연못에 도착했다. 그러나 그 순간 갑자기 주위가 조용해졌다. 환청을 듣기라도 한 것처럼 개구리들의 소리는 뚝 그쳤고, 이들은 흔적도 없이 사라진 듯했다. 개구리를 관찰하는 데 실패한 두 소녀는 결국 연못을 벗어나 비탈길의 젖은 풀 위에 앉았다. 그러자 얼마 지나지 않아 다시 개구리의 울음소리가 들리기 시작했다. 처음에는 몇 마리가 울기 시작하더니 잠시 후에는 교향곡이라도 연주하는 듯 청개구리들의 오케스트라 연주가 시작되었다. 그 음은 점점 커지고 날카로워져 귀청이 찢어질 것만 같았다.

제인과 케이트는 이번에는 다른 방법을 시도했다. 조용하고 은밀하게 연못으로 접근하기로 한 것이다. 하지만 키 큰 갈대를 눌러야 하고 끔찍한 진흙에 발이 빠져버려서 조용하게 다가가기란 쉽지 않았다. 갈대를 헤치는 소리를 줄이려고 노력하면서, 고약한 냄새가 풍기는 진흙을 기어서 조금씩 연못에 다가갔다. 개구리들은 여전히 울고 있었지만 제인과 케이트가 실수로 소리를 낼 때면 순식간에 고요해졌다. 개구리들이 울음소리를 멈추면 두 소녀는 동작을 멈추고 그 자리에서 가만히 기다렸다. 그러면 얼마 지나지 않아 개구리들은 다시 울기 시작했다.

제인과 케이트는 마침내 풀들이 높게 자라 있는 연못 가장자리에 도착했다. 청개구리들의 울음소리는 계속 들을 수 있었지만 이번에도 정작 그 모습은 볼 수가 없어 실망스러웠다. 그때 케이트가 큰 갈대숲 아래쪽에서 작은 개구리 하나를 발견했다. 소녀들은 개구리가 너무 작아서 눈에 띄지 않았다는 사실을 깨달았다. 그때까지 큰 소리를 낼 법한 좀더 큰 개구리를 찾고 있었던 것이다. 그제야 둘은 수많은 청개구리의 모습을 조심스럽게 확인할 수 있었다. 개구리의 크기는 불과 3센티미터도 채 되지 않았으며 큰 풀들이 자라는 바닥에 자리잡고 있었다. 작은 개구리들은 서로 다른 색을 띠고 있었는데, 어떤 개구리는 갈색이었고 어떤 개구리는 회색이나 황갈색, 일부는 짙은 녹색을 띠고 있었다. 등에는 X자 비슷한 무늬가 있었다. 관찰 결과, 두 소녀는 이 개구리들이 그 작은 몸집에서 어떻게 큰 소리를 내는지를 알게 되었다. 개구리의 턱 아래 있는 작은 주머니가 풍선처럼 부풀었다가 접히는 과정에서 소리가 나오는 모습을 볼 수 있었던 것이다.

제인과 케이트는 오랫동안 연못가에 머무르면서 덩치 큰 다른 종류의 개구리들도 발견했다. 그 개구리들은 밝은 녹황색 머리와 불룩 튀어나온 눈을 가지고 있었으며, 물속에서 머리만 쏙 내밀고 있었다. 이 개구리들은 연못에 원을 이루고 있었으며, 그 연못에는 알처럼 생긴 이상한 방울 덩어리들도 함께 떼 지어 있었다.

시간이 좀 지나자 연못과 늪의 역겨운 냄새가 점점 강해져 두 소녀는 눈이 따끔거릴 정도였다. 잠시 후 녹색 줄무늬 뱀이 갑자기 나타나는 바람에 두 소녀는 겁에 질렸다. 그 뱀은 큰 개구리 한 마리를 낚아채어 풀 속으로 사라졌다. 개구리 한 마리가 뱀에게 희생되는 사건이 벌어지자 청개구리를 포함한 모든 개구리의 울음소리가 뚝 그쳤고 모습도 보이지 않았다. 연못은 완전히 조용해졌다. 그 무렵 모기들이 나타나 소녀들을 물어뜯기 시작했다. 추위, 뱀, 모기, 지독한 냄새를 풍기는 진흙 속에서 두 소녀는 두려워지기 시작했다. 게다가 자신들이 집에 없다는 사실을 이제는 부모님들이 알아차렸을 거라는 생각이 들자 집에 돌아가기로 마음먹었다.

집으로 돌아가는 길에 두 소녀는 흥분에 사로잡혀 쉴 새 없이 개구리에 대해 이야기했다. 그 생물의 가족들에 대해서, 그들을 잡아먹는 뱀이 바로 옆에 살고 있다는 것에 대해서도 이야기했다. 개구리들이 무엇을 먹고 사는지에 대해 대화하던 중 제인은 개구리가 딱정벌레, 개미, 거미를 좋아한다는 것을 책에서 읽었던 기억이 났다. 서로 다른 종류의 개구리가 연못에서 어떻게 살아가는지, 두 소녀는 또 다른 동물들과는 어떻게 지내는지, 기나긴 추운 겨울을 어떻게 이겨내는지, 죽은 사람이 개구리로 환생할 수도 있을지 등 궁금한 모든 것을 상상했다.

아이들이 집에 도착했을 때 케이트의 부모는 먼저 와서 기다리고 있었다. 제인과 케이트가 어딜 갔는지 알 수 없었던 부모들은 막 경찰에 연락하려던 참이었다. 때마침 아이들이 돌아오자 처음에는 언성을 높여 꾸짖었으나 아이들의 대답을 들은 뒤에는 다소 진정이 되었다. 결과적으로 부모들은 이후로 어른이 동행하는 조건 아래 연못에 가는 걸 허락해주었다.

제인과 케이트는 세 번이나 연못 탐험에 도전했다. 그리고 점점 개구리와 늪, 그곳에 서식하는 동식물들에 친숙해졌다. 그들은 개구리와 연못 생물들을 방해하지 않으면서 숨어드는 방법을 깨우쳤다. 한번은 조심스럽게 개구리를 잡아 유심히 관찰을 했는데, 끈적거리는 개구리의 몸을 만지는 건 그리 유쾌하지 않다는 걸 깨달았다. 개구리가 다치지 않도록 조심스레 놓아준 뒤에는 혹시 병균에 전염되지 않았을까 걱정되어 집에 돌아와 꼼꼼히 씻기도 했다.

세월이 흐른 후 성인이 된 두 소녀는 이제 각자 결혼을 하고 가정도 꾸렸다. 그러나 지금도 가끔 만날 때면 지구에서 가장 위험한 지역을 탐험한 사람들처럼 어릴 적의 위대했던 개구리 모험을 회상하곤 한다. 두 여성은 여덟 살 때 용기를 발휘했던 일에 대해 자랑스럽게 여기고 있다. 숨겨진 위험이 도사리고 있을 것 같고 누군가 보이지 않는 곳에서 자신들을 지켜볼 것이라 상상했던 그때의 늪과 연못에 대해 두 여성은 으스스하면서도 존경과 경탄을 자아내는 황홀한 곳으로 기억한다고 말했다. 또한 그 시절의 추억은 어른이 된 뒤에도 자연에 대한 호기심과 사랑을 지닐 수 있게 해주었다고 믿으며, 그러한 소중한 감정을 자녀들에게 전해주려고 노력하고 있다.

어린 제인은 이야기, 그림, TV, 비디오, 동물원, 자연보존센터, 늪, 그리고 연못 등을 통해 개구리를 접할 수 있었다. 이러한 표상적이거나 인위적인 접촉은 개구리에 대해 만족할 만한 많은 정보를 제공해주기는 하지만 제한된 지식과 감상, 개인적인 접촉일 뿐이었다. 개구리를 간접적이며 대리만족의 방식으로 경험하는 것은 야외 활동에서 체험 가능한 도전, 모험, 경이로움, 대처능력, 심지어 두려움과 경외심을 습득하기에 충분치 않다. 제인이 직접 만난 연못과 늪은 실내 환경 또는 통제된 자연환경보다 신체적으로 훨씬 더 힘들지만 감정적으로 효과적이며 지적 보람을 안겨준다.

제인의 연못 탐험은 아이들의 학습과 발달에 왜 야외 체험이 중요한지를 보여줄 뿐만 아니라 다른 경험으로 대체될 수 없는지를 이해시켜준다. 또 다른 중요한 점은, 소녀들의 야외 경험이 '자유로운 활동'이었다는 것이다. 일시적이나마 어른들의 통제로부터 벗어나 자발적이며 독립적인 방식으로 자연에 참여할 때, 그들에게는 임기응변의 능력과 적응력 등이 요구된다. 이런 요소는 책이나 사진 등의 묘사적인 경험이나 수족관, 동물원, 자연보존센터 등의 관리된 접촉에서는 결코 경험할 수 없는 요소들이다.

야외의 경험이 아이들의 학습과 발달에 더 강한 원천을 제공하는 이유는 무엇일까? 그것은 다양함, 도전의식, 복잡함, 예측 불가능성, 신속성, 위험도가 크다는 사실과 연관된다. 이러한 특징들은 아이들의 호기심, 상상력, 창의력, 문제 해결 능력, 독립성 등을 유발하며, 더욱이 야외에서 만난 도전에 성공적으로 대처한 경험은 자신감과 자긍심을 키워준다.

아이들이 야외에서 얻을 수 있는 다양한 경험을 세부적으로 살펴볼 필요가 있다. 그 경험은 수많은 동식물, 토양의 성분, 날씨의 변화와 대기조건, 다양한 풍경과 환경적 여건, 계절에 따라 항상 변화한다. 이러한 변화무쌍한 특징은 세련되고 잘 짜인 계획과 무관하며, 책이나 인터넷이 흉내 낼 수 없는 감각적인 자극과 세부적인 정보를 무한하게 제공한다.

또한 자연은 끊임없이 변화하는 상태에 있다. 뒤뜰, 구석진 공터, 근린공원과 같은 평범한 공간도 상황의 변화나 불확실성의 정도에 따라 영향을 받는다. 이러한 역동적인 요소들은 아이들의 주의를 끌어들여 도전의 기회를 제공한다. 이로써 자연에 적응하거나 대응하는 요령의 필요성을 깨우치게 한다.

야외는 예측할 수 없는 불안정한 세계로서 그 변덕스러움으로 인해 종종 강렬한 놀라움과 신비로움을 안겨준다. 더불어 그러한 불안정한 요소로 인해 아이들은 문제 상황에 대처하는 행동력의 필요성을 깨닫게 된다. 이런 경우 아이들은 두려움을 느끼기도 하지만 바로 그런 요소야 말로 모험심과 자신감을 높이는 계기가 된다.

그밖에도 야외는 다차원적이고 복잡하다. 아이들은 시간과 장소에 따라 달라지는 수많은 생물체와 풍경을 만날 수 있는데, 이러한 요소들이 생태적으로 서로 연관되어 있다는 사실을 인지함으로써 관계, 협동, 경쟁 세계에 관한 실질적인 교훈을 얻는다. 또한 혼자 살거나 떨어져 사는 인생에 대한 환상보다는 공동체로 살아가는 현실을 경험할 수 있다.

야외의 가장 큰 특징은 아마도 아이들이 그들만의 용어와 눈으로써 자연세계에 참여할 수 있는 장소라는 점일 것이다. 아이들은 생명체, 특히 인간이 아닌 생명체에 대해 원시적인 매력을 느낀다. 살아 있는 생명체들은 아이들의 마음을 끌어당길 수도 있고 거부감을 일으키기도 하지만 적어도 관심 밖의 대상은 아니다. 특히 아이들에게 거부할 수 없을 만큼 매력적인 자연의 생명체들은 효과적인 학습과 성숙을 이끌어준다. 보존생물학자인 로버트 파일Robert Pyle, 1947~이 관찰한 것처럼, 아이들은 책이나 텔레비전이나 동물원에서 보았던 흔치 않은 동물들보다는 민달팽이나 메뚜기처럼 어디서나 흔히 볼 수 있는 생물체들을 직접 만날 때 더 흥분하곤 한다.

바나나민달팽이와의 직접적인 만남은 텔레비전에서 보는 코모도왕도마뱀보다 더 큰 의미를 지닌다. 전자장비를 통한 접촉은 사물에 대한 사실과 인상을 효과적으로 전달해주며 흥미를 강화해주기도 한다. 그러나 그러한 세계가 최대의 충격을 줄 수 있도록 편집되어 전자장비 속에 저장될 때 우리의 대수롭잖은 일상의 경이로움은 전달될 수 없다. 실제로 일상에서 자동차 추격전이나 빌딩 폭파를 만날 수 없는 것처럼 자연은 픽셀 단위의 스크린 속에서 교배하는 코뿔소보다는 명아주 잎

22. 야외 경험은 어린 시절의 학습과 발달에 강력한 영향을 행사한다. 또한 부모가 적극적으로 자연과의 접촉을 장려할 때 더 큰 영향력을 가진다.

에 숨은 메뚜기에 더 가깝다.[2]

자유로운 놀이와 야외에 대한 자발적인 접촉은 아이들의 학습과 발달에 특히 강력한 계기가 될 수 있다. 자유로운 놀이는 대부분 도전, 놀라움, 창의성, 대응의 필요와 적응 행동을 의미한다. 물론 이러한 어른들로부터의 독립과 분리는 때때로 불안, 위험, 실패 또는 더 안 좋은 상태를 만들어낼 수도 있다. 하지만 이러한 역경들은 개인의 성장과 자긍심을 고취시키는 데 최고의 기회를 제공한다.

야외에서의 놀이가 건강과 발달에 끼치는 좋은 점에 관한 논문을 발표한 두 의사, 힐러리 버뎃Hillary Burdette과 로버트 휘태커Robert Whitaker는 다음과 같은 결론을 내렸다.

야외에서 노는 동안 아이들은 문제 해결 능력을 키우고 창의적인 생각을 자극하는 의사결정의 기회와 자주 마주친다. 이는 야외 공간이 실내 공간보다 더 다양하고 덜 구조화되어 있기 때문이다. 더구나 야외에서는 아이들이 움직이는 데 제약을 덜 받으며, 다양한 시야와 총체적인 운동 탐험에도 제약이 적다. 종합적인 견지에서 판단하건대, 이러한 요인들은 활동을 통해 유발되는 호기심과 상상력을 사용하는 데 통제를 가하거나 제한을 주지 않는다. (…) 야외 놀이에서 부딪히는 문제에 대한 해결 능력은 다른 수행활동 기능들을 촉진시킨다. 예를 들어 주의력과 계획, 조직, 배열, 의사 결정과 같은 다른 인지 기능들의 수준을 통합적으로 향상시킨다.[3]

뒷마당이나 근린공원은 아이들로 하여금 스스로 조사하고, 탐험하고, 발견하고, 상상하고, 공상하고, 대처하고, 문제를 해결하도록 풍부한 기회를 제공한다. 실내가 주는 인위적이고 부자연스러운 느낌과 대조를 이룬다는 점에서 야외는 일반적으로 '진짜 세계'라고 말할 수 있다. 그 세계는 활발하고 풍요롭고 생생하게 살아 있지만 상처와 고통, 심지어 죽음이라는 실패의 비용을 치르게 하기도 한다. 하지만 때때로 맞이하는 이러한 어려움과 비극은 아이들에게 현실에서의 한계와 위험, 투쟁과 인내의 필요를 깨닫는 기회가 되기도 한다. 야외는 우리에게 기쁨과 만족, 즐거움만큼이나 슬픔과 고통이 뒤따르기 마련이며, 그 또한 인생의 일부라는 사실을 가르쳐준다. 이러한 경험 또한 성숙과 발달의 기본을 형성하는 것이다.

정신과 의사 해럴드 셜즈는 반세기 이전에 이렇게 주장했다. "인간 이외의 환경은 인간적인 성격 발달에 중요할 수도, 중요하지 않을 수도 있다. 그러나 인간의 심리적인 측면에는 가장 기본적이고도 중요한 요소 중 하나라고 할 수 있다."[4] 불행하게도, 아이들의 신체적·정신적 건강과 발달에 관한 자연의 역할에 대한 후속 연구는 거의 이어지지 않았다. 예컨대 2005년 『아동 발달에 대한 케임브리지 백과사전』에는 아이들과 자연에 대한 주제의 장章이 아예 없으며, 심지어 인용 색인조차 없다.[5] 다행히도 최근 들어 아이들의 자연 경험과 건강 및 발달효과에 관한 연구가 늘고 있다. 이러한 변화를 반영하듯이 '아이들과 자연 네트워크Children and Nature Network'는 "야외와 자연의 경험이 아이들의 건강에 주는 이점"에 다섯 개의 주석이 달린 참고문헌 목록을 발행했다.[6]

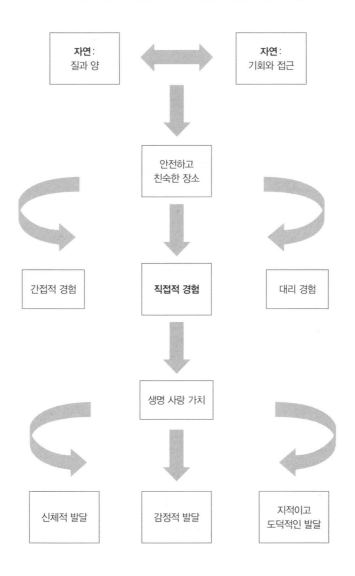

그림 23은 아이들의 신체적, 감정적, 지적, 도덕적인 발달에 기여하는 중요한 요소들을 확인함으로써 앞서 말했던 논의들을 통합적으로 설명하고 있다.

이제 아이들의 건강과 발달에 영향을 끼치는 생명 사랑의 중요성은 명확해졌다. 다음은 생명 사랑이 발달에 끼치는 영향을 항목별로 요약한 것이다.

- 애착: 아이들의 자연에 대한 감정적인 애착과 사랑은 그들이 다른 이들과 유대관계를 맺는 능력에 대한 발달을 촉진시키며, 배려하고 연민을 느끼는 감각을 발달시킨다.
- 끌림: 자연의 미적 매력과 아름다움은 아이들로 하여금 호기심, 창의성, 탐험, 발견, 상상, 복잡성의 구성, 안목이 있는 균형과 조화에 대한 소질을 발달시키는 데 도움을 준다.
- 혐오: 자연 속에서 불안과 두려움에 대처하는 경험은 자신에게 닥칠 도전과 역경을 다스리게 해주고 자신감과 자부심을 형성하도록 돕는다. 뿐만 아니라 자연세계에 대한 존경심도 지니게 한다.
- 개발: 자연세계로부터 사람들이 이끌어내는 물질적인 이익은 목적을 위한 자연 개발 능력뿐만 아니라 아이들에게 현실감, 능숙한 감정, 신체적이고 정신적인 능력, 독립성과 자율성을 제공한다.
- 이성: 자연과의 접촉은 이해, 분석, 평가, 판단을 포함하는 아이들의 총체적 인지능력 발달을 독려한다.
- 지배: 아이들이 자연을 통제하는 권리를 행사하는 것은 신체와 운동 능력, 문제 해결, 위기 극복, 용기, 독립성과 자율성의 발달을 조성한다.

- 정신성: 자연과의 연결은 아이들로 하여금 의미와 가치, 목적의식이 있는 실천, 즉 자기 자신을 넘어선 세상과의 연결에 도전하게 만든다.
- 상징주의: 자연과의 표상적인 경험은 글과 말의 능력, 소통 능력, 성격과 개성의 발달을 촉진한다.

안전하고 친밀한 장소 또한 아이들의 건강과 성장에 중요하다. 만족스럽고도 이로운 동기를 부여하려면 아이들은 우선 자연에 대해 안정감과 친밀감을 가져야 한다. 대개 아이들은 경계심이 강하고 조심스러운 경향을 지니고 있기 때문에 이상하거나 낯선 장소에서는 야외 활동의 위협을 느낄 수 있다. 사람은 특정 환경에 그들 스스로를 연관 짓고자 하는 소속성이 강한 생명체다. 이는 인류 진화의 긴 시간에 걸쳐 강화된 능력으로, 특정 장소에 대한 친밀감과 이해를 높임으로써 안전과 보안을 지키고 자원에 대한 접근과 이동을 가능하게 만든 것이다. 이러한 지역적 소속성은 특히 아이들에게 강하게 나타난다. 상대적으로 무기력한 아이들은 성인들에게 높은 의존성을 보이기 때문이다. 다시 말해, 아이들은 낯설고 이상하게 느껴지는 장소보다는 친밀함을 느낄 수 있는 장소에서 훨씬 더 많은 경험을 하려 한다. 따라서 아무리 자원이 풍부하고 아름다운 곳일지라도 아이들로서는 낯선 야생에 떨어뜨려 놓는다면 오히려 흥미와 참여 욕구를 상실할 가능성이 크다.[7]

자연이 아이들의 건강과 발달에 미치는 역할에 대한 이론과 사례들이 늘어나고 있지만 현대사회 아이들의 야외 활동 시간은 점점 줄어들고 있다. 이러한 감소 추세로 인해 저널리스트인 리처드 로브[Richard]

24. 점점 증가하는 사례들은 아이들이 야외와 접촉하는 시간이 급격히 감소하고 있음을 보여준다. 오늘날 아이들은 일반적으로 야외에 있는 시간이 일주일 중 40분도 되지 않는데 비해 평균 52시간 이상을 전자미디어와 보내고 있는 것으로 나타났다.

Louv는 "자연결핍장애nature-deficit disorder"라는 용어를 만들어냈다. 그리고 현대사회 속의 아이들이 자연과 접촉하는 기회로부터 차단될 때 어떠한 부정적 효과를 낳는지에 대해 관심을 불러일으키고자 했다. 로브는 "수십 년 사이에 아이들이 자연을 이해하고 경험하는 방식은 완전히 달라졌다. 새로운 세대에게 자연은 현실이라기보다 관념에 가까운 것이 되어버렸다. 자연은 점점 더 감시하고, 소비하고, 착용하고, 심지어 무시하는 대상으로 변해가고 있다. (…) 우리 사회는 어린아이들에게 자연과의 직접적인 경험을 피하라고 가르친다."[8]

작가이자 보존생물학자인 로버트 파일 또한 "경험의 멸종extinction of experience"이라는 말로써 아이들의 자연 접촉이 점점 줄어드는 사실을 비판했으며, 특히 오늘날 아이들이 자유롭게 야외에서 즐길 만한 놀이가 급격히 줄어든 것에 대해 우려를 표했다. 그는 다음과 같이 기술했다. "우리는 살아 있는 세계와 덜 친밀한 관계에 있다. 경험의 멸종에는 불만의 사이클이 내포되어 있다. 즉, 경험의 멸종은 대지에서 비롯되는 삶을 흡수해버리고 관계를 통해 형성되는 친밀감 또한 흡수해버린다. 도시, 또는 인접한 교외 지역이 자연의 다양성을 포기함으로써 시민들은 개인적으로 자연과 접촉할 기회를 잃어버렸고, 그 안의 인식과 감상을 얻을 수 없게 되었다."[9]

물론 자연결핍장애를 임상적으로 진단할 수는 없다. 더욱이 이런 증상은 '경험의 멸종'을 언급하는 과장된 표현일 수도 있다. 그러나 로브는 이러한 주장을 통해 아이들이 자연과 직접 접촉할 수 있는 기회가 급격히 감소하는 것에 대한 관심을 이끌어내고자 했다. 자연이 아이들의 육체적·정신적 건강과 발달에 큰 영향을 끼친다는 경험적인 증거는 사실 단편적인 것들에 불과하다. 그러나 그것의 축적은 일관적이면서도 설득력이 있고, 심지어 불길하기까지 하다.

- 일반적으로 오늘날의 아이들은 일주일 동안 야외에서 지내는 시간이 평균 40분도 되지 않는다. 이는 20년 전의 4시간 이상과 큰 차이를 지닌다.
- 성인의 96퍼센트는 그들의 어린 시절의 가장 중요한 환경을 야외라고 생각하는 반면 아이들은 46퍼센트만이 이 중요성을 인정한다.
- 아이들 가운데 31퍼센트는 규칙적으로 야외에서 논다. 이 수치는 그들의 엄마가 어렸을 때 70퍼센트가 넘었던 것과 비교된다.
- 2010년 조사에 따르면 아이들은 일주일에 평균 52시간 동안 전자매체인 TV, 컴퓨터, 비디오 게임에 사로잡혀 보낸다. 2005년에도 이미 높은 수치였지만 1주일에 46시간이었다.
- 8세 아이들의 평균 '행동 범위'(아이들이 스스로 야외에서 노는 영역)는 지난 반세기 동안 90퍼센트가 줄었다.
- 요즘 아이들은 실내에서 보내는 시간이 평균 90퍼센트를 차지한다.[10]

종합적으로 볼 때, 이러한 통계수치들은 아이들이 자연 또는 야외와 접촉하는 횟수가 얼마나 크게 감소했는지를 보여준다. 자연세계와의 접촉이 이렇게 감소하는 데는 어떤 요인들이 작동한 것일까? 정리하자면 다음과 같은 요소들이라고 할 수 있다.

- 자연환경의 질적 축소는 아이들로 하여금 풍부하고 다양한 자연세

계, 특히 지역의 생물 종이나 서식지를 접촉할 기회를 축소시켰다.

- 성인들은 아이들이 야외에서 자유롭게 노는 것을 제약한다. 그리고 그 시간을 운동과 같은 구조화된 활동으로 대체하려고 한다.
- 실내에서의 정규 교육을 통한 학습이 점점 더 강조되고 있다.
- 텔레비전과 컴퓨터와 같은 전자매체들의 급격한 확대로 자연과의 직접적인 접촉을 실내에서의 대리 경험으로 대체하고 있다.
- 인간이 만들어낸 환경의 성장, 운송수단에 대한 의존이 확대됨으로써 아이들의 자연과의 접촉은 점점 줄어들었다.
- 맞벌이 부모의 증가 및 대가족의 감소로 현대인은 야외에서 보내는 시간이 적어졌다. 또한 이로 인해 아이들에게 야외 활동의 역할모델이 될 만한 어른들 역시 적어졌다.[11]

종합해볼 때, 이러한 요소들이 자연과의 접촉에 큰 장애를 형성했다고 말할 수 있다. 그러나 아이들의 건강과 발달에 부정적 영향을 끼친다는 인식과 우려로 인해 아이들과 야외를 다시 연결해주려는 움직임이 형성되고 있다. 미국에서는 특히 '어린이와 자연 네트워크Children and Network'라든가 '아이들을 실내에 남겨두지 않기 운동No Children Left Inside Movement'과 같은 단체는 선구적인 일들을 포함, 주목할 만한 노력을 전개하고 있다.[12]

나 또한 아이들이 자기 삶에서 자연의 중요성을 직관적으로 깨닫기를 권장한다. 이러한 인식 또는 무의식적인 의식을 반영해 아이들이 자연세계와 계속 접촉하는 것을 보여주는 세 편의 이야기로 이 장을 마무리 짓고자 한다.

숲과 바다에 대해서

희미해져가는 나의 오랜 기억 속에서, 물리학이 물질보다는 느낌에 가까웠던 여섯 살의 나로서는 정확한 지리를 떠올리기 어렵다. 내가 아는 것이라곤 그때 나는 특별한 나만의 세계 속에 파묻혀 있었으며, 그 상상은 나로 하여금 야외창고를 거쳐 구불구불한 길과 덤불을 지나 도로까지 나오게 만들었다는 것이다. 나는 길가에 피어 있는 해변 장미와 덩굴 옻나무와 잎이 뾰족한 풀들을 보았으며, 수천만 마리의 진드기들이 덤벼들 것만 같은 느낌이 들었다. 해변 가까이 갔을 때에는 많은 돌을 건너야 했다. 파도가 닿지 않을 만큼 높은 모래사장에는 가시가 달린 식물들이 자라고 있었는데 그것들은 봄이면 알록달록한 꽃들의 카펫이 되었다. 바위와 꽃들 너머로 끝없이 펼쳐진 아름답고 부드러운 해변에서는 시간이 굉장히 천천히 흘렀다. 그것은 마치 시간이 멈춘 다음 뒤로 접힌 듯한 느낌이다.

이전까지는 엄마와 형제들, 사촌, 친구들과 그들의 부모, 때로는 이웃들과 함께 해변으로 나들이를 하곤 했다. 해변에서는 모르는 사람과도 잘 사귀었으며, 혼자일 때조차도 모래나 그 밑, 물속, 공기 중에 많은 생명체가 있기 때문에 혼자라는 것을 느낄 수 없었다. 그곳에는 게, 딱정벌레, 제비갈매기, 피라미, 물고기, 가마우지, 어부들이 있었고 나는 혼자였지만 전혀 지루하지 않았다. 해변은 어느 정도의 분명한 목표 또는 목적지와 더불어 끊임없는 모험과 탐험을 제공해주었다.

따지자면 해변은 단지 큰 모래 더미에 불과하다. 그러나 수평선을 향해 뻗은 단조로운 색은 회색빛 바다와 잘 어울렸다. 그 해변은 언제나 우리 마음을 사로잡았다. 짜증스러운 더위로 땀이 날 때 또는 넘치는 에너지를 발산하고 싶을 때 우리는 차가운 물속으로 뛰어들어 한 시간을 1분처럼 보냈다. 요새, 성, 터널, 연못 등을 만들거나 게를 뒤쫓는 등 사소하지만 결코 덜 중요하다고 말할 수 없는 놀이에 몰두했다. 그 모래 더미는 왜 우리의 넋을 잃게 만들었을까? 그 순간 강렬한 생동감을 느꼈기 때문일 것이다. 우리는 세상에 없는 경이로운 작품을 만들어냈고, 주변의 세상을 바꾸었다. 물론 근본적으로 바꾸거나 없앨 수는 없었으며, 단지 해변의 특성과 경계 확장을 통해 '해변다움'을 재구성했을 뿐이다.

해변은 그 지역에서 특별한 곳이었다. 1950년대 중반 우리는 이 해안가의 작은 마을에 살았다. 그 시절 이후, 도시에는 파리들만큼이나 많은 사람이 밀집해 있었지만 대부분 혼자이거나 떨어져 지내는 것임을 알게 되었다. 그러나 내가 살던 그곳의 사람들은 서로 잘 알고 지냈기 때문에 마을은 살아 숨쉬는 것 같았다. 오해하지 말아야 할 것은, 모두가 서로를 좋아하는 건 아니었다는 사실이다. 당연히 우리는 훌륭한 인격을 갖춘 거룩한 성인이 아니었으므로 경쟁, 질투, 사소한 싸움, 그보다 더 안 좋은 일들을 벌이곤 했다. 그럼에도 대부분 상호 관계와 공손한 동맹을 유지했으며 모두를 위한, 특히 어린아이들을 위한 책임의식을 지니고 있었다. 좋든 싫든 간에 우리는 모두 다른 이들에 대해서 잘 알고 지냈다.

우리는 아이들의 물질세계에 대해서 잘 알고 있었으며, 자연과 융화되는 가운데 자부심을 가질 수 있었고 정체성을 확인할 수 있었다. 마을의 집들은 페인트칠을 거의 하지 않은 향나무 널빤지로 덮여 있었는데, 그 회색 질감은 육지와 바다의 부드러운 색깔에 스며드는 느낌이었다. 이유는 알 수 없지만 대부분의 집주인들은 마을을 둘러싼 소나무 숲, 월계수 나무와 블루베리 군락지 아래의 식생지를 장식용 관목으로 꾸미지 않고 그대로 두었다. 물론 사람들은 습한 공기에도 꽃들이 잘 자라는 정원을 소유하고 있었으나, 이것은 숲의 부가적인 산물이었다. 숲은 그 자체로 단순했다. 크게 두 종류의 나무, 다시 말해 송진을 채취할 수 있는 소나무와 졸참나무가 자라고 있었다. 원래 이 지역은 오래전부터 소나무만 자라는 곳이었다. 대부분 토양의 질이 떨어지는 모래로 뒤덮여 있어 다양한 나무와 식물들은 거의 성장할 수 없기 때문이다. 하지만 사람들은 이 단순한 소나무 숲에 만족했으며, 숲은 늘 마을 사람들의 기대를 충족시켰다. 그래서 사람들은 나무를 베어내는 것에 대해 부정적이었다. 마을 사람들은 봄이면 들려오는 휘파람새 비슷한 명금류의 새와 메추라기의 지저귐을 좋아했고, 여름이면 올빼미와 매미들의 소리, 가을과 겨울이면 살을 에는 북동풍에 맞서 마을을 지켜주는 숲을 아꼈다. 아마도 아이들이 숲과 바다에 반응하는 모습을 보면서 어른들은 어린 시절로 돌아간 듯한 느낌을 받았을 것이다.

아이들은 숲과 바다와 더불어 우리의 이웃이었다. 그들은 끝나지 않는 탐험, 모험, 발견의 장소였으며, 나아가 미적 감각과 창조물에 대한 존경심을 일어나는 발생지점이기도 했다. 우리는 검은딸기나무가 있는 덤불숲에 경이로운 공간을 만들었다. 호기심과 창의력을 기반으로 덤불로 집을 짓고 도전과 경쟁의 게임도 창안해냈다. 우리는 어른들과 항상 가까이에 있었지만 안전거리 내에서 그들과 분리된 즐거움을 누릴 수 있었다. 여러 가지 위험이 동반된 체험에 뛰어들기도 했지만 우리는 결코 집과 뒷마당이 주는 편안함으로부터 멀리 벗어나지는 않았다. 스컹크, 덩굴 옻나무, 진드기, 너무 높게 올라가거나 멀리 떨어지는 경우, 모험을 무릅쓰거나 길을 잃는 것, 높은 파도에 접근했다가 휩쓸리는 것 등의 위험은 우리에게 매우 현실적인 것이었다. 우리는 모두 자기 세상의 경계를 시험해보았으며 자신의 호기심과 독창성을 탐색하고 충족시켰다. 어른들은 이러한 모험에 대한 우리의 열망을 인정해주었으나 대놓고 지지하지는 않았다. 대신 위험에 대한 경고를 해주었다.

이러한 친밀함의 세계는 어두운 순간들, 심지어 끔찍한 순간들의 기억과 함께 공유되고 있다. 나는 그 일을 회상할 때면 무기력한 슬픔에 빠져든다. 그 무렵에 대한 기억은 무엇보다도 아버지의 죽음이다. 그후 방황했던 기억도 간직되어 있다. 물론 여기서 어떤 비애에 계속 빠져들고 싶지는 않다. 많은 소년과 소녀가 사고나 질병 또는 의도치 못한 상황으로 인해 부모를 잃곤 하지만 꿋꿋이 살아가는 법을 배워나간다는 사실을 나는 잘 안다. 하지만 여섯 살에 맞은 아버지의 죽음은 내게 말로 설명할 수 없는 상실감을 안겨주었다. 그것은 마치 깊고 검은 재앙의 구멍으로 끌려드는 것만 같았다.

나는 아버지가 아프다는 사실을 알고 있었다. 그러나 어린 생각에 그 아픔이 아버지의 삶을 끝장낼 정도로 심각한 건 아니라고 믿었다. 아버지의 병이 얼마나 깊은지 내게 설명해주는 사람은 아무도 없었다. 어른들 대부분이 그러하듯 어린 아이는 현실의 고통과 상실로부터 보호되어야 한다고 여겼을 것이다. 어느 날 밤, 아버지는 고통스러움을 호소하며 병원으로 실려갔다. 그때까지도 아버지를 두 번 다시 못 볼 거라고는 생각지 않았다. 그러나 아버지의 죽음이 확실해졌을 때 나는 그 충격 때문에 혼란스러웠고, 현실을 부정하려 했다. 아버지가 죽었다는 생각을 대신할 만한, 그럴 듯한 다른 설명을 찾으려고 했다.

되돌아보면 아버지의 죽음으로 인한 슬픔에 내가 삼켜지지 않도록 지켜준 유일한 존재는 숲이었던 것 같다. 특히 굴뚝새의 위로를 받았다. 숲은 혼자 있기에 좋은 장소였고, 때문에 슬퍼질 때마다 도망치듯 숲으로 달려가곤 했다. 숲속을 여기저기 돌아다니다 보면 아버지를 되찾을 수도 있지 않을까 하는 비밀스러운 상상을 품기도 했다. 숲속에 혼자 앉아 있던 어느 날, 나는 멀리 떨어진 곳 어딘가에 있을 오지를 상상하면서 기이한 판타지에 빠져들었다. 그곳은 황폐한 땅이었고 깊은 분화구들이 솟아 있으며, 머리 위의 하늘은 특이한 보라색과 파란색을 띠고 있었다. 나는 구불구불한 길을 따라 걸으며 멀리 떨어진 곳에서부터 들려오는 소리를 들었다. 그 소리는 점점 더 커지더니 견딜 수 없을 정도가 되었다.

판타지에서 깨어났을 때 옅은 안개 사이로 작은 굴뚝새가 나타났다. 그 작은 새는 난쟁이처럼 키가 작고 두꺼운 나뭇가지 위에 앉아 있었는데, 나와의 거리는 30센티미터도 안될 만큼 가까웠다. 반짝거리는 눈으로 나를 뚫어져라 응시하는 새의 작은 머리에는 빛나는 곡선 줄무늬가 그려져 있었고, 갈색 몸에는 얼룩덜룩한 하얀 반점들이 있었다. 그 새의 몸집은 너무 왜소해서, 강렬하게 울어대는 소리와 화난 듯한 눈빛은 왠지 어울리지 않았다. 그러나 새의 노랫소리는 그 존재만큼이나 내 주의를 끌었고 슬픔으로부터 빠져나오게 만들었다. 손바닥 안에 들어갈 만큼 자그마한 이 생명체에서 울려 퍼지는 울음소리는 시끄러울 정도로 열정적이었는데 이는 마치 최면을 거는 듯했다.

낙천적인 사람들은 굴뚝새가 나를 위로하기 위해 노래를 들려주었다고 생각할 것이다. 하지만 여섯 살의 나는 실제로 그 새가 나를 위로해주었다고 확신했다. 그때 새는 나를 알아보았고, 서로 소통했다는 사실에 대해서는 의심의 여지가 없다. 그 무렵 우리의 생활을 돌이켜보면 꽤 많은 시간을 굴뚝새와 함께하고 있었다. 야생 또는 서로 길들여진 방식으로 숲에 서식하고 있던 그들은 매일 아침마다 큰 소리로 자신의 존재를 알렸다. 처음에는 가볍고도 기나긴 울음소리를 통해 마치 숲이 자기들의 것임을 주장하는 것 같았다. 그러나 굴뚝새의 작디작은 몸집을 알게 된다면 그 소리를 들을 때마다 놀라움을 금치 못할 것이다.

더 중요한 것은 굴뚝새들이 우리 가정에서 특별한 위치를 차지하게 되었다는 점이다. 아버지가 돌아가신 지 얼마 뒤, 비공식적이지만 굴뚝새 한 마리가 우리 가족의 일부가 된 것이다. 이 사건은 우리가 휴가를 간 사이에 발생했다. 문이 약간 열려 있던 세탁실 창문으로 암컷 굴뚝새가 날아들었고, 바구니 바닥 쪽에 접혀 있던 세탁물 위에 둥지를 튼 것이다. 우리가 돌아왔을 때 그 새는 부화되지 않은 알들을 품고 있었다. 이런 상황에서 인간을 맞닥뜨리게 되면 새들은 대부분 겁을 먹고 둥지를 떠났을 것이다. 하지만 굴뚝새는 대담했고 위협을 느끼지 않는 것처럼 보였다. 사람들은 집 안에서 야생동물과 마주쳤을 때 대부분 쫓아내거나 더 심한 행동을 저지르기도 하지만 어머니는 새의 존재를 불쾌해하지 않았다.

어머니를 처음 보았을 때 새는 놀란 듯했지만 곧 안정을 찾았다. 어머니는 빨래 바구니 안에 둥지를 튼 굴뚝새에 대해 크게 신경 쓰지 않았다. 불안 감과 경외심으로 주시했던 우리도 곧 그 상황에 적응하게 되었다. 굴뚝새는 알을 품고 있으면서도 어머니가 세탁 일을 하는 것에 개의치 않았다. 드디어 알이 부화되자 어미새는 끊임없이 울어대는 새끼들의 배를 채워주기 위해 창문으로 먹이를 실어 날랐다. 오래 지나지 않아 새끼 굴뚝새들은 창턱으로 뛰어올랐고, 곧이어 그들은 숲속으로 사라져버렸다.

외롭고 혼란스러웠던 어느 날 나는 정적 속에서 굴뚝새의 노래를 들었다. 마치 나를 향해 열정적인 지지를 보내는 듯한 그 선율에 혹시 이 새는 빨래 바구니에서 길러진 새끼 굴뚝새 중 하나가 아닐까 싶었다. 죽음이 아닌 삶을 선택한 사람들 가운데 한 명을 돕기 위해 돌아온 것은 아닐까 하는 생각도 했다. 그때 나는 연민이라는 감정이 과연 인간에게만 허락된 것일까 궁금했다. 적어도 그 새가 굉장히 오랫동안 노래를 부르며 내 주의를 사로잡았던 것만큼은 부정할 수 없는 현실이었다. 나는 굴뚝새를 뒤에서 주시하고 있었고, 굴뚝새는 뒤에 있는 나를 향해 조금씩 몸을 돌렸다. 플루트 소리를 닮은 그 선율은 조금씩 높아졌으나 결코 날카롭지 않았으며 최고조에 이르렀다가 떨어지곤 했다.

나는 더 이상 참지 못하고 새에게 말을 건넸다. 그러자 굴뚝새는 달아나지 않고 긴장한 듯 침묵을 지키면서 의식적으로 주의를 기울였다. 그래서 나는 속마음을 쏟아냈으며 (말보다는 머릿속으로 더) 내 고통에 대해 털어놓고는 어떤 설명이나 확인을 받고 싶었다. 물론 아무런 응답은 없었지만 나는 이상하게도 안도감을 느꼈으며 삶과 죽음 사이의 미미한 연결고리를 수용할 수 있게 되었다. 이러한 연결을 인식하게 되자 아버지의 죽음으로 인한 그간의 외로움이 사라졌을 뿐만 아니라 아버지와 내가 포함된 더 크고 넓은 세상이 위로를 안겨주었다. 여섯 살의 나는 심지어 나뭇가지, 나무, 흙, 하늘에 떠 있는 구름, 새, 그리고 어린 소년도 물질과 시간의 지배를 받는지 궁금했다.

숲에서 일어나는 여러 상황에 익숙해지면서 나는 숲의 작은 일부가 된 것 같은 느낌을 받았다. 굴뚝새와 함께 있을 때부터 나는 넓은 원을 형성하는 인식의 연결성을 느낄 수 있었다. 들락날락하는 들쥐, 개똥지빠귀, 꿀벌,

잠자리, 딱정벌레, 개미, 졸참나무, 덩굴 옻나무, 바람과 하늘 등은 모두 살아 있는 나의 일부였다. 생명과 비생명의 경계는 지워졌다. 가터뱀이 나타났을 때는 두려워 도망치고 싶었다. 이 뱀을 면밀히 살피던 굴뚝새가 어디론가 떠나버리자 나는 더 외롭고 두려웠다. 남겨진 나는 따뜻한 햇볕을 즐기던 뱀이 세상 만물의 일부라고 느껴질 때까지 자리를 지키고 있었다. 아버지가 세상을 떠난 이후 처음으로 살아 있다는 느낌을 받을 만큼 긴장된 순간이었다. 내 안에 도사린 검은 구멍으로부터의 외로움보다 뱀이 더 좋았다.

그후 나는 가족 곁에 있고 싶은 마음이 들었다. 사람들이 사는 곳으로 돌아온 후에도 나는 굴뚝새와 각별한 교감을 나누었던 숲속을 찾았다. 나에게 그곳은 인간이라는 생명체와 더 광범위한 생명체 사이에 존재하는 집의 일부였다. 나는 굴뚝새를 통해 우주를 느낄 수 있었다. 그 우주는 독립적이면서도 친숙했고, 커다란 차이에도 불구하고 연대감이 만들어질 수 있는 곳이었다.

나는 이제 더 이상 상실감에 붙잡혀 있고 싶지 않으나, 당시 죽음에 쓸려갈 뻔했던 사건까지 이야기를 해야 할 것 같다. 그때의 공포는 지금까지도 나를 몸서리치게 한다. 그런데 아이러니하게도 그 사건은 나를 도우려 했던 이들의 친절로 인해 벌어졌다. 아버지가 돌아가신 뒤 삼촌은 나를 데리고 보름달이 뜬 밤길을 산책하다가 달을 가리켰다. 그리고 아버지가 나를 내려다보고 계신다고 했다. 달 속에는 이전에는 알아차리지 못했던 얼굴의 희미한 흔적이 담겨 있었다. 삼촌의 그 말은 뇌리를 떠나지 않았고, 나는 다음 날 어두워지기를 기다렸다가 달 속의 아버지 얼굴을 바라보았다. 왠지 아버지와 한층 더 가까워진 느낌이었다.

나는 일찌감치 잠자리에 들었다가 완전히 깜깜해지고 나서야 창밖의 나무를 타고 내려왔다. 그리고 수평선 위로 보름달이 뜬 해변으로 발걸음을 옮겼다. 지면으로부터 발생한 열 때문에 평상시보다 훨씬 크고 노랗게 보이는 달을 오랫동안 지켜보았고, 그다음에는 부두 밑에서 노 젓는 보트를 찾아냈다. 그 보트는 역조逆潮에 휘말리던 사람들을 구조하는 데 이용되는 배였다. 나는 보트를 타고 달에 더 가까이 다가가면 아버지와 대화할 수 있을 거라고 믿었다. 그것은 여섯 살 소년으로서 가질 수 있는 완벽하고 정연한 논리였다. 하지만 당시 내가 살던 그 지역의 바다는 물살이 급격히 변하는 곳으로, 보름달이 뜨는 동안 해류와 조수가 딱 맞아떨어지면 소형 보트는 지탱할 수 없을 정도로 파도가 파괴적으로 변했다.

나를 태운 작은 보트는 물살이 급변하는 지점에 이르자 갑자기 빠르게 북동쪽으로 방향을 틀어 흘러갔다. 얇은 선체 밑으로 휙휙 지나치는 물살은 자꾸만 나를 바다 위로 띄웠다. 보트는 더 이상 내가 통제할 수 없는 지경에 이르렀으며, 먼 바다 쪽으로 무기력하게 쓸려가던 나는 두려움에 사로잡혔다. 멀리 보이는 해협 부표의 벨은 무시무시한 눈처럼 초록색으로 깜빡이고 있었다. 파도에 부딪칠 때마다 바닷물이 나무 보트 안으로 쏟아져 바닥에는 물이 차오르기 시작했다. 맹렬한 파도에 보트가 튕겨지거나 흔들릴 때마다 나는 끔찍한 공포를 느꼈다. 소용돌이로부터 빠져나오기 위해 나는 격렬하게 노를 저었지만 보트는 균형을 잃고 빙글빙글 회전할 뿐이었다.

계속 비틀거리며 회전하던 보트가 갑자기 홱 뒤집어졌다. 바닷물에 빠져 힘없이 해류에 휩쓸린 와중에도 나는 이상한 생각을 했다. 혹시 내가 죽는다면 하늘에 있는 아버지를 만날 수도 있지 않을까 생각한 것이다. 그러자 엄청난 공포 속에서도 바닷물이 따뜻하게 느껴졌다. 나는 도와달라고 소리쳤지만 그 소리를 듣는 사람은 아무도 없었다. 어린 나이에도 불구하고 살아날 가망이 없음을 직감하자, 격랑에 파묻힌 순간에 공포심은 사라지고 이상한 고요가 찾아들었다. 그것은 찰나의 순간이었지만 영원처럼 느껴졌다.

나는 파도에 떠밀려 부표 쪽으로 흘러왔다. 부표에서 깜빡이는 빛을 보자 나는 파도가 기울어지는 흐름에 내 몸을 맞추려 노력하면서 금속으로 된 부표를 잡으려고 했다. 내 안에서 나침반이 작동한 것인지 죽을힘을 다해 허우적거린 끝에 부표에 도달할 수 있었다. 부표는 생각했던 것보다 더 가깝고 크게 느껴졌다. 금속 재질로 만든 단단한 부표에는 사다리가 달려 있었고, 원형의 레일과 통로로 이어졌다. 그때 사정없이 몰아친 바람 때문에 부표의 단단한 표면에 부딪쳤고 극심한 고통을 느꼈다. 공포에 빠진 나는 어떻게든 사다리를 잡기 위해 필사적으로 옆면에 매달렸다. 거센 파도가 덮칠 때마다 물보라를 일으켰고, 목숨은 점점 빠져가는 팔 힘에 달려 있었다. 죽을힘을 다해 부표 가까이 이동할 때마다 격렬한 물살이 몸의 양쪽에서 소용돌이를 일으켰다. 기진맥진한 나는 안정을 되찾았고, 남은 힘을 모아 원형 선반에 도달할 때까지 고통스럽게 사다리를 타고 올라갔다.

진이 빠진 채 원형 선반에 드러누운 나는 감사함을 느끼는 동시에 정신이 혼미해져 잠에 빠져들었다. 그러고 나서 얼마 후, 헬리콥터 소리에 이어 보트들이 다가오는 소리에 잠에서 깼다. 내가 사라진 것을 발견한 어머니가 구조요청을 했고, 수색 도중에 보트가 정박되어 있지 않은 사실을 발견한 것이다.

이후로 나는 평범한 성장과정을 거쳤다. 아버지의 죽음과 아버지를 만나려 했던 욕구는 약간의 상처를 안겨주었지만 한편으로는 적지 않은 지혜를 남겼다. 적어도 나를 둘러싸고 있는 다양한 생명체에 대해, 그 생명체들 가운데 적절한 곳에 있다는 사실에 깊은 감사를 느낄 수 있게 되었다. 심지어 작은 소년에게 그것은 일종의 평온이었다.

세 편의 시

올빼미

날개를 단 희망이 조용히 날아간다.

달빛의 줄기에 선다.

거대한, 그것은 희망에 가득 차 있다.

먹이를 노려보며 웅크리고 앉는다.

나무들 사이로 길을 낸다.

달빛 아래에서

날개를 단 희망이 조용히 날아간다는 것은 그런 것이다.

— 엘라노라 레너Ellanora R. Lerner, 7세

봄

바람이 부는 곳에

봄은 다시 돌아오지 않는다.

모든 바람은 각자의 길이 있다.

빨간색과 파란색이 온다면

그곳에는 꽃이 있다.

멈추어라 (…) 햇빛은 모든 방향에서 온다.

꽃이 피는 것을

사람들은 바라보지 않는다.

마법은 피어나는 작은 꽃에서 생긴다.

꽃-해-비 이들은 모두 다른 길을 간다.

— 올리비아 쉐퍼Olivia Shaffer, 8세

꿈

내가 코끼리인 꿈을 꾸었다.

내가 거대한 닭에게 짓밟히는 꿈을 꾸었다.

내가 꿈을 꾸는 꿈을 꾸었다.

내 뇌가 없는 꿈을 꾸었다.

내 귀가 나보다 큰 꿈을 꾸었다.

내 머리카락이 영원히 고정된 꿈을 꾸었다.

내가 음식을 지나치게 많이 먹는 꿈을 꾸었다.

내가 재채기를 했을 때 회오리바람으로 변하는 꿈을 꾸었다.

내가 침을 뱉자 그것이 홍수가 되는 꿈을 꾸었다.

내가 또 다른 은하수로 날아가는 꿈을 꾸었다.

내가 초콜릿 과자가 되어 나 자신을 먹는 꿈을 꾸었다.

내가 하키 공이 되어 수없이 뇌진탕에 걸리는 꿈을 꾸었다.

내가 영원히 사팔뜨기가 되는 꿈을 꾸었다.

내가 이 시를 끝내는 꿈을 꾸었다.

— 피터 웨인버그Peter Weinberg, 7세

사과 과수원에서부터 쇼핑몰까지

새, 숲, 이웃, 학교 친구들이 모두 큰 범주의 가족처럼 느껴지는 곳에서 살게 된 이후로 내 세상은 익명적이었다. 아버지가 세상을 떠난 후 어머니는 이사할 생각이 없었다. 그러나 1960년대 후반, 시골에서 혼자 세 명의 자식을 키우고 대학에 보낸다는 게 쉽지 않은 일임을 어머니도 부정할 수는 없었다. 어머니는 결국 해변에 위치해 집값이 꽤 오른 상태였던 우리 집을 팔았다.(희생은 어머니의 두 번째 본성이었다.) 우리가 이사한 곳은 어머니가 간호학을 공부하고 아버지가 법학을 공부하며 대학시절을 보냈던 중소도시의 교외였다.

나는 정든 곳을 떠나야 한다는 게 매우 슬펐다. 그러나 10대 소년은 꽤 탄력적이어서 도시로 간다는 것에 대해 금새 흥미를 느끼게 되었다. 그곳에는 상당히 많은 집이 있었지만 겉모습이 비슷해서 차이를 거의 느낄 수 없었으며, 거리도 하나같이 비슷해서 마치 미로 속을 걷는 것 같았다. 아마 그 도시에 사는 똑똑한 쥐들은 적잖은 도전을 받았을 것이다. 그러나 모든 발전은 그나름의 매력을 가지고 있는 법. 대개 그 나이의 아이들은 매일 엄청난 활동에 지배되는 존재였다. 게다가 집에서 멀지 않은 곳에 야생의 장소가 있다는 사실에 기뻤다. 그러나 그곳에 가려면 똑같이 보이는 집들이 줄지어 선 정글 부지들을 지나 엄청난 잔디의 바다에 둘러싸여야만 했다.

강으로 가는 것은 노력에 비해 가치 있는 일이었다. 그 강의 너비는 10보이상이었고 수심은 두 다리로 충분히 건너다닐 수 있는 정도였다. 물론 수영도 즐길 수 있는 이 강에는 송어와 오리가 모이는 깊은 웅덩이들이 더러 있었다. 끊임없이 새로운 둑과 초목들을 통과하는 수많은 생물의 움직임으로 인해 강의 분위기는 자꾸 바뀌었다. 강은 늘 같은 상태를 유지하고 있는 것처럼 보였지만 아이들에게 강이란 대상에 적응하는 듯한 활기찬 특성을 지니고 있는 존재였다. 강은 어느 순간에는 검은색이지만 또 다른 어느 순간에는 반짝거리는 빛을 수면 위로 반사하곤 했다. 부드러운 바닥 위로 미끄러지듯 흐를 때는 거의 아무 소리도 들리지 않았지만, 때로는 인간들이 한때 물의 변화하는 힘을 이용하려 노력했던 흔적인 바위들이나 버려진 댐 아래로 폭포처럼 요란하게 쏟아지기도 했다.

나는 대부분의 사람이 그러한 강의 존재에 대해 잘 모른다고 생각한다. 사실 우리 같은 소년들과는 달리, 동네 사람들은 강에 대해서 아는 게 많지 않았다. 단지 강이 평범한 주택단지에 특별한 품질을 제공해준다는 사실만은 확실히 알고 있었다. 강변 쪽에 있는 집들은 항상 가장 높은 가격에 가장 빨리 팔렸기 때문이다. 그런 상황에 대해 사람들은 자부심을 지니게 되었다. 한때 중심도로가 건설되면 길게 뻗은 이 강이 메워질지도 모른다는 소문이 돌자 동네 사람들은 폭풍처럼 들고일어나서는 그 사업이 취소될 때까지 농성을 벌였다.

이 조그마한 야생의 섬을 둘러싸고 있는 인간 세상에는 우리가 살고 있는 주택단지, 몇몇 주요 도로, 가장 큰 간선도로에 두 발을 뻗은 쇼핑몰 등이 있었다. 이 도로에는 셀 수 없이 많은 편의점, 미니몰, 패스트푸드 매장, 주유소, 자동차 중개소 등이 들어서 있다. 우리는 이곳에서 원하는 거의 모든 것을 (물론 구할 수 없는 것도 있지만) 살 수 있다. 종업원들은 손님들의 얼굴을 모두 알아보지는 못하는 것 같았다. 번화가에서 더 나가면 1년 전에 완공된 도로가 있다. 주와 주를 잇는 이 주간고속도로는 무척 넓어서 마치 풍경을 잘라놓은 칼과 같았으며, 자연의 장애물들에 관심을 갖기는커녕 언덕과 늪지대를 없애고 4차선 아스팔트를 건설하려고 했다. 주간 고속도로를 따라 일부 구역만이 개발된 상황에서 마을에 마지막으로 남아 있는 농장과 커다란 숲 근처에 대규모의 쇼핑몰을 세운다는 소문이 빠르게 나돌았다. 고속도로와 농장은 내가 다니던 고등학교와 가까운 곳에 있었다.

고등학교 시절, 나는 거의 사색을 할 수 없었다. 그곳에서 나는 스스로를 부적응자이며 죄수라고 느꼈기 때문이다. 우선 거대한 학교 건물에 나는 짓눌렸다. 정면의 빨간 벽돌, 거대한 흰색 기둥과 시계 타워는 마치 고대 신전을 방불케 했다. 그런 풍경을 배경으로 앉아 있는 친구들의 모습은 왜소하고 무기력해 보였다. 아이러니하게도 웅장해 보이는 건물과는 달리 내부는 칙칙했다. 별다른 색이나 빛이 없었고, 장대한 외부와 닮은 점이라고는 하나도 없는 음울한 강당과 교실들뿐이었다. 교사들 중에서는 일부 통찰력과 달변을 보이는 부류도 있었지만 대체로 학생들과 마찬가지로 학교의 크기와 단조로움에 길들여진 것처럼 보였다. 자극의 결여는 건축물뿐만 아니라 교육까지도 지배하고 있었다. 2000명에 달하는 학생들의 격렬한 분노에 직면했을 때, 학교 당국은 이 불안정한 학생들을 규제하기 위해 다양한 규칙과 권위적인 규율을 동원했다.

나는 이러한 학교의 처사에 대해 지나치게 화가 끓어오른 나머지 어느 날 학교에서 도망쳤다. 이 사건은 이후의 인생에 큰 변화를 주는 일련의 사건들을 촉발시켰으며, 그 점을 제외한다면 그 사건은 언급할 가치가 없는 것이다. 학교를 떠난 나는 집으로 가는 정상적인 숲길을 버리고 북쪽으로 향했다. 나는 교육적 발견과 처벌로부터 탈출하고 싶었다. 그리하여 사슴들의 흔적을 좇으면 길을 만날 수 있을 거라 기대하며 최선을 다해 돌아다녔지만, 결국 무기력하게도 길을 잃은 신세가 되어버렸다.

그때 나는 낯선 사람을 만났을 경우에 대해 아무런 준비가 되어 있지 않았다. 특히 개와 함께 나를 노려보던 노인에게는 더욱 그러했다. 나는 방향을 바꾸지도 못한 채 불안하게 옴짝달싹 못하게 되었다. 처음에는 그들의 존재조차 몰랐다가 불과 30미터도 안 되는 거리에서 악의를 품고 있는 그들을 확인했을 때 깜짝 놀라고 말았다. 먼저 노인의 엄한 표정이 눈에 들어왔다. 그의 곁에 있는 보더콜리는 움직이지는 않았지만 송곳니를 드러냄으로써 포식적인 신호를 보내고 있었다. 분명 그들의 보디랭귀지는 내가 환영의 대상이 아니며, 숲에 들어온 행위를 비합법적인 것으로 간주한다는 것을 암시하고 있었다. 내가 매우 당혹스러워하자 노인은 내가 사유지를 무단 침입했음을 일깨워주었다. 그러고는 어째서 이 숲에 들어서게 되었는지를 물었다. 나는 다시는 이 숲에 들어오지 않겠다는 약속과 함께 다소 어설프고 설득력 없는 변명을 애원하듯 늘어놓았다. 무거운 적막이 흘렀고, 마침내 입을 연 노인은 나를 꾸짖었다. 자신이 숲에서 사냥 중이었다면 나는 총에 맞았을지도 모른다고 하며, 요즘 젊은이들은 엉망이라는 둥 이런저런 불평들을 늘어놓기 시작했다. 그러나 내가 이곳에 오게 된 내막과 학교에서 벌어진 사건에 대해 듣고 나자 늙은 농부는 척박한 학교로부터 도망쳐서 들판과 숲의 진짜 세계를 선택한 나를 칭찬해주었다. 무엇보다 가장 놀라웠던 건 그가 개와 함께 다니는 산책길로 나를 초대했다는 사실이다.

나는 그의 초대에 기꺼이 응했다. 그때 기분은 마치 사형을 언도받고 교수대에 올랐다가 기적적으로 목숨을 구했을 뿐만 아니라 가장 원하던 특권을 누리게 된 행운아 같았다. 우리는 꽤 오래 걸었다. 노인은 화난 듯 노려 보던 표정 대신 대지와 동물, 식물, 토질, 역사에 대해 활기차게 설명하는 모습으로 바뀌었다. 그가 지닌 지식은 대단히 놀라웠으며, 그가 땅과 친밀 하다는 사실은 명백해 보였다. 그의 이름은 몰티머 리치먼드^{Mortimer Richmond} 였다. 우리가 얼마나 가까워졌는지 상관없이 그는 항상 리치먼드이며, 더 일반적으로는 농부 리치먼드였다. 그는 당시 75세였고 그의 농장에서 태어 나고 자랐다. 그의 땅은 19세기 초반 선조가 터를 닦은 후로 6대째 살아온 곳이었다. 리치먼드는 관절염 때문에 다리를 절뚝거리기는 했지만 16세의 소년인 나보다도 체력이 강하다는 사실을 알 수 있었다. 그의 농가에 도착 했을 때 나는 지쳐버렸지만 그는 조금 피곤해할 뿐이었다.

땅을 사랑한다는 농부 리치먼드의 말에는 깊고 복잡한 의미가 담겨 있는 것 같았다. 마치 그는 땅의 수많은 변화에 관계하는 역할 중에서 하나를 맡 고 있는 것처럼 느껴졌다. 분명히 그는 땅에 대해 애정을 지니고 있지만 더 넓은 감정의 폭으로 대하는 듯했다. 여기에는 적대적인 태도까지 포함되는 것이었다. 그는 농장에 대해 백과사전적인 지식을 지니고 있었으며, 그것은 단순한 물질의 활용 그 이상이었다. 그는 땅의 아름다움과 비밀, 신비와 도 전이 선사하는 기회를 즐거워했으며 땅의 힘에 대한 깊은 존경과 두려움을 품고 있었다. 또한 땅의 크기와 관계없이 그 생명체가 지닌 수많은 복잡성 을 이해하는 데 전혀 피곤해하지 않았다. 그는 땅의 정복자라기보다 관리인 처럼 보였으며, 자신이 맡은 일에 자부심을 지니고 있었다. 그는 땅으로부 터 무엇을 빼앗아가는 존재가 아니라 협력하는 관계자였다. 그는 땅을 가 족의 연장선상에 두고 그 땅에 풍요로움을 더하려고 노력하는 사람이었다. 농부 리치먼드는 자신을 생존 에너지의 분수인 땅에서 비롯된 물질과 영양소의 흐름 안에서 살아가는 최고의 매매자라고 생각했다. 그는 땅을 소유하고 있지만 그 땅의 독립적인 생득권에 대한 의무와 관용과 존경을 품고 있었다.

어쩌면 나는 농부 리치먼드를 마치 모든 생명체를 포함해 자연과 비인간의 생명체들에 대해 비차별적 사랑을 베푸는 이교도의 현대판 드루이드 Druid(고대 켈트족의 종교였던 드루이드교의 사제. 신의 의사를 전하는 존재로서 정치와 입법, 종교, 의술, 점, 시가, 마술을 관장했다. —옮긴이)처럼 묘사했는지도 모르겠다. 그렇다면 그것은 오해다. 사실 그는 땅을 다루는 것을 즐겼다. 예컨대 그는 야생동물이든 가축이든 일부 동물에 대한 도살을 주저하지 않았지만 반드시 필요한 경우에만 실행했으며 잔인한 방법을 쓰지 않았다. 그는 사실 사냥을 좋아했다. 몇 년에 걸쳐 식용 야생동물 목록에도 없는 여러 동물을 포함해 법적으로 허가된 사냥 대상을 골고루 포획했다. 처음에 나는 이러한 살육에 대해 질겁했지만 시간이 지나면서 그를 이해할 수 있게 되었다. 그에게 사냥 행위는 땅의 외부자가 아닌 친밀한 관계자가 되는 또 다른 방법이라는 것을 말이다. 그는 의식적으로 생명체를 자신의 일부로 받아들임으로써 먹이를 소비하지 않는 이상 결코 생명을 죽이지 않았다. 역설적이지만 타당한 이유가 없을 때는 사냥을 하지 않았다. 그에게 사냥은 놀이나 스포츠가 아니라 언제나 심각한 기술적 행위였으며, 규제와 통제로써 진행하되 낭비는 없었다. 사냥이란 신성한 행위이며 땅과 생명체들과 자신을 친밀한 관계로 엮어주는 것이라는 농부 리치먼드의 방식을 나는 믿는다.

이러한 사고방식은 사슴이나 오리뿐만 아니라 기르는 가축, 식물, 심지어 토양이나 물에 대한 그의 태도에도 담겨 있다. 그는 생물이나 자원을 사용하고 관리하고 소비하는 데 망설이지 않았으며, 땅의 생산성을 높이기 위해 많은 노력을 기울였다. 그러나 안전과 풍족함이라는 목적이 아닌, 땅과 그 땅이 키워낸 생명체들과 공유하고 배려하는 관계를 지향했다. 자신을 땅의 관리자보다 동료로 여겼던 그는 자신이 말한바 "땅의 공동체land community"의 완벽한 회원이 되고자 했다. 무엇보다도 그는 자신이 상속받은 것보다 좀더 (초목이) 무성하고 다양하며 건강한 세상을 후손들에게 물려주길 원했다.

나는 몰티머 리치먼드에게 많은 빚을 지고 있다. 자연세계에 대한 내 변함없는 흥미와 지식, 애정의 대부분에서 그러하다. 그러나 당시 그에게서 받은 놀라운 영향과 지식을 개인적 목적으로 이용하지는 않았다. 나는 주변의 모든 대상을 확인하는 데 눈을 사용하기보다 귀와 다른 감각들을 사용하는 능력을 발휘하게 되었고, 그로 인해 자연사(박물학) 공부도 발전시킬 수 있었다. 농부 리치먼드는 자연이라는 풍경에서 약간의 변칙을 알아채는 방법이나 환경의 변이를 인식해 사냥감을 찾아내는 방법을 깨우쳐주었고, 이로써 나는 또 다른 상황에서 더 많은 흥미와 더 높은 질적 경험을 이룰 수 있었다. 나는 그러한 자극을 깊게 받아들이고 이해함으로써 이전에는 알지 못했던 보물들을 얻기 위해 굶주린 듯 파헤치기 시작했으며, 점점 허약해지는 이 세상에서 보물들이 사라지기 전에 최대한 많은 경험을 해보기로 결심했다.

때때로 거칠고 얄팍했던 나의 청소년기를 돌이켜볼 때 어떻게 우리가 변함없는 친구가 될 수 있었는지, 또한 어려웠던 시기에 그가 나에게 왜 곁을 내주었는지 궁금하기도 하다. 어쩌면 그는 10대 소년이 보여준 자연에 대한 친밀한 태도 속에서 자신의 어린 시절을 떠올리며 동질감을 느꼈는지도 모르겠다.

어쩌면 그는 32세의 아들과 30세의 딸과 점점 소원해지는 상황에서 자신에 대한 나의 뻔뻔한 존경심을 즐겼을지도 모른다. 그의 자식들은 오랫동안 가난 속에 묶어두었던 이 농장이 경제적인 행운을 가져다줄 것이라 믿고 농장을 매입하려는 쇼핑센터 개발업자의 유혹에 넘어갔다. 농부 리치먼드는 이미 괜찮은 제안을 세 번이나 거절한 상황이었다. 그가 나에게서 지식과 지혜의 핵심을 들여다보는 동안 자식들은 아버지에 대해 (이제까지 불가능하다고 믿었던) 부와 명예를 방해하는 고집스러운 늙은 영감으로 치부하고 있었다.

처음에 농장은 1400제곱미터였으나 내가 리치먼드를 만났을 때는 800제곱미터로 줄어 있었다. 그의 농장 일부를 사들인 사람들은 처음에는 전원의 환경을 추구했지만 막상 이주하고 나면 마음이 바뀌곤 했다. 여름에는 코를 찌르는 소똥 냄새, 봄에는 덤불 더미를 태우는 냄새, 가을에는 그가 사냥할 때의 총성에 항의했다. 그는 땅을 팔아 경제적 도움을 얻은 한편 농장은 갈수록 어려운 처지에 몰렸다. 그의 수입은 최저임금보다 조금 나은 수준이었다. 리치먼드는 젖소를 사육하고 있었는데 각종 규제와 새롭게 등장한 대규모 산업농장, 지역 농업에 대한 불신의 증가로 인해 경영이 힘겨워졌다. 그후 그는 좀더 이윤을 얻을 수 있는 사과 농사를 짓고 길가에 판매 코너까지 꾸렸지만 한철 장사였을 뿐이다. 더욱이 공장식 농장에서 재배하는 빨간 빛깔의 사과나 흠집 없는 사과를 원하는 소비자들의 욕구를 충족시키긴 어려웠기에 그는 결국 포기할 수밖에 없었다. 영농 운영자와 대형 쇼핑 체인점과의 갈등 역시 그의 노력에 찬물을 끼얹었다. 그의 가장 큰 경제적 실수는 화학적 토양 세척을 거부하고 동물들에게 다양한 화학제품, 살충제, 성장 호르몬, 항생제를 사용하지 않은 것이다. 그는 자연에 대한 과학과 기술의 승리가 확인된 새로운 농업의 논리를 거부했다. 그러한 현대식 농업기술에 관한 화려한 수사와 증거들을 부인한 결과 그는 자식들을 비롯한 모두에게 자신이 과거에만 집착하는 성질 고약한 구닥다리임을 증명했을 뿐이다.

이에 따라 농부 리치먼드는 발전의 방해자로 인식되었다. '늪의 양키 swamp Yankee(근면하지만 고집 세고 촌스러운 하층민을 일컫는 속어―옮긴이)'라는 경멸적인 꼬리표를 떼어내고자 하는 자식들에게 그는 훼방꾼이었다. 사실 아버지의 인생을 지켜본 자식 입장에서 그들은 아버지가 얼마나 예리한 통찰력과 지혜를 지니고 있는지 잘 알고 있을 것이며, 아버지를 사랑하고 존경했을 것이라 믿는다. 하지만 그들은 흙 묻은 농부로 남아 있으려는 완고한 아버지의 마음에 분노했다. 그들의 아버지는 그 인생보다 더 큰 사람으로, 평소에는 들판이나 숲에 나가 있었기 때문에 항상 그들의 어머니가 가족을 이어주는 끈 역할을 했다. 그러나 어머니가 세상을 떠난 이후 가족은 흩어져 살게 되었다. 자식들은 농장을 떠나 대학 교육을 받는 첫 세대가 되어 도시로 떠났고, 그후 전문직인 회계사와 의료기사가 되어 일하게 되었다. 그들은 육체노동을 하지 않아도 될 정도의 교육을 받았다는 것을 자랑스러워했다. 그리고 농부인 아버지보다 더 많은 돈을 번다는 사실에 우쭐해했다. 그들은 가끔 농장을 찾았지만 농장에서의 고되고 지루한 노동과 불확실한 경제성에 불만을 품었다. 그들에게 농장은 낙후와 억압을 의미할 뿐이며, 막대한 부와 편리를 가로막는 장애물에 불과할 뿐이다.

어느 토요일 아침, 내가 리치먼드의 농가를 찾았을 때 이런 현실은 더욱 분명해졌다. 그는 무지막지한 개발과 인간들의 유입에도 불구하고 기적적으로 살아남은 방울뱀 굴을 보여주기 위해 일찌감치 나를 불렀다. 그는 이제까지 방울뱀에 대해 아무에게도 말한 적이 없다며, 그 비밀을 철저하게 지켜줄 것을 나에게 요구했다. 그는 이 사실이 알려지면 사람들이 그 뱀들을 몰살하려 들까봐 우려했다. 특히 살모사 과의 방울뱀은 독을 지니고 있어 경계의 대상이 될 것이었다.

내가 리치먼드의 집에 도착했을 때 실내에서 화난 듯한 음성이 들렸다. 호기심을 누른 채 계단 발치에 서서 대화 내용을 들어보니, 언성을 높인 사람은 리치먼드의 아들이었다. 농장은 아버지가 이제까지 벌었던 액수보다 더 높은 가치를 갖게 되었으며, 농장을 팔면 그 금액의 일부로 다른 지역의 더 넓고 좋은 농장을 구입할 수 있다는 내용이었다. 그의 딸 역시 케케묵은 생활방식 때문에 로맨틱한 판타지를 즐길 수 있게 해주는 호사를 포기하는 건 공정치 못하다며 핀잔을 늘어놓고 있었다. 이제 세상은 변했으며, 이사를 하게 된다면 가족들은 상상도 못 했던 부를 누릴 수 있다고 주장했다. 그 말에 리치먼드는 화를 냈다. 한동안 다툼이 이어지던 끝에 리치먼드는 땅의 미래를 결정할 수 있는 자신의 권리를 인정하지 않을 거면 이곳에 오지 말라며 돌아가달라고 했다. 되돌아보면, 그때의 다툼이 자식들로 하여금 개발업자와 마을의 공무원과 결탁해 법적으로 행동하도록 자극한 게 아닐까 싶다. 나중에서야 안 사실이지만 사실상 농장의 소유주는 자식들이었다. 아마 세금을 피하기 위한 방책으로 자식들은 이미 몇 년 전에 리치먼드를 압박해 소유권을 양도받은 상태였던 것 같다.

이 복잡다단한 가족과 금융상의 문제는 나와 관계없는 일이었다. 내가 원한 게 있다면 리치먼드와 함께 숲속을 즐기는 것과 농장 일을 돕는 것이었다. 그래서 자식들이 떠난 뒤 나는 그와 더불어 방울뱀 굴을 찾아 돌아다녔다. 그는 모든 언덕, 계곡, 개울, 습지를 샅샅이 알고 있었으므로 늘 그랬듯이 지도나 나침반 대신 특정한 나무, 돌담, 개울이나 다른 자연의 단서들을 기억 속에서 끄집어냈다. 결국 우리는 별 특징 없는 장소에서 뱀의 굴을 찾아냈다. 우리 마을 주변에서는 아무도 알아내지 못할 이 생명체를 두 눈으로 보게 될지도 모른다고 생각하자 나는 흥분과 두려움에 휩싸였다. 사실 나는 모든 야생적인 것들에 대해 매력을 느껴왔지만 이 뱀에 대해서만큼은 불안했던 것이다.

커다란 바위 밑에 동굴 입구가 있었지만 안이 잘 보이지 않을 정도로 작았다. 그 안에는 더 넓은 동굴이 있다고 리치먼드는 장담했지만 작고 어두운 구멍 속을 들여다볼 때 나는 두려움으로 온몸이 마비될 것만 같았다. 몇 해 전 처음 이 구멍을 발견했을 때 자신도 안으로 들어갈 용기가 나지 않아 굉장히 무서웠다고 리치먼드가 말해주지 않았다면 나는 달아났을지도 모른다.

안으로 들어가자 동굴은 정말 생각했던 것보다 훨씬 더 컸다. 우리는 아래쪽에 있을 그 생명체를 확인하기 위해 좁은 바위 사이로 걸어 들어갔다. 그리고 희미한 빛 속에서 똬리를 틀고 있는 뱀의 형체를 알아보았다. 이른 봄철이어서인지 냉혈동물인 뱀은 거의 움직이지 않았다. 점차 어둠에 눈이 적응되자 뱀의 모습이 뚜렷해졌다. 나는 열까지 숫자를 세었다. 뱀들은 처음에는 우리의 존재를 의식하지 못했지만 곧 움직임을 감지했다. 아마도 우리가 움직일 때의 소리와 몸의 체온이 그들의 주의를 일깨웠을 것이다. 방울뱀은 눈을 가리고 냄새를 맡지 못하게 해도 온도를 감지하는 능력이 뛰어나서 2미터 정도 떨어져 있는 쥐를 찾을 수 있다고 한다.

우리는 튀어나온 바위 사이로 비집고 들어가서 뱀이 군집해 있는 공간을 유심히 관찰했다. 시간이 지날수록 이 생명체들의 실제적인 위험은 그리 크지 않다는 게 명백해졌다. 내 안에서 점점 늘어나는 자신감과 허세로 인해 나는 뱀들에 완전히 매혹된 채 계속 바라볼 수 있었다. 수십 년이 지난 지금 돌이켜보면 그땐 내 인생에서 완전히 몰입했던 강렬한 순간이었으며, 믿을 수 없을 만큼 친밀했던 순간이었다. 그 순간 세상은 멈춰 있었으며 나는 시공간을 초월한 상태였다. 오랜 시간이 흐른 뒤인 지금도 나는 그때의 장면과 그 공간의 냄새, 빛과 공기의 질을 기억해낼 수 있다. 뱀들과 농부 리치먼드와 함께했던 그날의 평화와 숭배에 가까운 감동 이후로 그 이상의 감정은 경험할 수 없었다.

그 해의 나머지 기간 나는 개발이 급속히 진행되고 있는 교외의 변두리 지역이나 숲을 돌아다녔다. 나는 내 안에 간직된 보물을 운반하는 새로운 균형감각을 발견해냈다. 그때의 경험은 나에게 개인적인 것과 사회적인 것, 문명화된 것과 원시적인 것, 야생과 길들여진 것을 조화시키는 힘을 불어넣어준 것 같았다. 나는 마을에서 나만의 장소를 발견했고, 나의 일부는 그 속에서 형성되었다.

이 새롭게 찾아낸 평온은 강력한 폭풍이 닥치면서 곧 사라졌다. 은밀하고도 끈질긴 정치경제적인 술수를 앞세운 강력한 힘이 끝내 리치먼드를 굴복시킨 것이다. 변호사와 마을 공무원들의 가세로 인해 리치먼드의 자식들은 개발업자에게 농장 재산을 팔 수 있었다. 그 소식을 들었을 때 나는 학교에서 바로 농가로 달려갔다. 리치먼드에게 그 말이 사실이냐고 묻자 그는 농장이 판매되었다는 사실을 인정했다. 그러나 이상하게도 리치먼드는 조금 피곤해 보일 뿐 분노한 것처럼 보이진 않았다. 그는 이사를 하기로 결정했다. 자식들은 그에게 농장 판매액에서 상당한 금액과 더불어 많은 퇴직금을 지불했다. 놀랍게도 그는 뉴욕 북부로 이사해 새로운 농장을 사겠다고 했다. 그곳에는 합리적인 가격에 구매할 수 있는 농장이 있으며 아직 구식의 농경방식이 유지되고 있다고 했다. 리치먼드는 선조의 마을을 떠난다는 상실감에 몇 달 동안 몸과 마음이 뿌리 뽑힌 듯한 혼란을 겪었지만, 한편으로는 새로운 집과 새로운 인생에 대한 기대로 곧 쾌활해졌다. 그럼에도 그에게 자식들의 배신은 용서할 수 없는 상처였다. 그후로 아버지와 자식들이 다시 대화하는 일은 없었다.

농부 리치먼드의 마음을 가장 아프게 한 것은 농장을 팔고 난 직후 개발업자가 한 행동이었다. 그들은 불도저들을 동원해서는 200제곱미터 이상의 숲, 들판, 과수원들을 완전히 깔아뭉갰다. 그렇게 황폐화된 풍경은 도저히 구별할 수 없는 상자들의 형태로 바뀌었고, 이 상품의 신전을 장식하는 것은 간헐적으로 세워진 죄수 같은 관목과 나무들이었다. 봄에는 사과 꽃, 여름에는 황금빛 풀, 가을에는 밝은 나뭇잎, 겨울에는 남겨진 라벤더의 모자이크로 장식되었던 농장은 아스팔트, 콘크리트와 숨이 막힐 듯 억압적인 느낌의 획일적인 건물들로 채워졌다. 쇼핑몰로 이어지는 도로가 놓이며 방울뱀의 굴도 파괴되었다. 건물 아래 물이 흐르는 굴에는 일부 방울뱀이 살아남았을지도 모르지만 이후로 그들을 다시 만나거나 소식을 들을 수는 없었다.

고등학교 졸업 후 나는 서부 해안에 있는 어느 대학에 다니기 위해 마을을 떠났다. 농장의 파괴는 내 본질이 밝혀지는 결정적인 순간이었으며, 특별했던 유년 시절과 집에 대한 기억을 단절시켰다. 어쨌든 나는 대학에서 뛰어난 실력을 보였으며, 어린 시절 땅에서 얻은 소중한 교육과 경험을 바탕으로 꽤 유명한 대학교에 들어갈 수 있었다. 나의 열정은 지금 재정적 성공과 독립적인 상태를 이루게 했다. 아마 땅과 자연에 대한 깨달음이 없었다면 아마도 나는 내가 혐오하던 어떤 길로 들어섰을지도 모르겠다. 앞으로 나는 여러 막다른 길에 들어설지도 모르지만 결국은 농부 리치먼드와 아름다운 땅의 지혜와 정신으로 돌아올 것이다. 하지만 그것은 다른 순간의, 다른 이야기다.

10장

디자인

오늘날 우리는 인간이 디자인하고 창조한 세계인 실내공간에서 평균 90퍼센트의 시간을 보낸다. 더구나 가장 발달된 국가에 사는 사람들의 5분의 4, 또는 도시에 살든 교외에 살든 세계인구의 대부분은 인류 역사 이후 최초로 가장 변형되고 파괴된 환경 속에 있다. 그에 따라 자연과 분리된 환경은 우리에게 일반적이다.[1] 인간 종은 자연세계에서 진화했으나 오늘날 우리의 '자연 서식지'는 점점 더 인간에 의해 디자인되고 구축되고 있다. 이것은 건강과 생산성, 행복한 삶을 위한 오늘날의 기본적인 현실로, 자연과 연계하려는 이들의 욕망을 약화시키지는 않지만 목표에 도전하고 이루는 것을 어렵게 만든다. 따라서 도시 지역에서는 디자인과 발달에 관한 신중한 이해가 뒷받침되어야 한다. 다시 말해 인간의 몸과 마음, 정신을 풍요롭게 하기 위해서는 자연세계와 유익한 협력을 이뤄야 한다.

　자연과 인류는 상호 보완적인 관계일 때에만 번영할 수 있다. 오늘날 현대사회는 급속한 대규모의 변화를 추구하면서 필연적으로 자연세계를 변형해왔으나, 앞으로 인간과 자연의 관계가 애정과 지식과 존경을 토대로 한다면 인간은 풍부하고 만족스러운 삶을 얻을 것이며 자연은 생산성을 회복할 수 있을 것이다. 그러나 관계가 적대적으로 단절된다면 결과적으로 환경은 악화되고 인류는 고립과 결핍에 당면할 것이다. 우리 시대의 가장 큰 도전 과제는 자연과 유익한 접촉을 원하는 인간 고유의 특성을 충족시키는 것, 다시 말해 도시 또는 다른 환경 속의 사람들이 더 나은 터전에서 살아갈 수 있도록 하는 것이다.

과연 이런 일이 가능할까? 그 가능성에 대한 약속에는 '생명친화적 디자인'의 실천이 반영된다. 즉, 우리의 모든 건축물이 인간의 심신 건강을 증진시키는 방향으로 디자인됨으로써 생태적 또는 문화적 맥락에서 자연과 긍정적인 관계를 구축하는 것이다. 이러한 디자인 패러다임은 혁신적인 것 같지만 사실 과거 고대의 방식으로 회귀하는 측면이 있다. 생명친화적 디자인의 구체적인 내용을 살펴보기 전에, 내가 자란 도시 지역과 가까운 공원 이야기로 이 장을 시작하겠다.

나는 집 근처의 아직 개발이 덜 된 공원에서 개와 산책하는 걸 좋아한다. 이 공원은 인간에 의해 만들어진 가장 현대적인 환경이지만 놀랍게도 '서식처'라고 해도 좋을 만큼 다양한 생명이 깃들어 있어 야생의 특성이 유지되고 있다. 또한 이 공원은 공장이나 채석장에서 일하는 사람들에게 향수를 불러일으킨다. 이러한 과거의 잔재는 주로 대지에서 일하거나 자원을 추출해내는 오늘날의 사람들에게 시간에 대해 상상할 수 있는 재료가 된다.

이른 봄 공원에서 처음 내 시야에 포착된 것은 해마다 가장 일찍 꽃을 피우는 종에 속하는 금낭화 군락이었다. 그리고 높은 나무를 향해 날아오는 울새의 재빠른 움직임을 볼 수 있었다. 강을 따라서 걸을 때는 범람지대에 자라는 나무에 둥지를 튼 아름다운 미국 원앙새를 보았으며, 강에서는 흰 왜가리, 청둥오리, 거위들을 볼 수 있었다.

얼었던 땅이 녹으면서 많은 물이 흘러나온 데다 최근에 내린 비로 강은 높게 불어 있었다. 돌로 건축된 댐에서 폭포같이 흘러내린 물은 다리의 윗부분까지 닿았는데, 가히 스릴은 넘쳤지만 불안했다. 상류의 물을 가둬 호수를 형성하고 있는 이 댐은 200년 이전에 건축된 것이지만 아직도 그 지역에 물을 공급하고 있었다. 나와 개가 서 있는 곳까지 불어난 강물은 햇빛을 받아 빛나고 있었다. 이 모든 움직임 속에서 나는 고요한 만족감을 느꼈다. 마치 활력 넘치는 나무에서 수액이 흘러나오듯 내 안에 축적된 부담스러운 긴장이 스며나오는 것만 같았다. 단풍나무와 나는 이맘때의 부활을 함께 나누며 긴 겨울의 우울함에서 깨어나고 있었다.

이 공원은 자연 그대로가 아니라 인간의 기술과 디자인으로 조성된 환경이다. 공원 입구의 사랑스러운 다리는 오래된 나무로 복구된 것인데, 예전에 50킬로미터 떨어진 주의 수도로 향하는 역마차 길의 출발지점이었다. 강 주변의 댐은 새 국가에서 처음 건설한 공장 중 하나가 있었음을 상징한다. 대포를 제조하는 업체였던 그 공장은 아이러니하게도 오늘날 내가 즐기는 하천을 파괴하는 데 기여했던 산업혁명의 유물이다. 그 공장에 남아 있는 모든 것들은 이제 작은 산업 박물관 노릇을 하고 있으며, 한때 수천 명이 일했던 건물 주변에는 산발적으로 돌들이 흩어져 있었다. 물론 공장의 선구적인 대량생산 기술에 힘을 더해주었던 돌 댐도 있었다. 다리 덮개의 세공, 폭포의 축벽, 오래된 공장의 잔재는 그 나름대로 인상적인 아름다움을 간직하고 있었다.

개와 나는 구불구불한 강과 범람지대를 거쳐 만물이 소생하는 숲을 따라 길을 걸었다. 그 산책길에서 목이 하얀 참새의 구슬픈 울음소리와 최근에 돌아온 붉은어깨검정새의 거친 울음소리를 들었고, 큰어치와 호관조의 활력 넘치는 소리, 긴 겨울을 견뎌낸 박새, 새로 도착한 울새의 곤충소리 같은 노랫소리를 들을 수 있었다. 강으로 눈길을 돌렸을 때는 청어 떼가 지나가는 형체를 알아보기도 했다. 이 물고기는 알을 낳기 위해 바다로부터 자갈이 있는 폭포 근처까지 올라온다. 또한 버드나무에 있는 해오라기와 머리 위를 선회하는 물수리를 보았고 내가 걷는 길을 가로질러 날아가는 화려한 신부나비는 환경적으로 변형된 도시에서 오아시스를 떠올리게 했다. 멀리 떨어진 강기슭을 따라 수영하는 사향쥐를 보았을 때 나는 깜짝 놀랐다. 그들의 존재는 인간의 접촉을 견디지 못한다는 수달이 언젠가 이곳에서 발견되었다는 사실을 상기시켰다. 그러자 다시금 여기서 수달을 볼 수 있지 않을까 궁금했다. 뒤이어 나는 사람과 차량과 개발의 바다에 둘러싸여 있는 이 공원에 최근 다시 나타난 흰꼬리사슴을 연상했다.

공원 순회를 마친 나는 다시 금낭화가 피기 시작하는 풀밭으로 돌아왔다. 뒤이어 꽃피울 노란 백합, 파란 붓꽃, 원추리들이 베풀게 될 봄의 화사한 향연을 기대하기 시작했다. 나는 버드나무에서 움트기 시작한 푸른 잎을 비롯하여 참나무, 자작나무, 너도밤나무, 단풍나무의 부드러운 붉은 싹, 미국 서어나무의 현란한 흰 꽃에 빠져들었다. 그리고 몇 주 되지 않는 짧은 기간에 앉은부채가 처음으로 모습을 드러낸 것을 떠올렸다. 이것은 포착하기 어려운 생명의 귀환 시점을 예고하는 것으로, 눈 덮인 대지를 밀고 올라오는 이른 봄의 징후였다.

나는 이처럼 다양한 소생의 상징들로 인한 감각의 축제를 통해 양육되었다. 사실 인간의 열정적인 활동이 펼쳐지는 도시와 지방은 환경의 변형을 통해 자연 위에 군림하고 있다. 자연의 오아시스에 침입해 창출하고 구축한 것, 이것이 바로 인간의 세계다. 그러나 그 공원은 아직 환경적으로 생산적이며 기품 있는 아름다움을 지니고 있을 뿐만 아니라 인간 공동체에게 풍부한 신체적·심리적·정서적 보상을 준다. 그곳은 자연과 인류의 상호작용으로 서로 풍요롭게 만드는 공간으로 남아 있다.

시원한 봄날의 아침에는 대개 조깅하는 사람, 개를 산책시키는 사람, 그해에 처음으로 돌아오는 철새를 관찰하는 사람들을 볼 수 있다. 그 이후에는 산책하는 가족들, 나들이 온 사람들, 산업박물관과 수자원교육센터를 방문한 학생과 교사들, 배수로 또는 다리에서 낚시를 즐기는 사람들을 볼 수 있다. 수돗물은 댐에 가둔 강물을 1차, 2차, 3차에 걸쳐 여과 처리하는 신식 공장에 의해 공급된다. 이것은 한때 선구적이었던 모래 여과 공정이 더 이상 쓸모없어지자 새로운 시스템으로 대체된 것이다. 또한 오래된 무기고, 댐, 옛날의 고속도로 시작 지점이었던 나무다리가 있다.

이 공원은 역사적으로 상처와 모욕을 당해왔음에도 불구하고 인간 공동체에게 건강과 활력을 제공하고 있다. 이러한 기여는 공원에 대한 책임과 존경을 느끼는 사람들의 애정과 감사를 자아낸다. 따라서 인간과 자연세계가 서로 유익한 관계를 지속하게 해준다. 사람들은 이곳에서 쉬거나 자연을 이해하거나 그 아름다움을 즐긴다. 소생하는 봄에 따뜻한 공기가 더해지는 것처럼 약간의 조화만으로도 균형적 특성은 유지될 수 있다.

자연과 인간이 만든 환경

공원에 대한 이야기는 현대 도시가 자연 시스템으로부터 얼마나 다양한 가치를 제공받고 있는지를 반영한다. 대부분의 도시 공원이 그러하듯 이 공원에서도 사람들이 자연에 노출되는 경우는 삶의 일부에 불과하고, 일상적이지 않으며, 매우 제한적이다. 반면, 현대 도시의 현실은 개발로 인해 자연으로부터 분리되거나 단절되었다. 실제로 인간의 기술적 활동은 자연세계의 변형을 토대로 한 인류의 진보라는 믿음에 헌신한 것처럼 보인다. 더욱이 자연의 기원과 생물학적 기반으로부터 이탈한 사람들의 꿈에 의지하고 있는 듯하다.

환경의 영향력을 측정한다면, 미국에서 진행되는 건설과 개발은 심각할 것으로 보인다. 개발 건설이 끼치는 악영향은 오늘날 국가적 오염의 5분의 1, 폐기물의 4분의 1, 온실가스 배출의 3분의 1, 화석연료와 수자원 소비량의 약 40퍼센트 가까이 된다. 더구나 그 구조는 대부분 더 이상 인간이 자연환경과 접촉할 일이 없을 것처럼 설계되었다.[2] 예컨대 요즘 미국의 회사원들은 창문 없는 공간에서 가공된 공기를 마시며, 자연의 흐름이나 특색으로부터 단절된 채 화학물질과 인공재료에 둘러싸인 좁은 방에 갇혀 근무한다. 이 황량한 사무실 환경은 마치 오래된 동물원 사육장에 갇힌 풍경을 떠오르게 한다. 그런데 아이러니하게도 우리는 인간이 아닌 동물을 '비인간적으로' 대하는 것을 금지할 뿐이다. 이토록 아무 특색 없는 환경에서 일하는 현대인들은 기민하고 의욕적이며 생산적인 태도를 요구받는다. 그러나 우리는 항상 피로하고, 사기는 저하되어 있으며, 몸과 마음이 쇠약해지는 증상에 시달릴 뿐이다. 학자들은 이러한 현대인의 척박한 환경에서 자연풍경이 담긴 사진이나 식물을 주위에 두거나 바깥 풍경을 감상한다면 편안함과 만족을 느끼고 생산성도 향상되는지를 연구하고 있다.

유감스럽게도 사무실 건물, 쇼핑몰, 공장, 교육기관, 주택단지, 그 밖의 일반적인 구조물들은 거의 자연으로부터 분리되어 있다. 때문에 이곳에서 생활하는 사람들은 광범위한 환경적 피해를 겪고 있으며, 이러한 구조에서 생활 감각은 박탈될 수밖에 없다. 결국 단조롭고 부자연스럽고 답답한 느낌을 일상의 흔한 경험으로 받아들일 뿐이다. 이러한 디자인과 개발의 전형적인 실패에 대해서 정치학자 데이비드 올David Orr, 1944~은 다음과 같이 언급했다.

현대의 건물과 풍경은 대부분 생태학이나 생태학적 과정의 이해를 전혀 반영하지 못한다. 대부분의 사람은 그들이 하찮은 곳에 대해 제대로 알고 있다고 생각하며, 에너지는 싸고 풍부하며 낭비해도 된다고 말한다. 대부분은 자신이 거대한 생명 그물의 일부가 아니라 자연의 사용자라고 말하면서 공급되는 원재료와 수자원을 함부로 사용하고 쓰레기로 처리한다. 대부분은 우리가 생태계의 일원이라 생각하지 않으며, 진화의 경험이나 심미적 감수성을 지닌 존재라고 믿지 않는다.[3]

최근 '지속 가능한 디자인과 개발'이라고 불리는 작업은 이러한 상황을 개선시킨다. 그러나 그 작업의 목적은 현대건축과 개발로 인해 야기된 환경적 손상을 줄이는 데 있다. 즉, '환경의 피해를 최소화하는 접근'은 대체로 오염이나 화학 독성물질의 제거, 폐기물의 최소화,

에너지 효율성의 증대, 수자원 또는 다른 자원의 사용 축소, 생태계에 부정적인 영향을 끼치는 요인과 탄소 배출량 축소에 몰두하고 있다. 건물과 건설로 인한 환경의 손상을 최소화하고 거부하려는 이러한 노력은 미국에 널리 알려진 지속 가능한 디자인에 반영되어, 미국 그린 빌딩 협의회에서 LEED(에너지와 환경 디자인의 리더십) 시스템을 선정하기도 했다.[4]

이렇듯 환경의 영향을 줄이려는 계획에는 의문의 여지가 없으며 칭찬할 만한 일이다. 그러나 본질적으로 그러한 기능이 지속성을 얻기에는 불충분하며, 자연과 연계하고자 하는 이들을 방해하는 난제들을 해소하지 못할 것이다. 즉, 유익한 자연 체험에 초점을 두지 않으면 본질적으로 인간의 건강한 삶을 증진시키지 못한다. 이러한 건축물은 자연과 접촉하려는 인간의 욕구를 무시함으로써 체험적 또는 심미적인 빈곤을 낳는다.

궁극적으로 환경의 영향을 줄이고자 하는 디자인은 지속 가능성의 목표를 수행하는 데 실패할 수밖에 없다. 왜냐하면 정서적이면서도 지적인 측면에서 장기간 자연과 좋은 관계를 유지할 수 있는, 그리하여 인간의 육체적·정신적 건강을 도모할 수 있는 좋은 관리자가 될 수 없기 때문이다. 결국 에너지 효율이 높고 독성을 줄이는 획기적 방안으로 지어진 건물도 기술적 우위를 잃는 순간 쓸모가 없어질 것이며, 사용자들은 굳이 건물을 보존하려 하지 않을 것이다. 사람들이 건물로부터 새로운 목표를 추구하는 순간 지속 가능성이라는 목적은 불분명한 상태로 남겨질 것이다. 건축가 제임스 와인스[James Wines, 1932~]는 "사람들은 아무리 최첨단 열성 유리, 태양전지, 재활용품, 무공해

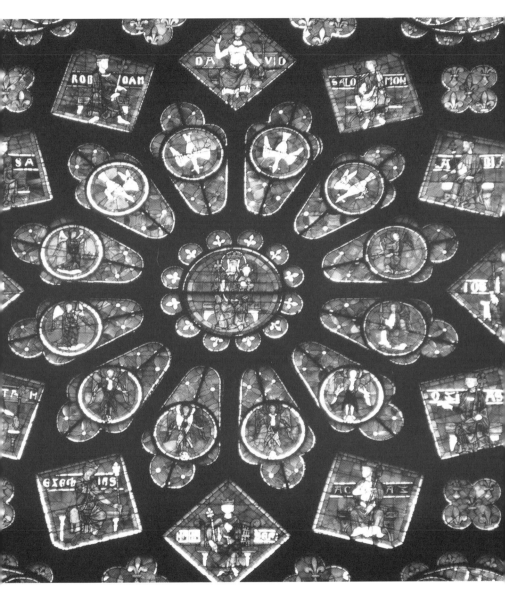

25. 종교 건축물에서 보이는 것처럼 사르트르 대성당은 장미꽃무늬 창문을
포함한 재료, 형태, 구조의 측면에서 자연으로부터의 영감을 반영하고 있다.

카펫이 갖춰졌다 한들 건물 주변이 심미적으로 미흡한 상태를 결코 수용하지 않는다. (…) 또한 우리의 사명은 자연과의 관계를 회복하는 것이다"라고 말했다.[5]

환경적 영향을 줄이는 건축 디자인은 대개 자연과 사람 사이의 접촉을 회복하려는 요구를 각인시키는 데 실패할 것이다. 그것은 근본적으로 지속 가능한 디자인뿐만 아니라 생명친화적 디자인이 연계되어야 한다는 교훈을 안겨준다. 양쪽의 개발을 포함하는 복원적 환경 디자인으로써 우리는 진정한 지속 가능성을 달성할 수 있다. 자연으로부터의 소외는 현대사회의 필연적 결과가 아니다. 우리의 세계를 계획적으로 디자인하고 개발하는 방법의 실패일 뿐이다. 우리는 지금껏 스스로를 이러한 궁지에 몰아넣었지만 그러한 상황으로부터 빠져나올 수도 있다.

그렇다면 생명친화적 디자인이란 무엇이며, 어떻게 달성할 수 있을까? 나는 그것이 고대 자연에 대한 이해가 반영된 것이며, 인간의 역사를 관통하는 구조에서 그 원칙을 찾아볼 수 있다고 제안하고 싶다. 사실 세계적으로 가장 큰 찬사를 받는 건물과 디자인들 중에는 자연과의 강력한 친화력을 지닌 것들이 포함되어 있다. 심리학자 주디스 히르와겐Judith Heerwagen은 다음과 같이 언급했다. "세상에서 가장 존경받는 건축물의 다수는 생명친화적 특징을 가지고 있다. 다시 말해서 그것들은 복제한 것이 아닌, 자연물의 본질이 내재된 것이다. 그 설계의 원칙은 자연의 형태인 것이다."[6]

하지만 생명친화적 디자인의 정확한 요소는 무엇일까? 우선 두 가지 역사적 예시를 말할 수 있다. 프랑스 사르트르 지역의 대성당 그리고 건축가 프랭크 로이드 라이트^{Frank Lloyd Wright, 1867~1959}에 의해 좀 더 현대적 분위기로 설계된 펜실베이니아의 낙수장Fallingwater이다. 이러한 비범한 건축물은 생명친화적 디자인의 중요한 특징을 강조한다.

대부분의 종교적인 건축물과 같이 사르트르 대성당은 재료에서부터 형태, 구조, 원칙, 과정에 이르기까지 자연과의 고유한 친밀감으로부터 영감을 얻어 건축되었다.[7] 예컨대 대성당의 외부는 대부분 돌과 나무이며, 탑과 첨탑은 나무를 연상시킨다. 외부의 문과 정면에는 자연의 특성이 연상되는 조각이 있고, 아치와 지지대는 유기물의 형태를 반영했다. 커다란 아치형 공간으로 조성된 건물의 내부 구조는 외부의 고상한 형태를 모방하고 있으며, 다채로운 스테인드글라스 유리창을 통해 조각된 듯한 자연광선이 비쳐 들어온다. 나무를 닮은 큰 기둥은 우거진 숲을 떠받든 형상으로 구조물을 받치고 있다. 그리고 잎 모양의 수많은 장식과 포도나무, 껍질, 알, 양치식물 모양의 형태가 많이 관찰되어 자연을 상기시킨다. 무엇보다도 176개의 스테인드글라스 유리창, 특히 큰 장미꽃무늬 창문은 다양한 색으로 햇볕을 건물 안으로 들여놓는다. 유기체 모양을 비롯한 유리창의 다양한 무늬는 중력에 묶인 지상의 거주자들을 위로 들어올리고, 건물 밖의 자연을 즐길 수 있게 해준다.

반대로 낙수장은 공공의 용도보다는 사적인 용도로 지어진 현대 건물이다. 그러나 사르트르 대성당과 마찬가지로 자연과의 깊은 친화력을 발휘해, 멀리 떨어진 곳에 있는 수십만의 방문자들을 불러들이는 특별한 매력을 지니고 있다.[8]

주위 풍경과 연계가 뚜렷이 감지되는 그 건물은 방문객들의 마음

26. 프랭크 라이트가 설계한 낙수장 주거 디자인은 많은 매력을 지니고 있다.
특히 폭포 위에 배치함으로써 만들어진 풍광은 특유의 매력을 발산한다.

을 사로잡는다. 특히 건물 아래로 폭포가 흘러내리도록 함으로써 자연을 관람하는 집이라기보다는 자연의 일부처럼 보인다. 건물의 긴 수평면과 돌은 주변의 바위와 숲과 어우러져 단순히 인간이 만든 산물이라기보다는 주위 풍경의 연장인 듯하다. 건물의 내부에는 광범위한 자연채광을 들였고, 자연 재료를 많이 활용해 바깥의 자연 경관과 연계된 듯한 느낌을 강화하고 있다. 크게 돌출된 처마와 커다란 컨틸레버cantilever 테라스 역시 건물과 주위 환경을 연결시킨다. 하지만 폭포와 폭포 위의 가파르고 높은 위치에서 보면 아찔한 느낌을 부여한다. 유리 장식은 사르트르 대성당과 같이 조각난 자연광을 건물 안으로 들여준다. 깊이감 있는 내부의 주거공간은 안락한 쉼터 같은 느낌이며, 내부에서 바깥 풍경을 바라볼 때면 그 풍경과 연결된 인상이다. 방들은 시각적으로 연결되어 있고, 널찍한 실내 여기저기 배치된 돌이나 자연 재료들, 벽난로는 역설적이게도 안전한 느낌을 준다.

사르트르 대성당과 낙수장은 근본적으로 자연에 대한 강력한 친밀성과 생명친화적 디자인을 반영하고 있다. 건축가 데이비드 피어슨 David Pearson 은 생명친화적 디자인의 이러한 특징에 대해 "생명, 자연, 자연 형태에 대한 열정에 기초함으로써 생물학적 형태와 흐름 안에서 자연의 활력이 가득 차 있다"고 묘사했다.[9] 두 건물은 현대의 다른 디자인과는 큰 차이를 보인다. 대규모의 인공적 재료가 투입된 특징 없는 환경, 창문 없는 방, 가공된 공기, 심미적 요소의 결핍 그리고 생태와 문화로부터 동떨어진 공간이 아니다.

또한 사르트르 대성당과 낙수장은 생명친화적 디자인의 기본 요소와 속성의 단서를 제공한다. 예컨대 두 건축물은 자연재료를 폭넓게 이용했으며, 자연채광을 도입했고, 자연으로부터 영감을 받은 형태와 구조를 채용했다. 내부와 외부 공간 사이의 관계와 공간을 고려해 배치되었으며 자연과의 친밀성이 반영되는 디자인적 특징들을 지니고 있다. 그러나 우리는 생명친화적 디자인의 특징에 대해 더 정확하게 알아볼 필요가 있다. 현대의 개발이 거대하고 회복 불가능한 영향력을 가지고 급격히 진행되었기 때문에, 생명친화적 디자인의 요소와 속성에 대한 주관적 느낌을 넘어선 더욱 정확하고 실증적인 예를 파악할 필요가 있다.

이러한 목표 아래 생명친화적 디자인의 여섯 가지 요소와 70가지가 넘는 속성이 지정되었다. 이 디자인은 기본적으로 현대 건물구조 속에서 직간접적으로 자연을 경험할 수 있는 다양한 방법들을 포함하고 있다. 나아가 실제의 식물, 동물, 물, 풍경 또는 외부환경의 접촉 등과 같이 직접적인 경험 그 이상을 포함하기도 한다. 그러나 생명친화적 디자인에 대한 사람들의 인식은 꽤 한정적이다. 건물 안에 식물을 들여놓고, 자연 채광을 받으며, 인공 폭포를 만들고, 외부 환경을 조성하거나 자연의 풍광이 보이도록 전망을 구성하는 정도로 생각한다. 그러나 중요한 것은 건물 또는 여러 디자인의 형식을 통해 간접적이고 구상적인 자연의 경험을 증진시키는 것이다. 여기에는 자연에서 발견되는 형태를 모방하거나 유기물의 형태와 양식을 따르는 방법도 있고, 여러 감각을 자극하는 다양한 전략들이 있다.

이러한 생명친화적 디자인의 직간접적이고 섬세한 표현은 아래와 같이 묘사된다.[10]

① 환경적 특성 : 햇빛, 신선한 공기, 식물, 동물, 물, 흙, 풍경, 자연의 색, 나무, 돌 등의 자연 재료에서 나타나는 자연환경의 특성을 말한다.

② 자연의 형상과 형태 : 자연에서 발견되는 형상과 형태를 흉내내고 모방함. 예컨대 잎사귀, 껍데기, 나무, 양치식물, 벌집, 곤충, 다른 동물 종 또는 그 몸의 일부를 모두 포함한다. 건물 내부의 지붕을 지지하는 숲 느낌을 주는 나무 기둥, 새의 날개처럼 만들어진 건물 구조, 광물의 결정 또는 지질층의 특성을 암시하는 장식과 같은 것들이 있다.

③ 자연의 양식과 흐름 : 특히 인간의 진화와 발달에 기여하는 자연세계의 기능과 원칙. 예컨대 자체 성장의 특성을 통해 다양한 감각을 자극하거나 시간의 흐름에 따른 노화의 과정을 반영하는 디자인 등이 있다.

④ 빛과 공간 : 자연환경 속에 있는 느낌을 부여하는 공간과 조명의 특징. 이는 자연채광, 광활함, 빛과 공간의 조각적 특성과 등의 미세하고 간접적인 표현, 빛과 공간과 광활함의 혼합을 포함한다.

⑤ 공간 기반의 관계 : 건물과 특별한 장소가 지닌 특유의 지질, 생태, 문화적 의미의 관계. 이는 지질의 특성과 풍경, 토착 재료의 사용, 역사와 문화의 특유한 전통적 융합으로 표현될 수도 있다.

⑥ 자연과 진화된 인간의 관계 : 일관되고 명확한 환경에 있는 느낌, 은신과 전망의 감각, 활기찬 성장과 개발의 모방, 다양한 생명친화적 가치 유발 등 자연과 연계하려는 근본적인 성향.

생명친화적 디자인의 이러한 요소는 결국 70개 항목이 넘는 특성을 통해 드러난다. 비록 이러한 관계가 간접적이며 잘 드러나지 않는다

해도 각각의 특성은 자연에 대한 우리의 친밀감을 이끌어내는 경로가 된다. 생명친화적 디자인이 지니는 특성의 상세한 묘사는 「생명 사랑 디자인: 건물에 생명력을 불러일으키는 이론과 과학, 실천, 디자인, 생명의 건축」이라는 60분짜리 비디오에서 확인할 수 있다.[11]

이제 인간과 자연 사이의 긍정적인 관계가 디자인과 개발을 통해 어떻게 성취될 수 있는지에 대한 사례를 소개해보고자 한다. 생명친화적 디자인은 공기, 빛, 물, 식물, 동물, 지질학, 풍경, 자연 서식지, 생태계, 불, 천연 소재, 자연적 관점, 자연의 색과 같은 특성을 나타낸다. 예를 들어 색의 특성은 시각적 성향이 강한 주행성 종인 인간의 진화과정에서 두드러지는 요소라고 할 수 있다. 때문에 인간은 역사적으로 음식의 재료, 안전과 보안의 확인, 위험 감지, 식수의 위치 파악, 복잡한 풍경 속에서 방향을 확인하는 데 색을 활용했다. 이러한 색에 대한 친밀감은 꽃, 석양, 무지개, 가지각색의 나뭇잎, 특정 동식물에 대한 인간의 보편적 관심으로 반영되며, 이것은 건물이나 장식 디자인 등으로 발현된다. 환경적 특징의 다른 중요한 요소는 물이다. 흐르는 물을 연상시키는 형태와 양식은 인간에게 지속적인 매력을 제공하는 디자인으로, 분수나 수영장의 형태로 물을 건물 구조에 추가하고 있다. 또한 인간의 진화와 발달에 중요한 기여를 한 나무, 돌, 점토와 같은 자연 재료에 대한 고유한 애정을 가지고 있다.

자연의 구조와 형태는 동식물의 형태(조개의 모양, 나선형, 계란형, 타원형 구조), 지질학적 양식(둥근 곡선의 형태), 자연의 특성과 유기물의 형태를 모방한 여러 생명친화적 디자인에서 볼 수 있다. 수많은 건축 설계와 장식에서 우리는 나뭇잎, 양치식물, 솔방울, 껍데기, 곤충, 다

27. 수많은 생명친화적 디자인이 모두 유기물의 형태를 직접적으로 모방하는 것은 아니다. 예컨대 시드니의 오페라하우스는 어떤 사람들에게는 새의 날개를, 다른 어떤 사람들에게는 극락조화를 연상케 한다.

양한 동식물과 자연의 특징을 떠올리곤 한다. 그러나 이러한 유사성
은 자연의 요소를 정확히 복사하는 것은 아니다. 대표적인 사례가 호
주 시드니에 있는 오페라하우스로, 이 건물은 마치 새의 날개 혹은 극
락조화bird of paradise plant(파초과의 여러해살이풀—옮긴이)를 연상시킨
다. 또한 뉴욕 케네디 공항의 TWA 터미널은 날아가는 새의 형상과
비슷하지만 구조적으로는 새나 식물 또는 자연의 그 어떠한 특성도
지니지 않는다.

　자연의 양식과 흐름은 자연에 대한 인간의 친밀감을 훨씬 더 미세
하게 표현하도록 만든다. 디자인 특성은 다양한 감각의 자극, 풍부한
정보, 유기체의 성장과 발달, 노화와 시간의 경과, 무늬가 있는 이미
지와 한정된 공간, 다양한 규모에서의 유사한 형태(프랙탈), 계층적으
로 조직된 관계, 일부와 전체와의 관련성, 연계된 연쇄와 고리, 가장
중심이 되는 초점, 역동적인 균형 등을 포함한다. 이러한 특성들은 시
간이 지날수록 인간의 건강과 생존에 기여하는 자연의 양식과 과정에
대한 인간의 반응을 이끌어낸다. 즉 성공적인 건물이나 장식 디자인
으로 인해 우리는 감각의 자극을 받으며, 마치 자연 안에 들어온 것처
럼 세밀하고 유동적인 대응을 하게 되는 것이다. 더불어 풍부한 상상
과 창의적인 반응을 하게 된다. 반대로, 이러한 특징이 없는 디자인은
아무리 효율적일지라도 감각의 자극을 주지 못하기 때문에 단조롭고
따분할 뿐이며, 지루함과 피로감을 낳기까지 한다. 또한 우리가 접하
는 가변적인 세부 요소들이 조직화되어 있지 않다면 우리는 혼잡하고
혼란스러움에 압도되는 느낌을 받을 것이다. 가장 효과적인 디자인의
조건은 무늬가 있고 구조적인 변화를 지니고 있어야 하며, 전체와 부

분이 연계된 공간, 가장 중심이 되는 것, 프랙탈 기하학과 같은 생명 친화적 속성에 의해 촉진되는 것이다.

빛과 공간은 자연채광, 분광되고 확산된 빛, 빛과 그림자, 반사된 빛, 빛의 웅덩이, 따뜻한 빛, 형태와 구조를 띤 빛, 광활함, 공간의 변이성, 구조와 형태로서의 공간, 공간의 조화, 빛의 통합, 공간과 무리, 내부와 외부 공간 사이의 연결, 내부와 외부환경을 연계하는 전이 공간과 같은 속성들을 포함한다. 예를 들어 몇몇 연구에서 밝히고 있듯 우리가 친밀감을 느끼는 자연채광은 주의력, 동기부여, 생산성 향상과 관련이 있다. 더구나 빛과 공간의 다양한 움직임과 형태는 좀 더 자극적이며 만족스러운 경험과 유익한 환경을 만들어낼 수 있다.

공간 기반의 관계는 환경에 대해 친밀하고 안전하며 쉽게 이해하고 접근하고자 하는 인간의 욕구를 반영한다. 그 디자인은 특별한 장소의 지질학과 생태학의 관계, 이러한 장소의 문화와 역사의 연관성, 문화와 생태계의 통합, 현지 토종(원산) 재료의 사용, 건물 형태를 정하는 데 도움이 되는 풍경의 특징, '터의 기운'이라고 불리는 속성을 지니며, '장소의 상실'을 피하려는 특징을 드러낸다. 우리에게 가장 실질적인 건축학, 장식성이 뛰어난 디자인은 생태계와 자연의 역사 또는 특정 장소의 문화에 대해 강한 친밀감을 선사하며, 때로는 '전통 디자인'이라고 불린다. 반면 수많은 현대 디자인과 건축물에서 나타나는 소위 '국제 양식'에 대한 불만들을 볼 때 지리적 또는 역사적 맥락으로부터 단절되었다는 인상이 강하다. 지리학자 에드워드 랠프 _{Edward Relph, 1944~}는 이러한 "장소의 상실"을 다음과 같이 묘사했다.

28. 현대 디자인이 처한 많은 문제에는 현지 문화, 역사, 지리학과의 단절인
"장소의 상실"이 내재되어 있다.

장소가 지닌 근본적 측면이 보안성과 주체성이라면 (…) 중요한 장소를 경험하고 만들어내며 유지하는 방법을 잃지 않는 것이 중요하다. 그러한 방법이 사라져가고, 독특하고 다양한 경험과 장소의 주체성이 약화되었다는 점에서 '장소의 상실'은 오늘날 지배적인 경향이 되었음을 알 수 있다. 그러한 경향은 존재에 대한 거대한 지리학적 변화를 나타내는데, 그 변화란 장소와의 깊은 관계로부터 뿌리 없는 관계로 이행하는 것이다.[12]

마지막으로, 모든 생명친화적 디자인의 특성에는 진화된 인간이 자연에 적응한 요소들이 반영되어 있으므로 '자연과 진화된 인간의 관계'라는 말은 다소 부적절할 수도 있다. 다만 이는 자연에 대한 인간의 진화적인 친화력의 근본 요소를 강조하고 있는 것이다. 이러한 관점에서 애정, 매력, 혐오, 착취, 이성, 지배, 정신성, 상징 등의 생명친화적 기본 가치를 이끌어내는 디자인이 포함된다. 자연세계에 대한 우리의 또 다른 고유한 반응으로는 전망과 피신, 변화와 변형, 순서와 복잡성에 대한 욕구 등이다. 예컨대 가장 만족스러운 디자인은 우리가 안전한 환경에서 안전을 느끼는 것이지만, 동시에 먼 거리에서 보는 것과 같은 넓은 시야를 통해 자극을 받고 정보를 얻는 '전망과 피신'의 욕구가 만족되어야 한다. 이로써 우리는 생명과 자연의 변화 또는 변형의 역동적 특징이 담긴 매력적인 디자인을 발견하기도 한다.

6가지 생명친화적 디자인 요소와 70가지의 속성들은 다음 〈표 2〉와 〈표 3〉에 요약되어 있다.

우리의 세계가 갈수록 인공적이고 도시화되어가는 것을 고려할 때,

환경적 특징	자연의 구조와 형태	자연의 양식과 진행
천연 소재	식물의 무늬	감각의 가변성
천연 색상	동물의 무늬	풍부한 정보
물	껍질무늬와 나선형 무늬	나이와 변화, 시간의 경과
공기	알, 밑씨, 튜브 형태	성장과 개화
햇빛	아치, 둥근 천장, 돔 구조	가장 중요한 핵심
식물	나무와 원주 기둥	전체 무늬
동물	직각이 없는 형태	공간 유계
자연경관과 풍경	자연 특징의 묘사	변이 공간
녹화 건축물	자연 특징과의 유사성	연계된 연쇄와 고리
지질학과 풍경	지형학	전체로의 부분의 통합
서식지와 생태계	유기물의 기능 모방 '바이오미미크리biomimicry'(생체 모방)	다양한 규모에서의 유사 형태 '프랙탈fractals'
불		역동적인 균형과 팽팽함
		상호 보완적 대비
		계층적으로 조직된 규모

이렇게 다양한 생명친화적 디자인 요소와 특성은 인간의 생활에 얼마나 이로운 영향을 미칠까? 이에 관한 자료는 많지 않으며 단편적이긴 하지만 생명친화적 디자인이 건강과 생산성, 삶의 질을 향상시킬 수 있다는 증거는 늘어나고 있다. 예컨대 사무실이나 생산공장에 자연 채광과 자연 환기, 천연 재료의 사용, 식물 재배, 자연풍경 사진의 비

빛과 공간	공간 관계	자연과의 진화된 관계
자연채광	지질학적으로 관계된 공간	전망과 피신
분광되고 확산된 빛	역사적으로 관계된 공간	순서와 복잡성
빛과 그림자	문화와 관계된 공간	매력과 호기심
반사된 빛	생태계와 관계된 공간	변화와 변형
빛의 웅덩이	원산지의 재료	애착과 애정
따뜻한 빛	풍경 지향	매력과 아름다움
형태와 구조로써의 빛	풍경의 생태	탐험과 발견
광활함	문화와 생태계의 통합	두려움과 경외감
공간 변이성	공간의 감각과 기운	정보와 이해
형태와 구조로써의 공간	공간소실의 회피	숙달과 조절
빛과 무리, 규모의 공간적 통합	건물 구조를 정의하는 풍경의 특징	안전과 보호
내, 외부의 공간		숭배와 영성

치를 통해 직원들의 사기와 의욕이 향상되는 연구 결과를 낳았다. 더불어 스트레스, 결근율, 질병 증상들이 감소되었다.[13]

특히 심리학자 주디스 히르와겐과 그의 동료들은 연구를 통해 유익한 결과를 얻었다. 그들은 미시건의 가구회사를 대상으로 새로 지은 사무실 건물에 들여놓은 새로운 시설이 어떠한 영향을 미치는지 조사했다. 새로운 시설이란 향상된 자연 채광과 자연 환기, 내부의 넓은 녹지공간, 다양한 천연 소재의 사용, 습지와 초원 복구, 야외 벤치와 피크닉 공간, 산책 코스 등의 생명친화적 디자인 요소가 포함되었다. 연구 조사는 건물의 공사 전후, 새로운 생산시설을 사용한 지 9개월 후에 여러 번 수행되었다. 그 결과 직원들의 생산성이 24퍼센트 증가했으며 직업 만족도 역시 두드러지게 향상되었다. 건강도 나아지고 스트레스는 감소했으며 의욕은 증가했다. 직원들이 느끼는 삶의 질의 정도는 20퍼센트나 증가했다.[14]

고등학생과 초등학생을 대상으로 한 교육적 연구에서도 자연 채광과 자연 환기, 야외 접촉을 늘리자 의미 있는 향상을 확인할 수 있었다. 또한 시설의 인공 재료를 줄이자 질병과 결석이 낮아졌으며 건강 문제가 줄어들고 주의력이 증가한다는 연구 결과를 보여줬다. 뿐만 아니라 교사들의 의욕도 상승하고 건강 문제가 줄었으며, 다른 직장을 구하려는 경향이 감소되었다고 한다.[15]

의료 연구에서는 식물, 외부 풍광, 자연풍경 사진에 많이 노출된 환자들의 치료 확률이 증가되었으며, 질병과 수술로부터 회복이 빠르고, 약물 의존도가 낮아졌다. 정신병 환자들 사이에서는 규제와 행동 문제가 감소되었다는 결과가 보고되었다. 이전에 담낭 수술에서 회복된 환자의 연구(로저 울리히), 그리고 심장수술로부터 회복 중인 환자들의 연구(아론 케이처)에서는 환자가 자연 접촉을 많이 할수록 치료와 회복이 향상되고, 진통제나 진정제 사용이 감소했다는 결과를 보여줬다.[16]

또한 울리히 연구팀은 병원의 응급실을 리모델링한 뒤 환자와 방문자들을 대상으로 반응을 조사했다. 기존의 응급실은 흰색 벽에 인공 재료와 비품들이 쌓인, 무미건조하고 창문도 없는 환경이었다. 그에 따라 병원 이용자 사이에서 응급실은 스트레스가 높은 공간으로 유명했으며, 병원 직원들을 향해 공격적인 행동을 나타내는 경우도 많았다. 재설계를 위해 우선 자연풍경을 배경으로 한 식물과 동물이 그려진 벽화를 걸었고, 천연 섬유의 의자와 카펫, 다양한 유기물 모양의 디자인을 활용했으며 화분도 배치했다. 이러한 설계에서 주목할 것은 자연세계의 실제 요소와 접촉을 증진하기보다는 자연의 상징적 표상을 이용했다는 점이다. 더구나 응급실의 재설계 요소 중에 창문은 제외되어 있었다. 그러나 이 시설을 이용하는 사람들의 스트레스와 적대감, 공격적인 행동에서 의미 있는 감소가 있었다는 결과가 도출되었다.[17]

이러한 생명친화적 디자인의 이점은 주변과 공동체에서 발견되곤 한다. 예컨대 나와 동료들은 약 520제곱킬로미터에 50만 명이 거주하는 중남부 코네티컷 주의 전역을 대상으로 한 야심찬 연구를 수행했다. 경계선은 13만 명의 인구가 사는 뉴헤이븐 시의 롱아일랜드사운드로 흘러드는 세 줄기의 하천 배수시설을 포함해 다뤘다. 이 영토의 13퍼센트는 도심지, 24퍼센트는 교외, 11퍼센트는 지방, 11퍼센트는 농경지, 나머지 41퍼센트는 공유지로 사용되고 있는데, 이곳은 산림으로 덮여 있다.[18]

우리는 자연환경의 특질과 도심, 교외, 지방에 거주하는 사람들의 생활이 어떠한 연관성을 지니는지에 대해 18개 항목으로 조사했다. 수질, 오염도, 생물의 다양성, 영양의 순환률, 외래 유입종 및 다양한 방법들을 동원해 환경의 특질을 평가했다. 인간 생활의 질은 부동산 가치, 가정과 이웃의 관계성, 범죄율, 고용율, 교통, 길, 여가활동, 공터, 장소에 대한 관심, 낙관적 태도, 안전과 안보의 인지 등 좀더 질적인 측정 방법으로 다양한 지표들을 확인한다.

이 연구를 통해 환경의 질과 우리 생활의 질적 영향 관계가 밝혀졌다. 퇴화되었거나 손상된 자연환경일수록 주민들의 생활은 질적으로 낮았으며, 자연에 대한 긍정적인 심리도 낮았다. 이러한 결과는 도심지뿐만 아니라 교외나 지방에서도 나타났으며, 모든 교육계층과 소득층에서도 마찬가지였다. 또한 환경의 질과 인간 생활의 질 사이의 관계는 사람들에게 특별한 의미를 갖는 중대한 자연 특성에 의해 영향을 받는다. 이는 크고 위엄 있는 나무, 매력적인 강과 수역, 중요한 지질학적 특징과 공원, 공터와 같은 특성을 포함한다. 사실 이 연구에서 환경의 질을 측정하는 척도인 녹지 조성, 영양 순환, 수리학적 규제, 생물량, 용존 산소량, 유입종 및 기타 생물물리학적 지표들은 대부분의 사람들에게는 중요하지 않거나 잘 인식되지 않는 부분이다. 사람들은 심미적으로 쾌감을 주는 풍경, 물이 풍부하고 깨끗한 강, 쾌적하고 혼잡하지 않은 거리, 비옥한 땅 등의 근원적인 자연조건을 사용하려 한다.

다시 말해서, 건강한 자연세계는 사람들에게 가치 있고 환영 받는 환경의 특징을 나타낸다. 그리고 살기 좋은 장소와 질적인 생활에 대한 의식으로 공동체를 디자인하고 유지하도록 만든다. 환경의 질과 인간 삶의 질 사이에 이러한 관계가 발생할 때 사람들은 더욱 책임감을 갖게 되며, 좋은 관리자가 되려는 경향을 나타낸다. 또한 이러한 지역에 사는 몇몇 사람들은 확산되는 지구촌 경제에 의지해 먼 거리의 직장을 감수한다. 이렇듯 자연에 대한 경험과 자연환경을 발전시

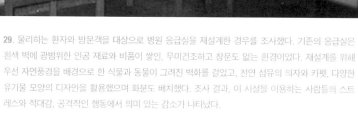

29. 울리히는 환자와 방문객을 대상으로 병원 응급실을 재설계한 경우를 조사했다. 기존의 응급실은 흰색 벽에 광범위한 인공 재료와 비품이 쌓인, 무미건조하고 창문도 없는 환경이었다. 재설계를 위해 우선 자연풍경을 배경으로 한 식물과 동물이 그려진 벽화를 걸었고, 천연 섬유의 의자와 카펫, 다양한 유기물 모양의 디자인을 활용했으며 화분도 배치했다. 조사 결과, 이 시설을 이용하는 사람들의 스트레스와 적대감, 공격적인 행동에서 의미 있는 감소가 나타났다.

키는 디자인의 특징에 의지하며 그들의 가치 있는 삶은 유지된다.

심지어 자연과 인간이 구축한 환경이 열악할뿐더러 경제적·사회적 기회가 제한된 곳일지라도 자연의 경험은 중요한 혜택을 창출한다. 이것은 시카고의 가난한 미국 흑인들의 주거지인 공영 주택 프로젝트 연구 결과에 따른 것이다.[19] 2001년에 진행된 이 연구는 16층짜리 공영 아파트 건물들에 초점을 맞춘 것으로, 건축 형태는 획일적이며 심미성은 거의 찾아볼 수 없는 수준이었다. 그 건물의 유일한 차별성이라면 풍경이었다. 콘크리트와 아스팔트로 둘러싸인 아파트의 일부 공간에는 잔디와 나무가 드문드문 자라고 있었다. 짐작컨대 안전과 유지 보수의 편이함을 위해 조경 공간을 인공적인 외관으로 대체한 듯했다.

연구자들은 아파트 거주자들의 나이, 성, 수입, 교육 수준 등의 광범위한 잠재 변수들을 고려해 그들의 삶의 질과 건강을 조사했다. 그나마 자연 풍경을 볼 수 있는 건물의 거주자들은 범죄 발생률과 약물 이용률이 상대적으로 적었고, 스트레스에 대응할 수 있는 건강을 유지하고 있었다. 또한 그들은 효과적인 사회적 관계를 형성하고 있으며 미래에 대한 희망을 지니고 있었고, 자신들이 거주하는 건물에 대해 긍정적인 애정을 지님으로써 더 나은 '인식 기능'을 나타냈다. 초라한 잔디와 몇 그루의 나무밖에 안 되는 자연환경일지라도 이처럼 훌륭한 결과를 낳은 것이다. 시카고의 연구자들은 다음과 같이 결론을 내렸다.

주의력의 성과는 녹색 환경에 사는 개개인들에게서 높게 나타났다. 사회적이고 심리적 문제에서도 녹색 환경에 사는 사람들이 더욱 효과적으로 대응했다. 16층 아파트 건물 밖에 있는 몇 그루의 나무와 약간의 잔디만으로도 거주자들에게 주목할 만한 효과를 줄 수 있다는 점은 꽤 인상적이다.[20]

위에서 언급한 것처럼, 우리는 또한 뉴헤이븐 연구에서 자연환경의 질과 삶의 질의 연관성은 수입이나 교육 수준과 무관하다는 사실을 발견했다. 이 연구와 더불어 시카고 공영주택 연구 결과는 시간과 재정의 여유를 지닌 사람들만이 호화스러운 자연을 체험한다는 전통적인 믿음에 반하는 것이었다. 뿐만 아니라 모든 사람은 매우 제한된 조건 속에서도 자연과의 접촉으로 기본적인 만족과 이득을 이끌어낸다는 사실을 알 수 있었다.

캘리포니아의 데이비스에서 진행된 '빌리지 홈Village Homes'이라는 비교적 덜 과학적인 연구는 생명친화적 디자인의 효과를 입증하고 있다. 30년 동안의 데이터를 제공하고 있는 이 거주지 개발은 220개의 적당한 크기의 집(평균 204제곱미터), 작은 사무실 건물, 240제곱미터 지역의 커뮤니티 센터가 포함되어 있다. 건물의 밀도가 높음에도 불구하고 개발 면적의 4분의 1을 공유지로 남겨 농경지, 오락부지, 보행자 도로, 녹지대로 할애했다. 관목들과 나무들이 늘어선 좁고 구불구불한 길 때문에 집들은 상대적으로 작게 지어졌다. 차량을 위한 도로는 주차장 구역과 마찬가지로 주변부에 위치하며 도로폭은 기존의 도로보다 좁다. 또 빗물을 조절하기 위한 배관이 지하에 있으며 지상에는 자연적 윤곽을 따라 녹지화된 습지가 조성되어 있다.

30. 캘리포니아 데이비스의 빌리지 홈은 적당한 크기의 집 220채, 작은 사무실 건물, 240제곱미터 지역의 커뮤니티 센터로 구성되어 있다. 건물의 밀도가 높음에도 불구하고 개발 면적의 4분의 1을 공유지로 남겼다.

빌리지 홈의 거주민들은 평균적으로 "보통의 개발에서는 17명의 이웃이 있는 데 비해 빌리지 홈에서는 40명의 이웃이 있으며, 같은 반경에서 친한 친구가 한 명이라면 이곳에는 3~4명의 친구가 있다"는 사실에서 높은 삶의 질을 확인할 수 있었다.[21] 추가적으로 빌리지 홈은 일반적으로 상당히 높은 가격에 매매되며, 비슷한 개발지의 집들보다 매매가 덜 활발하다. 빌리지 홈의 개발업자가 발표한 보고는 이러한 차이를 나타내고 있다.

처음에 빌리지 홈의 주택 가격은 데이비스의 다른 곳과 비슷했다. 그러나 면적으로 계산할 때 빌리지 홈은 데이비스에서 가장 비쌌다. 그것은 주택 자체 때문이 아니라 살기 좋은 주변 지역 때문이다. 집을 시장에 내놓는 것은 흔치 않은 일이지만 집이 나오면 빠른 시간 안에 두 배의 가격으로 팔렸다.[22]

빌리지 홈에서 어린 시절을 보냈던 한 거주자의 기억은 자연과의 접촉에 대한 또 다른 측면의 시각을 제공한다.

빌리지 홈에서 사는 동안 나는 도심지에서 얻을 수 없는 자유와 안전함을 느낄 수 있었다. 빌리지 홈의 과수원과 정원, 숲은 친구들과 함께 놀 수 있는 즐겁고 흥미진진한 장소였다. 우리는 집에 돌아오는 길에 다양한 종류의 나무들이 자라는 숲으로 들어갔다. 나무들의 과일을 따먹기 위해 나무에 오르고, 정원의 채소들을 조금씩 뜯어먹곤 했다. 우리는 어렸지만 찻길을 건너는 위험을 무릅쓰지 않고도 지역 안 어디에도 갈

수 있었다. 빌리지 홈에 살지 않는 지금, 나는 뒷마당의 울타리와 집 앞
의 도로에 갇힌 느낌을 받곤 한다. 어릴 적 느꼈던 자유를 잃은 것만 같
다.[23]

이제 빌리지 홈의 디자인적인 특징은 대부분 구식이 되었다. 그러
나 생명친화적 디자인 속성을 띤 개발로 인해 우수한 삶의 질과 평판
을 얻었으며, 부동산 가치를 높임으로써 상당히 긍정적인 효과를 발
휘했다.

이어지는 글은 몸과 마음의 건강과 회복에 공헌하는 생명친화적
디자인, 환경에 적은 영향을 주는 디자인을 통해 환경적·경제적으로
하락한 공동체의 부활을 꿈꾼 이야기다.

나는 인생이 꿈꾸는 대로 되지 않는다는 것을 깨달았다. 성공에 대한 대부분의 환상이 비현실적으로 시작된다는 것을 이해했기 때문에 그것을 실패라고 받아들이지는 않는다. 한계와 실망을 느낄 수는 있지만 대체로 내가 성취한 삶에 만족하는 편이다. 20년 전, 어쩌면 나를 부자로 만들어줄 수도 있었을 국제 금융업을 스스로 그만두고 위험한 모험을 선택했다. 실제로 그때까지 나는 성공이 보장된 행복한 삶을 살고 있다고 믿고 있었다. 궁극적으로 나의 첫 실패는 현실의 가혹한 교훈을 안겨주었다.

일본에서 미국으로 돌아온 후, 나는 사업 파트너인 니콜Nicole과 합류했다. 그리고 지속 가능한 설계와 개발회사를 설립한 니콜의 동료와 함께 일하게 되었다. 니콜은 건축에 관한 많은 기술을 보유하고 있었고, 우리의 파트너는 전문적인 공학기술을 지니고 있었다. 나는 경제 지식을 제공했다. 니콜은 재능 있는 디자이너로, 훌륭한 미적 감각과 더불어 환경의 영향을 최소화하는 디자인으로 유명했다. 나는 재계의 친분을 활용해 우리가 여러 가지 대규모 개발에 투자할 만한 자본을 영입했다.

그러나 여러 요인으로 인해 우리는 실패했다. '훌륭한 이념에 따른 이상주의는 모든 어려움을 극복할 것'이라는 믿음을 토대로 한 경제적 전략은 너무 순진했다. 그러나 우리의 문제는 새로운 시도에는 항상 더 많은 비용이 든다는 혁신의 불확실성이 아니라, 낯설고 위험도가 높다는 점이었다.

더 근본적으로는, 우리와 협력관계인 대규모 개발업자들은 눈앞의 이익에 급급해 개발 직후에 바로 팔리기를 바란다는 점이었다. 에너지와 자원 효율성의 장기적인 회수도 불가능한 것이었지만 효율적인 단기 공사로써 고용인들의 생산성을 향상한다는 것도 '비현실적인' 것이었다. 또한 자본이 부족한 개발자들은 대부분 대형 은행의 투자에 의지하거나 그들의 자본을 가능한 한 빠르게 회수할 수 있는 외국 자본에 의지하기 때문에 자연환경과 지역사회의 건강에 대해서는 무시하거나 무관한 것으로 간주한다.

또한 정부의 규제로 인해 우리는 타격을 받았다. 우리는 허가된 재료를 사용하거나 에너지를 소모해 폐기물을 처리하는 기존의 조건을 위반한 것이다. 그러나 공익을 보호하기 위해 제정된 이런 규제들은 시간의 흐름에 따라 더 새롭고 혁신적인 것을 다루는 것을 막는 융통성 없는 규칙일 뿐이다.

우리는 결국 지나친 야망과 과도한 자만심으로 실패를 자초하고 말았다. 패배를 인정하는 데 5년이 넘는 세월이 걸렸다. 나는 니콜과 헤어진 후 기존의 경제계로 돌아갔고, 그녀는 탄탄한 건축회사로 들어갔다. 대형 투자회사를 갑작스럽게 그만둔 뒤 연이은 사업 실패는 나의 명예를 실추시켰다. 결과적으로 나는 매사추세츠 주의 작은 해안도시에 있는 지역은행 지점장으로 일하게 되었다. 나는 20년의 경력에서 당분간 유배된 채로 살아야 할 처지였다. 그러나 아름다운 아내를 만났고, 그녀는 사랑스러운 두 아이의 엄마가 되었다.

이전의 모습에 비해 약간의 실망은 있었지만 나는 작은 도시의 경제 엘리트가 된 중년 남성으로서의 나 자신을 발견할 수 있었다. 은행 일은 지루하기도 했지만 흥미로웠다. 대개는 이익을 낼 만한 잠재적인 자원을 확인하면서 나는 동료들과 시민 공동체에 감사했다.

그러나 대부분의 생활은 무언가 창조하기보다는 무의식적으로 순조롭게 흘러갔다. 나의 존재는 안정적이었지만 실은 너무 뻔했고, 대개는 간접적이었다. 주로 다른 이의 업적에 초점을 두었으며, 심지어 훌륭한 성과를 이루는 데 협조할 때도 만족은 대체로 일시적이었다. 그때까지 나는 가족과 친구, 내가 사는 환경 안에서 비교적 만족스러웠다. 아내는 다정했고 배려심이 많았으며, 두 아들은 행복의 원천이었다. 우리는 여러 클럽을 보유한 전망 좋은 해변가에 재건축한 집에서 살았으며, 해변에서는 놀라운 아름다움과 새로운 발견을 체험하곤 했다. 그러나 나는 내 안에 존재하는 비현실적인 자아를 떨쳐낼 수 없었다.

나는 자연의 훼손을 진행시키는 것과 동일시되는 지배적 분위기에 조용히 분노하는 한편, 자연세계에 대한 나의 특별한 열정에 만족하고 있었다. 이미 얼마나 많은 자연 자본이 사라졌는지를 알고 있는 친구들 또는 도시에 새로운 활력을 가하는 데 얼마나 많은 노력이 필요한지에 공감하는 몇몇 동료조차 경제적 발전에는 어쩔 수 없이 환경의 퇴화가 뒤따른다는 논리를 고수하고 있었다. 이러한 은밀한 파괴에 대한 분노에도 나는 대개 침묵을 지켰으며, 때때로 은행 대출을 통해 지배적인 패러다임에 공헌하기도 했다. 나는 지방 토지신탁에 대해 가끔은 표면적인 지지를 넘어 항의를 표하기도 했지만 퍼져가는 편견을 막을 수 없었다. 사람들의 생각을 고쳐주려고도 했지만 좀처럼 의미 있는 행동으로 이어지지는 못했다.

은행에서 일하는 동안 외부의 힘과 자본에 의해 이 지역의 환경이 얼마나 파괴되는지를 알게 되었다. 주로 교외 지역에 최근 지어진 대형 쇼핑센터와 기업 공원 또는 주거단지 대부분이 다국적 은행과 기업들의 작품이었다. 건물들은 과도한 자원을 사용해 거대한 양의 쓰레기와 오염물질을 만들고 자연 서식지를 파괴했음에도 별 매력 없이 엉성할 뿐이었다. 그 건물들은 대중교통이나 보행자에 우호적인 대안을 제시하기는커녕 완전히 차량 위주의 교통방식을 유지했다.

한편으로 오래된 마을과 부둣가에 남아 있는 것이 별로 없다는 사실에 나는 절망했다. 노점상, 지저분한 술집, 오래된 포경 박물관, 폐쇄된 공장, 오래된 교각…… 그리고 산업 쓰레기들에서 나오는 화학물질이 항구로 빠져나가는 것을 안타까워할 뿐이었다. 이러한 직무유기에도 불구하고 오래된 마을과 부둣가는 아직도 매력적이었고 거대한 경제적 잠재력까지 지니고 있었다. 부두는 언제나 역사적이며 생물학적인 여러 보물을 통해 자연의 신비를 전개해왔다. 얕은 물과 강어귀 또는 깊은 바다에서 우리는 다양한 연체동물과 갑각류, 항만의 풍부한 어류 종을 발견할 수 있었다. 또한 습지는 온갖 철새나 텃새들을 끌어들였다. 가장 기적적이었던 것은 오랫동안 모습을 감추었던 회색 바다표범과 그들의 서식지가 최근 겨울에 되살아난 일이었다. 나는 종종 남다른 배짱과 상상력을 지닌 현명한 개발자가 이 오래된 항구도시를 위해 모아둔 재산을 투자해 상업적이면서도 환경적 특성을 회복시킬 일을 하는, 그런 환상을 품고 있었다. 이러한 복원은 인간과 자연의 역사에 환영받을 일로, 서로를 살리는 일이자 서로가 분리되지 않고 더욱 풍부해지도록 하는 행위였다.

처음에는 깨닫지 못했으나, 그 무렵 나의 상상에 응답이라도 하듯 기회가 찾아왔다. 포경 박물관이 은행에 순수한 제안을 해온 것이다. 포경 박물관은 몇 년 동안 급여를 충당하고 특별한 포경 공예품을 보전하기 위해 관광객을 유치하는 데 노력을 쏟고 있었다. 그러나 박물관의 전시는 볼품없었고 건물은 낡은 데다가, 애매한 도시 이미지로 인해 고전을 면치 못하고 있었다. 아이러니하게도 포경작업으로 인해 종말에 처한 생명체를 확인하고자 하는 현대인들의 동정심에 의지해 가까스로 유지되는 형편이었다. 그 박물관에 최근 새로운 임원이 고용되었는데, 그는 박물관을 살리기 위해서는 현대화된 확장이 필요하다는 지론을 제시하며 해양 포유류와 바다에 관심 있는 대중들의 관심을 끌어내자는 제안을 했다. 그리하여 항구 옆에 새로 개조한 공장 건물로 박물관을 옮길 계획을 세웠고, 내가 근무하는 은행에 개발비 지원을 요청했다. 박물관 위원회는 한때 도시에서 매우 유명했던 포경 집안의 가장인 실라스 피스^{Silas Pease}로부터 6000만 달러나 되는 개발자금의 3분의 2 정도를 이미 확보한 상태였다. 그러나 그러한 담보에도 불구하고 은행은 대출을 거절했다. 나는 대출 승인에 찬성했지만, 편향되고 비현실적인 제안이라며 승인되지 못했다.

그런 상황에서 나는 가능성의 불씨를 보았으며, 그 프로젝트에 대한 미련을 떨칠 수 없었다. 몇몇 의미 있는 내용들에 다시 초점을 맞추어본 나는 이 프로젝트가 마을과 항구를 되살려냄으로써 상업적으로나 환경적으로 성공을 거둘 수 있을 것으로 전망했다. 깨달음과 환상이 찾아온 어느 날 저녁, 어쩌면 이 일이 나의 삶에 중요한 성취감을 주는 마지막 기회일지 모른다고 생각했다. 나는 그 프로젝트를 위해 며칠 동안 고민을 했고 계획을 대폭 수정했다. 기존의 프로젝트는 오직 하나의 결과에만 주력함으로써 쇠락한 지역사회와 거리를 좁히지 못한다고 판단했다. 투자자들은 박물관의 새로운 전시와 식당 혹은 매장들이 어떤 매력을 지니는가보다는 자본이 경제적으로 침체된 이웃에 흘러드는 부분에 대한 의구심을 가질 수밖에 없었다. 역설적으로 그 프로젝트는 경계를 넘어서는 성공에 대한 야심을 담지하고 있었다. 즉, 단일 건물과 기관의 시야에서 벗어나 도시 전체의 경제와 생태

회복을 구상하는 것으로, 도시성과 상업성뿐만 아니라 주거성까지 포용하는 것이었다. 또한 바다나 수생 환경에 사람들을 접근하게 하는 매개기관으로서의 기능을 고려할 때 여러 이질적 요소를 하나로 묶어주는 무언가가 필요했다.

내 관점에서 볼 때 박물관의 핵심은 상업, 생태, 문화를 결합하는 동시에 교육과 오락에 중점을 둘 필요가 있었다. 박물관은 해양 세계에 핵심을 두면서 강변이나 습지, 경계 유역 등까지 확장해 강과 해안과 바다를 아우르는 것이다. 즉 박물관은 자연과 기술, 자연사, 환경적 연구를 수행하는 한편 극장과 미술관, 인류학적 전시를 통해 인간과 물의 필수적인 관계를 함께 기념하는 것이다.

박물관은 첫눈에 관심을 끌어야 한다. 이 프로젝트의 성패는 하나의 관점으로 상업적, 도시적, 주거적 사업을 아우르는 형식이 되어야 할 것이다. 또한 차와 도로는 프로젝트의 중심이 아니라 부수적인 것이면서도 차량 접근의 효율성, 주차장의 편리한 이용을 뒷받침해야 한다. 더욱이 수생 환경을 보전하는 선에서 독자적인 주거 공동체는 넓어질 것이다. 학교의 운영은 인간과 바다의 관계를 중심으로 정비될 것이며 모든 수업에 영향을 끼칠 것이다. 배움은 교실 안에서 이루어지지만 수생 환경에서의 경험이 수반될 것이며, 실천에 따른 이론, 개인적으로 확인된 개념을 통해 보완될 것이다.

이 프로젝트는 새로운 건물뿐만 아니라 기존의 건물들에게도 관여될 것이며, 바다와 육지 생태가 연결된 건강한 환경을 복원할 것이다. 해안의 멋진 경관을 지닌, 사람과 바다의 긍정적인 관계를 유발하는 건물들이 생겨날 것이다. 건물 안에서 외부 세상을 볼 수 있는 투과성 있는 외벽을 설치함으로써 자연환경과 건축물의 분리를 최소화할 것이다. 사람들은 박물관의 전시물과 진열된 장식을 볼 수 있을 뿐만 아니라 부두에서 일하는 사람들의 풍경을 지켜보면서 해양 환경을 이해할 것이다. 상점들은 해안가를 마주 보고 있으며, 사무실이나 생산공장 또는 주거공간은 강줄기를 따라 건축된 건물 또는 개조된 건물 안으로 들어갈 것이다. 수로를 따라 길게 뻗은 공원은 보행로와 야외오락 공간으로 이용되며, 복원된 습지는 도시와 교외 또는 전원지대로 연결될 것이다.

모든 건물에 사용되는 에너지와 자원, 배출되는 쓰레기나 오염물질은 최소화할 것이다. 에너지는 건물 자체에서 공급되는 태양열과 풍력을 활용하며, 기계적인 냉난방 시스템에 의존하는 정도를 줄이는 설계가 마련될 것이다. 장기적으로는 소비량보다 더 많은 에너지를 생산하고, 쓸모없는 쓰레기로 여겼던 것은 미래의 사용자를 위한 소중한 기반 재료로 활용되거나 안전하게 자연환경으로 되돌릴 수 있는 밑거름으로 바뀔 것이다. 건물들은 서로 연결되어 남은 냉난방 에너지를 활용할 수 있게 될 것이다. 모든 재료와 산출물은 재활용되고, 빗물을 모아 물청소나 냉각용 또는 관개용으로 사용될 것이다. 페인트, 접착제, 카펫, 나무, 가구에는 독성 화학물질을 사용할 수 없고, 생물분해성과 지속 가능성을 지닌 재료를 사용한다. 도로는 빗물이 대지로 스며들게 하는 투과성 재료를 사용해 부식과 유출을 최소화하도록 설계되며, 자생하는 식물로 환경을 조경해 지역 생태계의 생산성을 증진시킬 것이다.

이러한 열정적인 상상작업은 매일 밤낮으로 계속되었다. 맑은 정신으로 생각하면 불가능한 허황된 꿈처럼 느껴지기도 했다. 이런 생각을 은행에 맞서 내놓는다는 건 거의 전문가적 자살과 같은 것이며, 보수적인 은행의 입장에서는 내 계획을 골칫거리 공상쯤으로 여길 것이다. 그러나 나는 나의 관점을 버리지 않은 채 그 계획을 계속 개선했다. 나는 처음의 기획안에 제시된 중요한 이점 때문에 이 계획이 가능할 거라고 믿었다. 그 이점은 유서 깊은 고래잡이 가문의 돈키호테적인 수장이 허락한 4천만 달러의 자금이었다. 은행원인 나는 그가 자금을 조달할 여유가 있다는 사실을 잘 알고 있었지만, 한편으로는 박물관의 제안을 거절한 은행직원들의 부족한 상상력과 담력에 대해 그가 언짢아한다는 사실도 알고 있었다. 그는 자기 자산을 다른 은행으로 옮기겠다는 위협적인 발언을 하기도 했다. 그가 아직 그 프로젝트에 흥미를 가지고 있으며 내가 수정한 제안서에도 관심을 보인다면, 비용이 더 들더라도 이 대담한 계획을 기꺼이 도울 것이라고 생각했다.

뜨거운 공상이 차가운 현실과 충돌할 때마다 나는 복원된 공터와 항구의 네트워크 안에서 도시성과 상업성과 주거성을 갖춘 광범위한 단지를 계속 설계했다. 이 프로젝트에 너무 함몰되거나 용기를 잃기 전에 나는 서류를 완성했고, 용기를 내어 계획서를 물주에게 보냈다. 나의 뻔뻔함으로 인해 그를 불쾌하게 만들었거나 그가 은행에 알려 나를 해고시킬지도 모른다는 두려움 속에서 나는 일주일이 넘도록 기다렸다. 그가 전화를 걸어온 순간 나는 깜짝 놀랐다. 그의 일방적인 독백에 가까운 대화를 통해 그가 이 계획을 마음에 들어 하며 나와 함께 일하고 싶어 한다는 것을 알 수 있었다. 그는 되도록 빨리 만나서 다음 단계를 논의하기를 원했다. 그는 이자의 인상 여부에 따라 초기 공사비용으로 5분의 1의 금액인 1억 달러를 투자하기로 약속했다. 그리고 내가 은행을 그만두고 이 거대한 규모의 프로젝트에 몰두하기를 원했다. 더욱이 추가적인 투자금 4억 달러는 12개월 이내에 지급하겠다고 제안했다.

이 어마어마한 재정적 지원이 실패한 꿈의 잔재가 돼버릴 수 있다는 것을 나는 잘 인식하고 있었다. 그래서 이 놀랍고도 기쁜 소식을 아내와 가까운 친구들에게 이야기하고 의견을 물었다. 그들은 이 기회를 잡으라고 조언했다. 몇 주 후, 나는 은행에 사직서를 제출했다. 그리하여 갑자기 나는 흥분된 상태로 혼자가 되어버렸다. 첫 주에는 직원을 뽑고 사업계획을 다듬고 도면을 그리고 자문위원을 인터뷰하면서 자본의 산을 들어 올리는 거대한 작업에 착수했다. 훌륭한 건축가, 기술자, 사업가들과 함께함으로써 이 강렬하고 확실한 제안이 제대로 실현될 수 있도록 노력했다.

몇 달이 지나자 우리는 주목할 만한 성과와 더불어 깊은 회의에 빠졌다. 거절이 계속되자 나는 늙은 물주가 파산을 선언하고 떠나버리는 상상까지 하게 되었다. 우리는 훨씬 더 폭넓고 발전적인 기획을 보완했지만 9개월 뒤, 9000달러를 남겨놓은 상태에서 목표에 도달할 수 없었다. 결국 우리는 수많은 잠재적 투자자와 계약하고, 또 수많은 거절을 겪은 후에야 비로소 한 사람으로부터 긍정적인 반응을 얻을 수 있었다. 그는 국가의 거대한 교육 기부 분야의 벤처 금융을 관리하는 에머슨 베이츠Emerson Bates였다. 그는 원래 기부 전체를 관장하는 역할을 하고 있었지만, 이 개발이 누군가의 야생적인 꿈을 넘어서는 사업으로 확장되자 재정의 반환과 사회적 이익을 수반하는 위험한 투자에 집중하기 위해 일반 관리업무에서 손을 떼었다. 베이츠는 오늘날의 '존재'가 내일의 '책임'이 되는 프로젝트에 특히 관심이 있었다.

우리의 프로젝트가 그러한 묘사에 적합하다고 판단한 베이츠는 우리에게 만나자고 했다. 두 번에 걸친 회의에서 검토된 몇 가지 사항에 따라 우리의 계획은 수정되었지만 핵심 개념은 그대로 유지될 수 있었다. 그 무렵 12개월의 기한은 다가오고, 빚은 늘어나고 있었다. 시일이 7주밖에 남지 않았을 때 마침내 베이츠가 편지를 보내왔다. 그룹이 프로젝트 재정에 필요한 이자를 내주기로 결정했다는 소식이었다. 이후 우리는 15개월 동안 계획서를 마무리하고 서류를 정식으로 제출한 다음, 정치적 협상과 규제의 승인에 이어 영예롭게도 공사 협약을 맺을 수 있었다.

모두들 끝났다고 말했을 때 프로젝트는 오히려 더 위대한 성공을 거두었다. 프로젝트는 변경되어 새로운 박물관과 상업단지의 조성이 아니라 아파트, 공동주택, 연립주택 및 단독주택을 형성하는 쪽으로 나아갔다. 사람들은 역사적 항구의 복원을 비롯해 강변 공원, 야외 휴식처, 보행로와 수렵 보호지역이 포함된 장소에 거주하는 것에 대한 기대치에 고무되었다. 특히 아이들이 집 주변의 공터에서 뛰어놀 수 있다는 사실을 반겼으며, 누구나 사는 곳에서 해안가의 음식점이나 오락시설 및 상점으로 손쉽게 이동할 수 있을 뿐만 아니라 강이나 항구, 수로, 만灣으로 연결되는 수상교통 시설이 들어선다는 사실에 매료되었다.

당국의 담당자들과 정치인들도 항구의 복원과 역사적 지역에서 공적이면서도 사적인 활용이 융합된 프로젝트에 흡족해했다. 또한 사람들은 도로를 제한해 자동차 중심의 교통을 축소하는 것, 공공 토지가 많고 현대적이면서 전통적인 디자인이 조화되는 부분을 칭찬했다. 그런가 하면 새로운 느낌의 공동체와 교외에 주택을 구입하려는 사람들이 많이 몰린 것에 대해서도 극찬했다. 도회인들은 이웃과 사귈 기회가 많아지고, 운전하는 시간을 줄여 해안가에 있는 문화환경적인 시설에 접근할 수 있다는 점을 특히 좋아했다. 초기에는 빈 사무실 공간이 많았던 점이 걱정스러웠지만 아름답고 건강한 주변 환경 덕분에 문제는 해결될 수 있었다.

내 생활이 계속 이 프로젝트에 바쳐졌지만 행복하고 평화로웠다. 바람직한 그 무엇을 성취하기 위해 최대한 노력하는 삶을 살 수 있었다. 그것은 단테의 시를 떠올리게 한다.

"발을 들어라! 피곤할 시간조차 없다!"
나의 주인이 외쳤다.
"누워서 자는 사람은
절대 명성을 얻지 못할 것이고,
그의 욕망과 모든 삶은 꿈처럼 표류하게 되며,
그의 기억의 궤적은 시간이 갈수록
공기 속의 연기처럼 개울의 물결처럼 희미해질 것이다

그러므로 지금 일어나라, 호흡을 고르고
모든 전투에서 승리한 강인한 정신을 불러일으켜라
비대한 몸이 쓰러져 가라앉지 않으려거든

아직 올라가야 할 긴 사다리가 있다
지금은 충분치 않다, 네가 나를 이해한다면
네 시간에서 얻는 이익을 보여주어라"[24]

11장

윤리와
일상생활

지금까지 몸과 마음의 건강이 자연과의 연결에 의존하는 여러 경우를 탐색했다. 이렇듯 자연에 대한 지속적인 의존은 인간이 인공적이지 않은 세계, 즉 자연 안에서 진화해왔음을 반증한다. 우리의 육체와 감정과 지성의 성향들은 대부분 자연적 자극과 상황에 적응하는 반응으로부터 발달해온 것이다. 하지만 우리를 인간으로 만드는 많은 것이 그러하듯, 이러한 성향들이 완전한 기능을 발휘하기 위해서는 적절한 배움과 경험을 통해 육성되어야 한다. 물론 인간에게는 이미 자연과 친화하고자 하는 성향이 내재되어 있다. 그러나 그것은 관심과 욕구를 충족하기 위해 획득해야 하는 생득권이다.

자연에서의 유용한 경험은 많은 방식으로 이용될 수 있다. 학력이 높아지고 지배적 성향이 강해지는 현대사회에서는 학교 프로그램, 정부·비정부 기관들, 새로운 소통 방법과 기술을 통해 자연세계와 접촉할 수 있다. 하지만 자연과의 접촉은 개개인의 가치와 동기 부여, 도덕적 약속, 윤리적인 책임의식에 기인해야 한다. 자연의 가치에 대한 지식, 사랑, 신념이 충분치 못한 상태에서는 자연에 대한 경험적인 의존성을 이해하지 못할 것이다.[1]

안타깝게도 현대사회는 우리의 건강과 생산성, 인간의 일체가 자연과의 연결에 얼마나 의존하고 있는지를 망각하고 있다. 우리는 스스로를 자연으로부터 분리시킴으로써 마치 생명작용이나 자연적 기원을 초월할 수 있을 것이라 착각하고 있다. 자연세계와의 건강한 관계를 회복하기 위해서는 지구를 '구하려는' 관심이 아니라 스스로의 이기심에 대한 깊은 깨달음이 우선되어야 한다. 인간은 결국 자신의 건강과 충족감에 기여하는 가치와 윤리를 지닌 것들(그것이 생물 종이든 건물이든 공동체든)만을 유지할 것이다.

의식은 가치를 반영하며, 그것은 윤리관으로 이어진다. 지구에 대한 책임감은 스스로 자연세계와의 다양한 연결을 얼마나 유지하는가에 달려 있다. 자연과의 관계를 바꾸는 윤리관에는 모든 생명친화적인 가치(끌림, 애정, 혐오, 논리, 이용, 지배, 정신, 상징적 소통)가 반드시 포함되어야 한다. 이러한 윤리관의 중심에는 세계와 올바른 관계를 맺음으로써 자기 삶의 의미와 만족을 얻을 수 있다는 깨달음이 있다. 이를 위해서는 네 가지 조건이 충족되어야 한다.

① 모든 생명친화적인 가치를 포함시켜야 한다. 각각의 가치는 서로 균형적인 관계 속에서 적응하고 기능하는 상태로 존재해야 한다.

② 생명과 창조 우주에 대한 사랑과 열정을 반영하는 자연에 대한 강렬한 감정적 연결을 가져야 한다.

③ 자연세계에 대한 지식과 이해를 추구하며, 인간 지성의 한계를 깨닫고 이해한 것들을 겸손과 규제에 적용해야 함을 인식해야 한다.

④ 개인으로서 또는 하나의 생물 종으로서 번성하기 위해 궁극적으로

자연에 대한 신념과 경외가 필요하다는 사실을 깨달아야 한다.

위대한 생태학자이자 윤리학자인 알도 레오폴드는 변형적인 환경 윤리관의 중심에 이러한 가치, 사랑, 지성, 신념에 대한 의지가 있다고 생각했다. 그는 이렇게 말했다.

보존 그 자체를 넘어선 어떤 힘이 반드시 존재할 것이다. 이 힘은 이익보다 더 보편적이고, 정부보다 덜 곤란하고, 스포츠보다 덜 순간적이며, 모든 시간과 공간에 이르는 어떤 것이다. 강에서부터 빗방울까지, 고래에서부터 벌새까지, 토지에서부터 창가의 화단까지, 이 모든 것들을 통합하는 어떤 것이다. (…) 이 힘은 생명체로서 대지를 향한 존경심이라고 나는 생각한다. 이는 거대한 생물군에 대한 사랑과 의무감 이상의 존경심이다.[2]

변형적인 환경 윤리관은 현실적인 선택일까? 아니면 수사적인 이상이거나 낭만적 시각에 불과한 것일까? 종말론을 연상케 하는 세계적 오염, 생물 다양성의 엄청난 손실, 광범위한 자원 고갈, 대기와 기후 변화와 같은 환경의 도전 과제들을 마주쳤을 때 이러한 목표(변형적인 환경 윤리관)는 실현 가능할까? 자연세계에 대한 우리 가치와 윤리관을 바꿔야 하는 이 어려운 과제를 성공시킬 만큼의 충분한 시간은 있을까? 나는 다른 선택 사항이 없다고 생각한다. 자연에 대한 가치와 윤리관을 재정비하지 않는다면 인류는 절대로 번영하거나 충족할 수 없을 것이다. 우리 시대의 거대한 환경적 도전 과제들을 해결하

기 위해 동원되는 규제와 기술은 일시적인 안도감만을 남긴 뒤 금방 의미를 잃을 것이다.[3]

　자연을 향한 윤리적 태도를 바꾸는 것은 생각보다 매우 실용적이다. 역사적으로 볼 때 자연세계에 대한 가치관의 변화는 꽤 빠르게 진행될 수 있으며, 규제나 법으로 기대할 수 있는 수준을 넘어 장기적인 효과를 지닌다. 이에 관해 두 가지 예를 들 수 있다. '그레이트 웨일 The Great Whales'로 더 잘 알려진 '커다란 고래large cetacean'(그레이트 웨일은 수염고래를 일컫는 별칭—옮긴이) 동물 종에 대한 가치관의 변화가 그 첫 번째 예다. 두 번째는 최근까지 늪으로 가치 절하되었던 습지 생태계에 관련한, 지금도 진행되고 있는 윤리관의 변화다.

수염고래

　긴 역사에 걸쳐 인간은 고래에 대해 적대적인 태도를 지녀왔고, 과도한 사냥을 해왔다. 그러나 20세기 후반부터 고래에 대한 인식은 크게 변화되었다. 결론적으로, 이러한 변화는 고래에게 도덕적 지위를 부여함으로써 주요한 규제의 변화를 이끌었다. 더욱이 이러한 가치와 행동과 정책의 변화는 상대적으로 짧은 기간에 발생했다.[4]

　20세기 전에는 수염고래를 기름, 상아, 고기 또는 기타 생산품의 재료로 보거나 바다의 괴물로 여겼다. 이 생명체는 무자비하게 쫓겨다니거나 착취당했다. 또한 세상의 모든 환경 중에서 인간이 살 수 없는 곳인 바다 속에서 살아가는 가장 큰 생명체를 지배한다는 데서 인간은 고래 사냥에 큰 자부심을 느꼈다. 고래는 엄밀히 말해 포유동물이지만 사람들에게는 낯설고 이상한 생물체 또는 어류 괴물로 취급되었다.[5]

메이플라워 호 항해자들이 뉴잉글랜드 연안에 도착한 직후 고래를 쫓으며 총으로 마구 쏴 죽였던 사실은 그 당시 지배적인 감성을 반영하고 있다. 또한 1818년 '모리스 주드Maurice v. Judd' 판결문을 보면 고래를 어류라고 판단해 세금을 주장한 내용이 있다. 이것은 고래를 어류 이상으로 보지 않았다는 사실을 정확히 보여주는데, 실제로 배심원단은 어류의 관점에서 고래의 모든 쓰임과 목적을 규정했다. 고래를 괴물에 가까운 물고기 종류로 보는 시선은 20세기까지 계속되었다. 사람들은 고래를 '어획량'으로 분류했으며, 1960년까지 고래 고기는 세계 어류 어획량의 15퍼센트를 차지했다.[6]

그 무렵 고래를 향한 태도 변화의 씨앗이 뿌려졌고, 씨앗은 뿌리를 내렸다. 세계가 발전하면서 이용과 지배와 혐오의 대상으로 여기던 고래에 대한 가치관이 변화되기 시작한 것이다. 사람들은 고래에 대해 애정, 매력, 지성적 관심을 갖기 시작했고 심지어는 숭배에 가까운 감사와 동정의 가치관이 생겨났다. 이러한 뚜렷한 인식의 변화 속에서 고래는 오늘날 보존의 상징으로 부상했다. 1976년 국제지리학협회의 대표인 길버트 그로스베너Gilbert Grosvenor, 1875~1966는 "고래는 이 행성을 새롭게 인식하게 하는 상징이 되었다"고 언급했다.[7]

이런 인식과 관계의 변화가 있기까지는 많은 요소가 기여했다. 우선 수염고래가 멸종의 위기에 처했다는 사실이 알려지면서 비로소 사람들은 긴급한 상황을 인식하게 되었다. 그들은 인간의 무지와 과도한 욕심에 의해 소중한 생명체가 지구상에서 사라지는 미래를 걱정했

31. 수염고래는 기름, 상아,고기의 재료로써 착취당한 나머지 현재 멸종 위기에 처했다. 20세기 후반 형성되기 시작한 고래에 대한 인식 변화로 인해 고래는 도덕적 지위를 얻었고, 그 도덕적 지위는 정책과 법률로 고래의 보존을 장려하는 변화들을 야기했다.

다. 과학계 역시 위험에 처한 고래의 상황을 입증했다. 해양 생물학자 케네스 노리스[Kenneth Norris, 1914~2003]는 "대형 동물 중에서 고래만큼 많은 개체가 멸종에까지 내몰린 경우는 없었다"고 언급했다.[8]

고래에 대한 진보된 지식이 전파되면서 동정론도 생겨났다. 그 지식은 대체로 자연환경 또는 사육 환경에서 새로운 기술을 동원해 고래를 관찰 연구한 결과로, 고래는 이례적인 지능을 지녔으며 인간 종을 연상케 하는 복잡한 사회관계와 비범한 소통능력을 지니고 있다는 사실이 밝혀졌다. 열렬한 지지자들은 범고래의 다정함, 혹등고래의 노래, 돌고래의 지적 능력을 극찬하기 시작했으며, '고래 관람'이라는 완전히 새로운 산업까지 부상하면서 수많은 사람은 수족관에 잡힌 고래를 보기 위해 모여들었다. 2010년까지 고래 관람 사업은 매년 약 20억 달러의 수익을 냈는데, 고기와 기름을 얻기 위한 고래 사냥의 경제적 가치보다 더 많은 수익이다.[9] 이러한 변화들은 고래를 향한 인간의 태도에 영향을 끼쳤으며, 고래 사냥을 반대하는 분위기를 확산케 했다. 문화적·역사적 이유로 고래잡이 산업을 유지하는 일본과 노르웨이를 제외하고는 경제적으로 발전한 국가들에서는 고래 사냥을 반대하는 사회 분위기가 확산되었다.

이는 정책과 법의 급진적인 변화를 불러일으켰다. 1972년 미국에서는 가장 야심찬 야생동물법으로 알려진 해양포유동물보호법이 제정되었으며, 1980년대 중반 국제포경위원회[International Whaling Commission, IWC]에서는 상업적인 고래 포경을 금했다. IWC는 이전까지는 고래의 물질적 이용에만 초점을 맞추어왔을 뿐 과도한 포경을 규제할 힘은 없었다.[10]

이러한 규제와 정책의 변화는 가치관의 근본적인 변화뿐만 아니라 고래에 대한 윤리적 전제, 고래와 인간의 관계에 대한 생각이 바뀌었기 때문이다. 수세기 동안 이어져온 고래잡이와 지배를 조장해온 적대적인 시각 대신 고래가 대단히 높은 지능을 지닌 매력적인 생물이라는 시각이 생겨났다. 또한 생태적으로 중요한 존재이며 영적 영감을 주는 동물로 인식하기 시작했다. 천년 동안 사람과 고래의 관계를 지배했던 욕심, 무지, 적대감은 사라지고 고래를 아름다운 경탄의 대상으로 바라보게 된 것이다. 고래 고기와 기름을 얻기 위한 사냥은 윤리적으로 불쾌하며 도덕적으로 비난을 받는 행동이 되었다.

이러한 가치관의 커다란 변화는 변형적 환경 윤리 등장의 기초가 되었다. 또한 변형적 환경 윤리로 인한 공적이고도 정치적인 결의는 법과 정책의 실질적인 변화를 이끌어냈다. 한 가지, 가치관과 윤리관의 이러한 변화는 불과 수십 년 만에 형성된 반면 고래 사냥을 규제하려는 정부의 노력은 별 효과가 없었다. 그러나 급속히 도덕적 지위를 회복한 고래는 수백만의 사람들로 하여금 열정과 윤리적 의지를 가지고서 고래를 위한 활동에 관심을 갖게 만들었다.

물론 가치관과 윤리관의 변화는 사람들과 감성적·지성적 관계를 맺은 매력적인 생물 종들에게 향해 있으며 도덕적 변화를 불러일으킨다. 많은 사람은 고래가 겪었을 고난과 역경이 사람들이 비슷한 상황에서 겪었을 그것과 비슷하다고 인식하며, 그 점을 강조했다. '고래를 구하자Save the Whales!'는 정치적 슬로건이면서 많은 사람의 개인적인 바람이 되었다.

습지

가치관과 윤리관의 커다란 변화는 생물학적으로 동떨어진 대상이나 무생물에 대해서도 형성될 수 있을까? 최근의 생태계 전반에 관한 인식 변화는 그것이 가능하다는 사실을 보여준다. 질문으로 제기된 생태계는 바로 '습지'로 알려진 늪지대를 의미한다. 습지에 대한 가치관의 급격한 변화는 고래의 변화와 비슷한 시기에 형성되었으며, 이후 정책과 법의 변화로 이어졌다. 이는 현재 늪에 대한 인식의 변화가 진행 중이라는 점을 감안할 때 상대적으로 짧은 시간에 이루어진 것이다.

습지는 토양의 표면 혹은 그 주변에 주기적이고 장기적인 포화가 일어나기 쉬운 곳을 뜻한다. 담수 습지와 해안 습지 모두 일정 토양과 동식물로 특징화된다. 습지에 사는 동물들은 주기적인 물의 유무 또는 간헐적이고 정기적 범람에 적응해왔다. 습지의 종류는 많은데 바다 습지와 담수 습지, 습기가 많은 목초지와 대초원, 프레리포트홀 prairie potholes(북미 대초원에서 침식작용에 의해 형성되는 웅덩이—옮긴이), 플라야playas(사막의 오목한 저지대—옮긴이), 봄 저수지, 늪지, 소택지, 숲, 관목숲, 맹그로브 습지 등을 포함한 많은 종류가 존재한다.[11]

사람들은 대개 종류에 상관없이 습지는 그저 늪지대라고 생각해왔다. 두렵고 피하고 싶은 곳이며, 어느 곳에 있든 관계없이 생산적인 땅으로 바꿔야 할 장소였다. 역사적으로 습지는 풀, 나무, 야생 약초를 재배하기 위해 활용되었다.

이렇듯 습지를 하찮게 여기는 풍토에서 늪지대는 어둡고 음울하고 두렵고 혼란스럽고 갈피를 잡을 수 없는 곳으로 인식되었다. 뿐만 아니라 쉽게 빠지지만 벗어나기는 힘든 수렁으로, 각종 질병과 위험한 생물들을 불러 모으는 장소였다. 거머리, 진드기, 뱀, 커다란 포식자, 심지어 악령들까지 존재하는 곳이었다. 다음의 묘사는 이러한 암울한 시각을 전형적으로 보여주고 있다.

늪지대는 그 누구도 들어가기를 꺼리는 우울한 장소다. 늪의 흉측한 생물들은 공포 속에 숨어 있다. 독사가 들끓는 그곳은 이상하고 치료할 수 없는 질병들의 근원이다. 늪지대는 위험하고 비위생적이다. 늪지대는 질병을 퍼뜨리는 곤충을 끌어들인다. 흠뻑 젖어 있는 땅 때문에 발을 디디고 지나가기가 어렵다. 많은 늪지대에는 짙은 안개가 자주 생겨서 길을 잃어버리기 쉽다. 늪지대는 위험한 동물들이 서식하는 곳이다. 늪지대는 저주받았으며 귀신이 출몰하고 온갖 괴물들로 가득하다.[12]

이렇듯 늪지대에 반감을 가지고 있는 많은 사람은 늪지대를 피하거나 파괴하려 한다. 따라서 습지는 질병을 막기 위해서 항상 물이 빠진 채 메워져 있거나 파헤쳐진다. 습지는 특히 모기와 사람들이 경멸하는 곤충들을 키우는 서식지로 인식되었다. 미국에서 습지의 파괴는 기술의 지원을 받아 시민이 반드시 해야 하는 일이었다. 20세기를 앞두고 미국은 유럽인이 정착하기 전에 존재하던 약 890제곱킬로미터나 되는 습지의 반 이상을 없앴다. 아이오와 주에서는 90퍼센트 이상의 습지가 농지로 개간되었다. 2010년 무렵, 오직 알래스카에서만 습지의 파괴가 1퍼센트 이하였다. 1886~1897년까지 매년 평균 234제

32. 습지는 토양 표면 혹은 주변의 수분이 주기적이고도 지속적으로 포화되기 쉬운 곳이다. 습지는 한때 늪이라고 가치 저하되었고, 기피하고 싶은 대상이면서 변형해 이용해야 할 곳이었다. 20세기 후반 들어 미국에서는 습지에 대한 인식이 눈에 띄게 달라졌다. 현재 습지는 생태학적으로 중요하고, 미적 매력을 지니고 있으며, 오락 기능적 가치도 높으며, 정신적인 영감을 주는 장소로 평가된다.

곱킬로미터의 습지가 미국에서 사라졌고, 10년 동안 총 4000제곱킬로미터의 절반 이상이 사라졌다. 다른 측정 방법으로 추정할 때 4000제곱킬로미터가 사라진 것으로 나타난다.[13]

20세기 후반 이처럼 암울한 통계에 직면한 미국과 많은 선진국에서는 습지에 대한 태도에 상당한 변화가 나타나기 시작했다. 정치적으로 보수 집단이며 그다지 환경 친화적이지 않은 조지 부시[George W. Bush] 대통령조차도 2002년 '습지 총량제No net loss of wetlands'라는 국가 정책을 공표했다.[14] 이는 습지의 가치에 대한 사람들의 인식에 상당한 변화가 있음을 증명하고 있다. 위험하고 질병이 들끓는 곳으로 여기던 혐오의 시각이 변화되어 이제는 미적으로 매혹적이며 물질적으로 이로운 자연으로 바뀌었다. 또한 생태학적으로 중요하며 휴양에 좋고 정신에 영감을 주는 곳으로 인식되기 시작했다.[15]

이러한 변화를 가능케 한 요인은 습지의 유용성을 알려준 지식이었다. 습지를 과학적으로 연구한 결과, 습지가 생태계에 얼마나 중요한 기여를 하는지 확인할 수 있었다. 습지는 물 공급을 유지하고 물 순환을 조절할 뿐만 아니라 범람과 폭풍, 해일을 방지한다. 또한 어류가 서식할 수 있도록 먹이를 제공하며, 부패와 오염의 조절 및 기타 다양한 생태적·물질적 기능을 담당한다. 습지는 생물학적으로 지구에서 가장 생산력 있고 다양한 생태계를 보유한 곳이기도 하다. 또한 보트를 타거나 조류를 관찰하거나 사냥 등의 활동을 즐길 수도 있다. 습지는 아름다움과 미적 매력을 선사하며, 영적인 힘까지 지닌 장소로 찬사를 받는다.[16] 2010년 습지가 세계 경제에 기여하는 정도는 매년 140~700억 달러라고 평가되었다.[17]

습지에 대한 사람들의 인식은 근본적으로 변화했다. 이러한 인식과 가치관의 변화는 생태계에 관련해 새롭게 등장한 윤리관에 잘 나타나 있다. 즉 고래의 경우와 마찬가지로 얼마 전까지만 해도 파괴되어 왔던 습지는 아이러니하게도 법과 정책으로 보존, 보호, 재건하는 흐름으로 변화되었다. 나아가 이러한 가치관과 윤리관의 변화는 상대적으로 짧은 시간에 형성되었다.

변형적 환경 윤리

고래와 습지의 예는 모두 자연세계와의 윤리적 관계에서 근본적 변화가 있었다는 사실을 보여준다. 하지만 아직도 많은 이는 우리 시대의 환경적 위기와 위급함을 고려했을 때 이러한 변화는 비현실적이며 별 영향을 끼치지 못한다고 생각한다. 이러한 설명은 다른 견해를 제시하게 만들기도 하지만, 나는 환경적 목표를 달성하기 위해 기본적인 가치의 변화 또는 윤리적인 변화 없이 과학, 기술, 경제, 제도에 의존하는 것은 거의 효과가 없으며 시간이 갈수록 실패할 것이라고 생각한다.

이미 언급했듯이, 환경 윤리의 전환을 얻기 위해서는 필수적으로 네 가지 조건이 수반되어야 한다. 첫째, 자연을 중요하게 여기는 우리의 생명친화적인 성향은 반드시 기능적이고도 적응 가능한 스타일이어야 한다. 또한 이러한 가치관들은 균형을 갖춘 채 서로 존중하는 관계가 형성되어야 한다. 이 말은 현재 우리가 지닌 생명친화적인 가치관들이 각각 동등하지 않다는 사실 혹은 모든 개체와 집단 간의 가치들 또한 비중이 다르다는 사실을 암시한다. 자연과 인간의 관계는 매우 다양하며 역동적이고 창조적이어서 그 관계로 인해 우리는 경험, 배움, 문화를 얻고, 다른 생물 종과 생태적 환경에 대한 진보적인 적응을 하게 만든다. 사람들은 백조를 볼 때와 뱀을 볼 때 결코 같은 기분을 느끼지 못하며, 이는 늪지와 사바나의 비교에서도 마찬가지다. 게다가 각 개인과 집단은 다양한 역사적·문화적 경험을 지니고 있으며 종교, 민족성, 나이, 성별, 지리적 차이에 따라 반응이 다르게 마련이다. 물론 놀라운 창조적 능력과 주목할 만한 진보와 혁신을 가능케 해준 다양성은 인류의 축복이다.

하지만 이러한 다양성은 자연의 가치 중 어떤 것이 다른 것보다 더 중요하다거나, 어떤 가치를 위해 다른 가치를 버릴 수 있다는 사실을 의미하지는 않는다. 그런 반면 모든 다양성과 차이가 똑같이 타당하다는 걸 의미하지도 않는다. 우리의 생명친화적 가치들은 유전자에 새겨진 보편적인 성향으로써 나타났으며, 적응적 기능을 가지고서 인간의 진화와 발달 과정에서 건강과 복지를 향상시켰다. 이러한 적응의 내용과 우선순위는 개체 또는 집단의 문화, 경험, 생명작용, 생태적 상황에 따라 다르게 기능하지만, 우리가 건강하고 온전하기 위해서는 생명친화적 가치들이 실제적으로 드러나야 한다. 각각의 가치는 인간의 몸과 마음과 정신에 중요한 기여를 하며 이로움을 안겨준다. 따라서 우리의 모든 생명친화적 가치가 기능적이며 균형적인 동시에 보완적 관계로 작용할 때 비로소 환경 윤리의 전환적 인식의 기반이 마련되는 것이다. 그러한 환경 윤리는 이타적 충동이 아닌 자기의 이기심에 대한 심오한 깨달음을 통해 자연을 지킬 수 있는 동기를 부여한다.

불행하게도 현대사회에서는 자연을 물질적으로 이용하고 지배하는 자원으로 다루었고 그 이익에만 몰두해왔다. 그 결과 자연세계를 물질적인 편의와 안전의 원천으로만 보았다. 비용-이득 관계 중심의 이런 편협한 시각에서는 도덕적 선택이란 피상적이며, 경제적 평가에 포함되지 않는 생명친화적인 가치들은 무시될 뿐이었다. 반면 전환적 환경 윤리는 생명친화적 가치들을 중요하고 유익한 것으로 여긴다. 그 가치가 실현될 때 사람과 자연의 의존적 네트워크가 형성되면서 지구를 살리는 강력한 윤리관을 구축한다. 생물학자 르네 뒤보스의 시각에서 그러한 가치관의 기초를 엿볼 수 있다.

자연보존은 사치라기보다는 우리의 정신 건강을 유지하기 위해 반드시 필요한 가치 시스템에 기반을 두고 있다. 보존에 대해서는 경제적 논리를 초월하여 좀더 미적이며 도덕적인 논리가 존재한다. 우리는 지구에 의해 형성된다. 우리를 발전케 하는 환경의 특성들은 우리의 신체적·정신적 건강과 삶의 질에 영향을 끼친다. 이기적인 목적 때문일지라도 우리는 자연 안에서 다양성과 조화를 유지해야 한다.[18]

또한 전환적 환경 윤리를 위해서는 자연에 대한 감성적 애착과 사랑이 필요하다. 그러한 마음을 지니고 있다면 자연환경 파괴는 물질적인 손실을 떠나 사람들에게 자신이 아끼고 사랑하는 것들을 없애버리는 행위로 인식될 것이다. 자연에 동화될 수 있는 애정이 없다면 자연이 마치 나 자신인 것처럼 도덕적으로 보호하기는 불가능하다. 알도 레오폴드는 이렇게 말했다. "우리는 우리가 보고 느끼고 이해하고 사랑하고 믿는 대상과 관계를 맺고 있을 때만 윤리적일 수 있다. 보존은 사랑과 위대한 생물군을 지키기 위한 의무에서 비롯된다."[19]

전환적 환경 윤리는 또한 스스로를 넘어선 세계, 즉 자연의 세계와 창조의 우주를 알고 이해하고자 하는 열정을 필요로 한다. 자연세계에 대한 끈기 있는 호기심과 감동은 결국 우리에게 물질적이고도 실용적인 이득을 얻게 해준다. 그러나 이러한 소소한 보상보다 더 중요한 것은 지적인 탐구와 열정적인 발견을 통해 자연에 대한 이해와 고마움을 깨닫게 한다는 것이며, 우리로 하여금 자아 존중감과 정체성을 확인하게 한다는 것이다. 무수한 신비로 가득한 자연세계에 대한 추구는 우리를 겸손하게 하며 존경과 자제심을 가지고 자연을 이용하게 한다.

마지막으로, 전환적 환경 윤리는 한 가지 신념을 요구한다. 그것은 자연과 올바르고 도덕적인 관계를 유지할 때에만 우리도 충족감을 얻고 번영할 수 있다는 믿음이다. 자연세계에 대해 감성적 애착을 느낀다면 사랑하는 능력도 더 깊어진다. 날마다 엄청난 일들을 해내는 지구의 아름다움을 만날 수 있다. 심지어 가장 작은 생물체와 가장 작은 자연의 요소로부터 놀라운 힘을 발견하기도 한다. 이렇듯 자연세계와 끈끈한 유대를 쌓을 때 지속적인 안전을 구축할 수 있으며, 지구를 존중할 때 자신이 공동체에 속해 있음을 깨닫게 된다. 그 공동체는 광활한 우주와 연결된 황홀한 유대감으로 우리를 감싸 안는다.

일상의 삶

전환적 환경 윤리가 일상생활에서 실용적인 지침으로 작용할 수 있을까? 혹은 이러한 윤리관은 일자리를 갖거나 가족을 부양하거나 생활의 한계와 현실의 제약 속에서 일상적으로 살아가는 사람들의 삶과는 별로 연관성이 없는 것일까? 윤리란 이루고자 하는 이상에 대한 열망이며, 세상이 무엇이며 어떠해야 하는지 라는 질문 사이에 놓인 선이다. 그러나 수사적 의미를 벗어나면 윤리라는 건 궁극적으로 우리의 총체적 관심사가 무엇인지를 알려주는, 즉 사회 공동체로서 우리가 어떻게 건강과 성취감을 추구해야 하는지를 보여주는 지도 역할을 한다.

오늘날의 도전 과제는 인간에게 기여하는 자연을 이해하고, 계속 퇴행하는 것처럼 보이는 자연이 요구하는 것을 알아내는 것이다. 우리는 공원이나 다소 먼 곳의 자연을 가끔 들르는 정도의 체험을 넘어, 자연이 우리의 일상생활에 필수적인 부분이 될 수 있는 방법을 찾아야 한다.

의심할 것 없이 자연은 오늘날 삶의 주변적 요소가 되어버렸다. 그러나 우리는 자연세계가 우리 삶에 얼마나 중요한 부분이며, 더 중요해질지를 이해하지 못하고 있다. 이러한 무지의 원인은 자연이 바깥에서만 벌어지는 것이라는 인식 때문이다. 즉, 자연의 생태계는 다른 생물 종들이 점령하고 있으므로 인간이 자연에 존재하는 것은 순간적일 뿐이라고 생각하는 것이다. 이로써 자연세계가 우리 삶의 일부이며 무수히 중요하거나 사소한 작용을 하고 있음을 깨닫지 못한다. 자연세계는 인간이 먹는 음식, 주거지, 소통에 사용하는 다양한 이미지와 상징들, 구조물과 예술의 디자인에 많은 영향을 주고 있다.

인간은 점점 더 인위적이며 가공적으로 진행되는 현실과 고투를 벌이고 있다. 또한 도시와 교외, 학교와 병원, 사무실과 생산 제조된 시설들, 상업 중심지와 주거단지에서 자연이 자그마한 특색 이상이 될 수 있을지 의문스럽기도 하다. 이러한 장애들에도 불구하고 신체적·정신적 건강이 온전해진다면 자연세계는 실용적으로나 윤리적으로 필수적인 요소가 될 수 있으며 되어야 한다. 여기에는 인간의 자각에 따른 의식적이고 의도적인 행동이 필요하다.

이처럼 버거운 일을 어떻게 해낼 수 있을까? 쉽고 간단한 방법은 없다. 여기서 제시할 수 있는 것은 이 책과 이 장의 결론에 해당되는 제안 또는 사례들이다. 첫 번째 사례는 뉴욕 시의 큰 오피스 타워에서 벌어진 환경 문제를 해결하기 위해 전문가로서 도왔던 경험이다. 두 번째 사례는 뉴욕에서 일하는 젊은 여성의 삶을 상상한 이야기다.

현대의 오피스 타워

도시의 금융가엔 거대한 오피스 빌딩들이 즐비하다. 이 건물들은 자연과의 윤리적 책임 관계를 발전시켜야 한다는 과제와는 관계가 없다. 도쿄, 홍콩, 뭄바이, 두바이, 모스크바, 런던, 리우데자네이루, 멕시코시티, 애틀랜타, 뉴욕 등의 국제적 스타일로 디자인된 건물들은 일반적으로 지역성과 장소를 무시한 채 과도한 자원을 소비하고 환경을 파괴하며 자연으로부터 분리되어 있다.

2011년 나는 뉴욕의 맨해튼 월가에 있는 어느 건물의 프로젝트에 참여했다. 그 건물은 월가에서 유명한 투자은행의 본사로, 2009년에 완공된 새 건물이었다. 186제곱미터의 면적에 240미터가 넘는 이 고층건물은 환경에 끼치는 영향을 최소화한 건물로, 미국 그린빌딩 협의회의 평가에서 세 번째로 높은 등급을 받았다.

이 건물의 표면은 투명한 유리로 덮여 있어 새들이 충돌하는 일들이 자주 발생했는데, 그 문제를 어떻게 보완할지를 논의하게 되었다. 오늘날 유리가 건축물의 재료로 많이 쓰이면서 새들이 건물에 충돌하는 사고는 심각한 수준에 달해있는 상태다. 건물 외벽에 유리를 많이 쓰는 이유는 건물의 구조적 힘을 강화하고 지속성과 내열성, 깔끔한 시각성이 충족되기 때문이다.[20]

명확한 결론을 짓기에는 데이터가 충분치 않지만, 북미에서는 매년 100만~200만 마리의 새들이 건물에 충돌해 죽었다. 유리가 투명할수록 새는 뚫을 수 없는 장벽의 존재를 알아챌 수 없기 때문에 위험하다. 때로는 유리의 반사로 인해 새들에게 혼란을 주기도 하는데, 특히 근처 식물이 건물 유리에 반사되었을 때 사고를 일으키곤 한다. 밤 시간에 빌딩 내부의 밝은 불빛 또한 새들을 끌어들인다. 이러한 사고는 새들이 이주하는 시기인 봄과 가을에 가장 심각해진다. 장거리를 이동하는 엄청난 수의 새들이 휴식을 취하거나 먹이를 구하기 위해, 또는 궂은 날씨를 피하고자 할 때 사고가 벌어지는 것이다

이 문제의 규모를 판단하기 위해 불려온 나는 새들의 죽음에 대한 원인 요소를 찾은 다음 완화 방법을 제안해야 했다. 또한 생명친화적

인 결과(새들이 먹이를 구하고 서식지를 찾는 데에 도움을 주는 전략)를 만드는 데 그치지 않고 자연을 긍정적으로 경험할 기회를 부여함으로써 사람들을 안심시키고 생산성에 기여하도록 만들어야 했다.

그에 앞서 이 문제의 증거로 가을에 건물 근처에서 발견된 죽은 새들이 제시되었다. 새들을 죽게 하는 요인은 유리 외벽이 극히 투명하다는 것과 건물의 위치가 맨해튼 섬의 좁은 끝부분이라는 점이었다. 이 위치는 다양한 육지와 해양 서식지가 맞물리는 곳으로, 고도로 발달된 지역에서는 몇 안 되는 개방 지역이었다. 더욱이 이 건물 주변에도 높은 유리 건물들이 밀집해 있었는데, 그 건물들 역시 새들의 충돌이 빈번했다.

2011년 봄, 뉴욕의 오듀본 협회(미국의 야생동물 보호협회)는 건물 충돌로 인해 죽는 새들의 수를 정확히 계산하고자 새들의 이주시기에 맞추어 4개월간 조사를 진행했다. 시간과 예산의 제약 때문에 더 많은 새가 죽어가는 가을철의 조사는 진행할 수 없었지만 봄철의 조사 연구만으로도 주요 문제점들이 규명되었다. 이 조사를 기반으로 다른 시기까지의 숫자를 추산한 결과, 이 건물에 부딪혀 죽는 새가 매년 100마리 정도, 즉 10년 동안 약 1000마리가 넘는 것으로 밝혀졌다. 추정치가 정확하다면 이 수치는 뉴욕 시에서 가장 높으며 제이콥 제비츠 컨벤션 센터 또는 메트로폴리탄 미술관, 뉴욕 월드파이낸셜 센터에서 측정된 충돌횟수보다 크다.

뉴욕 시의 다른 유리 건물들까지 고려하면, 유리 건물이라는 한 가지 요인으로만 매년 약 8만 마리의 새들이 죽는 것으로 추정된다.[21] 인구의 급격한 증가로 인해 전 세계 도시에서 높게 건축되고 있는 건물들을 생각하면 매년 수십억 마리의 새들이 유리 빌딩에 부딪혀 죽을 것으로 추정된다.

우리는 이러한 건물의 문제를 완화하기 위해 많은 방법을 제안했다. 특히 위험한 위치의 외벽 유리를 교체하고, 유리 디자인을 바꾸거나 건물의 조명방식을 바꾸고, 다양한 조경과 건물 디자인에 변화를 주는 것이었다. 이에 더해 생명친화적인 방안들이 제안되었다. 이것은 새들의 먹이와 숨을 곳을 제공해 새를 보호하는 동시에 자연환경과의 행복한 접촉을 통해서 빌딩 이용자들의 생산성에 기여하는 방안이다. 이러한 생명친화적 디자인의 사례들을 아래에 기술했다.

- 지정 구역에 식물을 도입해 새들이 쉬거나 먹이를 구할 수 있도록 하고, 빌딩 이용자들도 아름다운 야외 환경을 즐길 수 있도록 한다. 새들이 위험한 곳으로 가지 않고 이 구역으로 향하도록 디자인한다. 야외나 1층 공간 또는 건축 후 활용되지 않는 '옥상녹화green roof' 공간에 이러한 구역을 만들 수 있다.
- 건물 도처(특히 13층 로비와 식당)에 실내 공원 시스템을 디자인한다. 건물 내 사람들이 쉴 수 있는 구역에 식물과 새 보존에 관한 정보들이 제공될 것이다. 새들에 관한 다양한 전시도 이루어질 것이다.
- 재미있고 지식도 제공하는 도서나 비디오를 제작해 새들의 가치와 유용성을 교육시키고, 인구가 많은 현대 도시에서 사람과 자연이 서로 공존하고 이롭게 할 수 있음을 알린다.

여기서 고려해야 할 사항은 환경적 영향을 덜 끼치는 세부 요소들

33. 아메리카 휘파람새는 진한 검정과 밝은 흰색의 배경에 아름다운 주황색 깃털을 지니고 있다. 이 새는 생태적, 감성적, 지적, 물질적, 정신적 기쁨을 안겨준다. 이러한 새가 없다면 세상은 목적의식 있는 생명체의 광경이 없어진, 황량한 곳이 될 것이다.

이나 생명친화적 디자인에 관련된 자세한 항목들이 아니다. 그보다는 현대 도시에서 새와 사람이 서로를 존중하는 형태로, 나아가 서로를 이롭게 하는 형태로 공존할 수 있느냐는 것이다. 그 결과는 근본적으로 우리의 가치관과 윤리의식에 달려 있다. 그렇다면 우리는 건물에 부딪혀 안타깝게 죽어가는 휘파람새, 딱따구리, 우드콕과 같은 새들과 어떻게 세상을 공유해야 할지 신중히 학습해야 한다. 건물에 부딪쳐 죽어가는 수천 또는 수십억의 새들은 발달된 기술로 현대 건축물을 짓는 과정의 희생양이라 간주할 수도 있다. 그러나 보다 진전된 시각에서 이러한 새의 죽음은 무의미하며 잔인할 뿐이다. 기술적·공학적 성취는 우리와 똑같이 생명을 지키려는 의지를 지닌 생물체를 죽일 만한 충분한 이유가 될 수 없다.

세계에서 가장 부유한 나라의 가장 부유한 회사에서 근무하는 높은 연봉의 직장인들이 이러한 문제에 대한 무지와 무관심을 극복할 수 있을까? 그리하여 새들의 가치와 새들이 인간의 환경에 어떤 기여를 하는지 깨달을 수 있을까? 나는 가능하다고 믿는다. 이런 과정은 새들의 생존뿐만 아니라 인간의 생존을 위해서도 필수적이라고 생각한다. 도시와 오피스 타워는 인간의 창조와 기술적 업적의 걸작이다. 하지만 사람들뿐만 아니라 동물들에게도 좋은 서식지가 되기 위해서는 생명과 자연의 연관성을 깨달아야 한다. 죄 없는 생명에 대한 불필요한 파괴를 줄이고 생물체들의 삶을 보호함으로써 우리는 더불어 풍요로워질 수 있다.

우리는 데이터 수집 과정에서 죽은 블랙번솔새Blackburnian, 체스트넛사이드Chestnut-sided, 아메리카 휘파람새Parula, Black and White warbler 등의 조류들을 발견했다. 바로 다음날, 나는 집 창밖으로 빠르게 날아가는 블랙번솔새를 보았다. 키가 큰 참나무 높은 가지 사이에 숨은 주황색과 검정색과 흰색이 섞인 깃털을 확인하고 나니 몹시 흥분되었다. 한편 휘파람새가 선사하는 경이로움은 실제적이고 상징적인 것이었다. 미적, 감정적, 지적, 물질적, 생태적, 정신적 기쁨을 주는 휘파람새가 없는 세상을 상상해보았다. 휘파람새 없는 세상은, 목표를 향한 의지를 지닌 생명체의 풍경이 사라진 자리에 죽음이 스며드는 황량함만 가득할 것이다. 휘파람새는 물, 바위, 흙과 같은 무생물을 살아 있는 에너지의 원천으로 전환시키는 생명체들 중 하나다. 그들은 인류와 자연을 이어주는, 그 무엇으로도 대체할 수 없는 다리 역할을 한다. 창조의 정점에 있으면서 더 높은 곳을 지향하는 우리는 생명을 저하시키거나 파괴하기보다는 보살핌으로써 높은 목표점에 도달할 수 있다.

현대 도시를 살아가는 청년

25세 여성의 삶을 상상하는 이야기로 이 책을 끝맺고자 한다. 이 여성은 최근 대학을 졸업하고 뉴욕의 마케팅 회사에서 일하고 있다. 46층 건물의 17층에 위치한 그녀의 작은 사무실에는 창문이 없고 머리 위로 조명이 비치고 있다. 방 안에는 책상, 의자, 컴퓨터와 모니터, 프린터, 파일 수납장이 있는데 이 모든 것 대부분이 인공 재료로 만들어졌다. 그녀는 도시의 작은 아파트에서 살고 있다. 이 작은 아파트가 그녀의 경력으로 감당할 수 있는 정도다. 거실, 침실, 욕실 각각 창문이 하나씩 달려 있지만 근접한 건물 때문에 창밖의 경치는 부분적으로 가려진다. 아파트에서 멀지 않은 곳에 그녀가 종종 들르는 작은 공원이 있다.

일을 하지 않을 때 그녀는 대부분 친구나 친척을 만나고, 쇼핑하거나 텔레비전을 시청하고, 요리하고, 책을 읽고, 인터넷 서핑을 하고, 이메일을 확인하고, 전화하고, 때때로 다른 이들과 함께 영화나 콘서트를 보러 가거나 레스토랑이나 바에 가곤 한다. 그녀는 일을 포함한 자신의 삶을 좋아한다. 일은 흥미롭고 나이에 맞는 보수를 받고 있으며 꽤 전도유망한 편이다. 좋은 친구들과 멋진 남자친구가 있으며, 사랑하는 가족도 있다. 하지만 어쩐지 그녀는 다채로운 삶을 살지 못하는 것 같아 침울해지며, 더 흥미로운 활동을 하거나 더 의미 있는 삶을 살고 싶다.

그녀는 자연에 대해 많은 생각을 하는 편은 아니다. 자연은 멀리 떨어져서 가끔 바라보는 대상일 뿐이다. 말하자면 근처 공원을 찾아가거나 가끔 캠핑 여행을 할 때, 텔레비전 쇼 프로그램이나 야생동물과 야생환경을 다루는 책, 잡지의 기사, 벽에 걸린 그림, 그녀가 가장 좋아하는 판다곰 사진이 있는 컴퓨터 화면보호기 정도다. 그래서 그녀는 자연과의 접촉이 삶에 대한 만족감을 부여하고 목적의식을 더해주며, 심지어 심신의 건강과 행복에 크게 기여한다는 잡지 기사를 보았을 때 놀랍고도 의심스러웠다. 그 기사를 쓴 사람은 이러한 유익함을 생각보다 훨씬 더 쉽게 얻을 수 있으며, 뉴욕 같은 거대한 도시에서도 가능하다고 주장한다. 호기심을 느낀 그녀는 기사를 끝까지 읽었다. 기사는 설득력이 있었고 흥미로웠다.

기사는 자연에 대한 만족스러운 경험은 야외가 아니어도 가능하다는 제안으로 시작된다. 물론 필자는 자연세계를 즐기고 그 유익함을 얻는 방법은 야외로 가는 것이라고 강조하고 있지만 말이다. 기사엔 사람들이 대부분의 시간을 실내와 스크린 앞에서 보내는 오늘날에도 자연에 대한 경험은 얼마든지 풍부하게 계발될 수 있다는 주장이 이어진다. 실내 혹은 야외, 집 혹은 일터, 학교 혹은 휴게실 그 어디에서든 자연과 접촉을 늘림으로써 유익함을 얻을 수 있다는 것이다. 자연에 대한 만족스러운 경험을 늘리기 위해 할 수 있는 실용적인 방법들도 제시된다. 이 방법들은 공간의 제약을 받지 않는다. 또한 종류에 관계없이 자연과의 접촉은 항상 유익한 효과를 준다고 강조한다. 그림, 이야기, 텔레비전 쇼, 실내용 화초, 애완동물, 근린공원 산책, 여행하기 등이 그러하다. 우리의 젊은 뉴욕 여성은 기사의 제안들을 적용해 자신의 삶을 더 나은 방향으로 바꾸기로 한다.

그녀는 자연이란 야외에서 형성되는 어떤 것이라고만 생각했기 때문에 실내를 강조한 기사 내용에 조금 놀랐다. 기사를 읽고 곰곰 생각해본 그녀는 이미 자연세계와 연결되어 있다는 사실을 깨달았다. 그리고 그림, 독서, 비디오, 경치, 장식, 디자인을 통해 자연세계와 더 깊이 연결될 수 있음을 깨달았다.

그녀는 목재, 면직물, 모직, 가죽, 돌을 포함한 자연 재료들이 주는 유익함에 대해 읽었다. 필자는 이러한 자연 재료들이 우리에게 친밀한 질감, 무늬, 색깔을 지녔다는 사실을 강조했다. 재료들은 비슷해 보일 수도 있다. 예를 들어 참나무 목재판은 거의 똑같아 보인다. 그러나 각각의 목재판은 조금씩 다르고 시간이 지남에 따라 변화하기도 한다. 그녀는 인공적인 재료로 제작된 그녀의 카펫, 의자, 커튼, 소파를 자연 재료로 교체하기로 결정했다. 이러한 변화를 통해 아파트가 플라스틱과 폴리에스테르로 장식되었던 것보다 훨씬 더 매력적으로 보인다는 점을 깨닫고 기뻐했다. 그녀는 흔쾌히 새로운 조리대를 설치하고 바닥을 돌로 덮는 것과 주방과 욕실에 흙을 바르는 작업을 남자친구에게 부탁했다. 또한 식물, 나비, 조개껍질 모양의 무늬와 색칠을 더했다.

기사의 필자는 아름다운 풍경이나 나무, 새 등의 자연 그림을 벽에 걸어보기를 추천했다. 그녀는 프린트와 사진을 활용하면서 두 점의 그림을 구입했다. 그러자 그녀의 아파트에 생기 있는 느낌뿐만 아니라 아름다움까지 더해주었다. 그녀는 이전에는 그림들에서 찾아볼 수 없었던 새로운 특징들을 발견하기 시작했고, 이는 시간이 지나도 전혀 질리지 않았다. 그녀는 산호, 열대림, 산맥, 사바나, 바다, 사막 그리고 강에 대한 놀라운 묘사가 담긴 몇 권의 책을 구입했다. 그녀는 그 책들을 좋아했지만 친구들 또한 그 책들에 흥미를 느끼는 것에 놀랐다. 그녀는 책들이 불러일으킨 사람, 장소, 생물에 대해 활발한 토론을 벌이기도 했다.

기사에 나온 다른 추천사항은 자연적인 조명, 자연적인 환기, 집과 일터에서 바깥이 보이는 경치 등이었다. 그녀는 자신의 아파트 안에서 가구와 커튼의 배치를 조금만 바꿔도 세 개의 창문을 통해 더 많은 자연광을 들일 수 있음을 깨달았다. 그녀는 바깥 풍경이 더 잘 보이도록 가구와 커튼의 배치를 바꾼 후, 멀리 있는 나무를 볼 수 있게 되었다는 데 즐거워했다. 그녀는 머지않아 창밖으로 지저귀는 새와 다람쥐, 차들, 주변에 사는 사람들을 볼 수 있었다. 나무는 흥미와 색채를 더해주었고, 그녀를 전혀 의식하지 못하는 동물들은 그녀를 항상 즐겁게 해주었다.

다른 추천사항은 집 안에 살아 있는 식물을 들이거나 동물과 함께 사는 것이었다. 그녀는 먼저 꽃과 실내용 화초로 시작했다. 꽃과 화초들은 아파트에 색채와 생명을 더했을 뿐만 아니라 그녀가 식물 관리를 즐거워한다는 사실을 깨닫게 해주었다. 결국 그녀는 식물에 대해 더 많은 것을 알고 싶어졌다. 그리고 지금까지의 결정 중에서 가장 용기 있는 결정을 했다. 그녀는 작은 물고기용 어항을 사다가 매력적인 생명체들로 어항을 채웠다. 물고기들에 대해 공부를 했고 어항을 관리하고 돌보면서 애정을 키워나갔다. 업무가 끝난 후 집에 돌아와 물고기를 바라볼 때, 마음이 진정되고 회복되는 것을 느끼며 그런 자신을 놀라워했다. 그후 대담하게도 고양이를 데려왔다. 고양이는 그녀에게서 많은 시간을 투자하게 했지만 그만한 보상을 주었다. 고양이는 그녀가 사랑하는 가족이자 가장 친한 친구들 중 하나가 되었다.

기사의 필자는 업무환경의 변화에 대해서도 제안했다. 아파트의 경우처럼, 식물과 자연의 그림을 들여놓도록 추천했다. 창문이 없는 사무실에서 일하는 그녀는 이 제안에 따랐고, 여러 동료는 그녀의 작은 사무실이 어떠한 흥미와 매력적인 자극을 선사하는지를 언급했다. 그들 중 몇몇은 자신의 사무실에도 변화를 실천했다.

그녀의 상사는 이러한 변화에 대해 근무자들의 심리와 의욕을 돋운다며 그녀를 칭찬했다. 더욱이 상사는 그녀에게 그 기사의 사본을 보내달라고 부탁한 뒤 직급이 높은 이들에게 나눠줌으로써 여러 사람이 자연의 접촉을 실천해보도록 했다.

그후, 몇 개월 뒤에 모든 이가 기뻐할 만한 변화가 일어났다. 사무실 내에 자연광이 늘어났고, 사무실 안에 식물이 자라게 되었고, 누구나 앉아서 쉴 수 있는 공동 구역이 생기자 강과 멀리 있는 산의 경치를 바라보며 작은 미팅을 가질 수 있게 되었다. 옥상의 야외 공간에는 식물과 꽃이 있는 풍경 속에서 쉴 수 있는 공간도 만들어졌다. 예전에는 아스팔트와 타르로 덮여 있던 옥상은 이제 꽃, 관목, 작은 나무들이 자라며, 이는 새와 나비와 곤충들을 불러들였다. 이로써 옥상은 휴식을 취하고, 점심을 먹고, 작은 미팅을 하는 인기 있는 공간이 되었다. 사람들은 혼자 또는 여럿이 창의적인 생각을 떠올리기 위해 그곳을 찾곤 했다.

그녀는 사장과 좋은 친구가 되었다. 그녀는 사장이 야외에 대한 열정을 키워온 '자연 애호가'였다는 사실을 알게 되었다. 그녀가 회사에 기여한 성과를 감안해 사장은 그녀에게 가족과 함께 도시 외곽의 자연 속에서 지내도록 배려해주었다. 결국 그녀는 더 많은 시간을 가족과 함께 야외에서 보내기로 결정했고, 집과 정원을 다양한 식물과 자연 재료들을 활용해 다시 디자인했다. 그녀는 자연으로부터 영감을 받은 무늬와 형태를 장식에 이용하는 한편 나비 정원을 꾸미고 야생의 새들에게 먹이를 공급하는 장치를 설치했다. 또한 삼각대에 연결된 작은 망원경 스포팅 스코프spotting scope과 웹 카메라를 구입해서 실제적으로 생물을 실내로 끌어들였다.

그 기사의 한 가지 전제사항은 집이나 일터로 자연을 들여오는 데에는 창조적이거나 영리한 방법은 필요치 않다는 것이었다. 그러한 경험들은 야외에서 실제 자연과의 접촉을 대체하기에는 결코 충분하지 않기 때문이다. 기사의 필자는 살고 있는 곳에서 가까운 야외와 멀리 떨어진 야외장소로 자연을 구별했다. 이 젊은 여성은 도시 안에는 사람들이 알고 있는 것보다 더 많은 공원과 개방 공간이 있다는 사실을 깨달았다. 예를 들어 뉴욕의 경우 도시의 4분의 1이 넘는 공간이 개발되지 않은 상태로 남아 있고, 그중 20퍼센트는 공원 구역이다.

그녀는 집 주변에 있는 두 곳의 작은 공원에서 많은 시간을 보내기 시작했다. 몇 차례 공원을 찾다 보니 그 안에 다양한 나무와 꽃, 관목, 새, 다람쥐, 나비, 벌, 곤충들이 존재한다는 사실을 깨달았다. 어느 공원의 작은 연못에서는 개구리, 거북이, 물고기를 볼 수 있었고 조금 두려움을 느끼게 하는 작은 뱀을 두 번 목격했다. 이 공원에는 아이들이 있었으며 개를 데리고 산책을 하는 성인들이 많았다. 더러는 그녀가 피하고 싶은 사람들도 볼 수 있었지만 대체로 새롭고 흥미로운 사람들을 만날 수 있는 장소라고 생각했다.

버스나 지하철을 타면 멀지 않은 거리에 그녀가 상상했던 것보다 더 야생에 가까운 큰 공원이 있다는 사실도 알게 되었다. 이 큰 공원에는 식물, 동물, 지질 특성, 도시 속의 자연사와 인간의 역사를 보여주는 견학 프로그램도 있었다. 그녀는 뉴욕의 숲, 습지, 개천, 연못, 야생에 대해 학습할 수 있는 여러 프로그램에 참여했다. 한번은 야생베리와 버섯을 채취했고, 물고기도 몇 마리 잡아와서 친구들에게 맛있는 요리를 해주었다. 또한 그녀는 뉴욕의 동물원, 식물원, 자연사 박물관을 방문했다. 그곳에서 세계의 다양한 식물과 동물들을 확인할 수 있었고, 흥미로운 여행 프로그램에 동행하기도 했다.

그녀는 특히 새에 매료되었다. 새들이 도시 안 곳곳에 살고 있음을 알게 된 그녀는 새들을 어떻게 구분하는지 배우기 시작했고, 숲, 들판, 습지, 강 또는 호숫가나 해안가마다 다양한 생물 종이 존재한다는 사실에 흥미를 느꼈다. 동시에 새에게 해로운 짓을 하는 사람들로 인해 우울해졌다. 의도적인 건 아니지만 공해나 개발로 인해 새들이 피해를 입는다는 사실은 그녀로 하여금 오듀본 협회에 참여하도록 만들었다. 오듀본 협회는 새들에 대한 교육과 더불어 보존하는 방법에 대해 가르쳐주었으며, 도시와 주변부를 여행하게 함으로써 새들과 다른 야생동물을 직접 경험할 수 있는 기회를 제공했다.

그 기사는 도시를 벗어나 더 먼 곳에 있는 야생의 장소가 지닌 놀라움과 유익성에 대한 찬탄으로 끝난다. 필자는 이러한 장소들이 즐거움, 만족감, 자연과의 연결을 제공한다는 사실을 강조한다. 이는 도시의 공원이나 인간의 관리를 받는 곳에서 찾을 수 없는 유익함이며 사진이나 텔레비전 쇼 또는 아이맥스 영화보다 더한 충만함이다.

이때까지 그녀의 가장 먼 여행은 플로리다와 카리브의 리조트였다. 즐겁긴 했지만 체험은 피상적이었고, 인공적이며 비쌌기에 착취당한 기분을 느꼈다. 그런데 기사의 필자가 권유한 플로리다나 카리브의 장소는 아름다운 산호 숲과 해안가이며 놀라운 동식물들 중에서도 드물고 진귀한 것을 찾아 둘러보라고 했다. 그녀는 그곳을 여러 번 여행하며 자연의 매력과 즐거움과 유익함을 실감했을 뿐만 아니라 새로운 사람들을 사귀기도 했다. 하지만 이러한 여행은 계획하기도 힘들고 비용도 많이 들었다.

그녀는 기사에 나온 다른 제안들도 정기적으로 시행했다. 집에서 멀지 않은 야생 장소로 여행을 하는 것도 그중 하나였다. 그녀는 뉴욕 가까운 곳으로 여행을 했고 더러 놀라운 경험과 모험을 하기도 했다. 어떤 여행은 도전의식을 불러일으켰고, 몇 번이나 위기의 순간을 겪었으며 다칠 뻔하기도 했지만 그때마다 항상 잘 대처했다. 가장 인상 깊은 기억들은 거친 강을 건너고, 가파른 계곡을 오르고, 새끼와 함께 있는 어미 곰과 우연히 마주치고, 천둥과 번개 또는 폭풍우 속에서 피난처를 찾기 위해 고생했던 경험들이었다. 그녀는 이러한 경험들을 잊을 수 없었고, 몇 년 동안 좋은 화젯거리가 되었다.

이러한 여행은 그녀에게 새로운 기술을 가르쳐주었다. 지도를 읽고, 나침반과 GPS를 사용하고, 야외에서 요리하고, 하이킹과 등반을 하고, 캠핑하고, 동식물을 구별하고, 별을 보고, 야생에서 식재료를 채집하고, 제물낚시나 사냥에 대해서 배우게 만들었다. 이러한 기술들은 도시에서의 삶과는 거의 관계가 없지만 그녀는 기술들을 배울 때 만족감과 더불어 스스로에 대한 확신을 얻었고 독립심도 느낄 수 있었다.

특정 여행들은 그녀를 평온한 상태에 있도록 해주었으며, 예전에는 결코 몰랐던 방식으로 세계를 느끼도록 해주었다. 한 사건에서 그녀는 강렬하고 지속적인 '연결'을 느꼈다. 집으로 돌아와서도 삶의 의미에 대한 깊은 사색에 잠기게 만든 이 경험은 뉴욕에서 65킬로미터 북쪽으로 떨어져 있는 국유림에서 겪은 것이었다. 그녀는 친구들과 함께 일주일 예정으로 이곳에 캠핑 여행을 떠났다. 이른 봄날 새벽에 도착한 그들은 예약해둔 캠핑 장소에서부터 16킬로미터 거리의 하이킹을 시작했다. 모두 여섯 명이었고, 두 명씩 세 그룹으로 나누어 각자

트레킹을 시작했다.

하이킹은 힘들었지만 놀라울 정도로 재미있었다. 그들은 짝을 이루어 둥지를 짓는 많은 새, 하얀 꼬리의 사슴, 다양한 동물의 발자국, 올빼미, 곰, 코요테의 배설물을 보았다. 정오 무렵 그녀는 점심을 먹기 위해 늪지 근처에서 멈췄다. 늪지 가장자리에는 부들과 키가 큰 풀들이 자라 있었고 그 사이에는 얕은 물이 있었다. 점심을 먹기 전에 그들은 흩어져서 그 지역을 둘러보기로 했는데, 습지 위의 바위로 올라간 그녀는 우연히 보라색 연령초를 발견했다. 돌산 내리막에는 샛 노란색의 머위가 비탈 전체를 가득 채우고 있었다. 습지는 긴 겨울의 시련 뒤에 피어난 아름다운 야생의 정원 같았다. 그녀는 들판으로 돌아오기 전에 그곳에 앉아서 꽃을 감상했다.

그녀는 누워서 눈을 감은 채 붉은 날개의 찌르레기가 내는 쇳소리와 큰어치의 날카로운 울음소리를 감상했다. 눈을 뜨고 위를 살펴보자 녹색의 잎이 나무에서 막 움트기 시작했다는 걸 알 수 있었다. 가지 위쪽에서는 딱따구리를 보았고, 이동하는 휘파람새의 곤충소리를 닮은 특이한 울음소리를 들었다. 그녀는 쌍안경으로 밤색허리솔새의 줄무늬와 노란 정수리를 시야에 담을 수 있었다. 그 다음에는 흑백아메리카솔새의 얼룩말 같은 줄무늬를, 마지막에는 딱새의 붉고 하얗고 검은 깃털까지도 눈에 들어왔다. 그녀는 아래쪽 나뭇가지에서 또 다른 움직임을 포착했는데, 하늘의 조각같이 떠 있는 것들이 무엇일까 생각하면서 흥분을 느꼈다. 찌르레기의 날개를 보았고, 관목 근처에서 붉은가슴 밀화부리의 밝은 분홍색과 흰색을 보았다.

이 마법 같은 현실에 그녀의 얼굴에는 미소가 떠올랐다. 다시 잔디에 누워서 하늘을 보자 계속 모양이 변하는 구름이 청명한 푸른 하늘을 지나고 있었다. 그녀는 잠들지 않았지만 의식과 무의식의 경계 속에 빠져들었다. 그녀의 몸은 공중으로 떠올라 구름 위에 실렸다. 그러고는 웅웅 하면서 크게 울어대는 황소개구리의 소리를 듣고 다시 땅으로 돌아왔다. 그 뒤를 이어 쩍쩍 우는 새들의 오케스트라가 시작되었고, 바람이 나뭇잎 사이를 지나가는 바스락거리는 소리가 코러스로 이어졌다. 이마 위를 날아가면서 최면을 거는 듯한 도요새의 날갯짓 소리는 거의 들을 수 없었다.

그 순간 그녀는 이러한 소리와 광경, 생물체들과 떼어질 수 없음을 느꼈다. 자신을 둘러싼 모든 창조물, 바람, 나무, 생물체, 물, 구름, 심지어 먼 우주와 소통하는 감정을 느꼈다. 개체로 분리된 그녀는 의미가 없는 존재이며, 시공간을 따라 함께 여행하는 다른 것들과 섞여서 거대한 공동체를 이루었음을 느낄 수 있었다. 그녀는 자신이 돌봄을 받고 있다는 느낌에 이어 예전에는 경험해보지 못한 방식으로 평안에 도달했음을 느꼈다.

늪 옆에서 그러한 느낌에 빠져든 그 이후로, 그녀는 생활 속에서 그 어떤 상황에 마주치더라도 자신은 자연에 속해 있으며, 자신의 삶에 중요한 의미를 주는 자연에 대한 느낌을 결코 잃지 않을 것이다. 그녀는 자신이 느낀 것을 친구에게 설명하려 애썼지만 완벽하게 전달하는 건 불가능했다. 친구는 자신이 가져온 책의 한 부분을 그녀에게 보여주었다. 그 부분은 그녀와 비슷한 경험을 한 존 뮤어의 감상으로, 그녀는 자신이 느낀 것과 완벽하게 일치한다고 생각했다. 뮤어는 이렇게 썼다.

산을 오르면서 산이 주는 메시지를 느껴보아라. 햇빛이 나무로 흘러 들어오듯 자연의 평화가 당신에게로 흘러들 것이다. 바람의 신선함도 당신에게 흘러들 것이다. (…) 가을의 이파리들처럼 근심 걱정이 모두 당신에게서 떨어져나갈 것이다. 모든 이는 빵만큼이나 아름다움을 필요로 하고, 놀 수 있는 장소와 기도할 장소를 필요로 한다. 자연의 공간은 우리를 치유하고 몸과 마음에 힘을 불어넣어 준다.[22]

■ 주

서문

1   E. O. Wilson, *On Human Nature* (Cambridge: Harvard Univ. Press, 1979); D. Palmer, *Human Evolution Revealed* (London: Mitchell Beazley, 2010).

2   R. Carson, *The Sense of Wonder* (New York: HarperCollins, 1998), 100.

3   H. Beston, *The Outermost House* (New York: Ballantine, 1971).

4   E. O. Wilson, *Biophilia: The Human Bond with Other Species* (Cambridge: Harvard University Press, 1984); S. Kellert and E. O. Wilson, eds., *The Biophilia Hypothesis* (Washington, DC: Island, 1993).

5   E. Fromm, *The Anatomy of Human Destructiveness* (New York: Holt, Rinehart and Winston, 1973).

6   Wilson, *Biophilia* S. Kellert, *Kinship to Mastery: Biophilia in Human Evolution and Development* (Washington, DC: Island, 1997).

7   R. Carson, *Silent Spring* (Boston: Houghton Miffl in, 1962).

1장 매력

1   E. O. Wilson, *The Diversity of Life* (Cambridge: Harvard University Press, 1992); en.wikipedia.org/wiki/beetle.

2   A. Evans and C. Bellamy, *An Inordinate Fondness for Beetles* (New York: Henry Holt Reference, 1996), 14; "Might Be Most Beautiful Insect in the Universe," www.designswan.com/archives/might-be-most-beautiful-insect-in-the-universe.html.

3   N. Myers, *The Sinking Ark* (New York: Pergamon), 46.

4   C. Saxon, cartoon, *New Yorker*, 1983, www.condenaststore.com/-sp/It-sgood-

to-know-about-trees-Just-remember-nobody-ever-made-any-big-mo-New-Yorker-Cartoon-Prints_i8562934_.htm, forestry.about.com/od/forestrycareers/f/money_career.htm (Charles Saxon papers, Columbia University Libraries, Archival Collection).

5   E. O. Wilson, personal communication; cf. video, *Biophilic Design: The Architecture of Life*, www.biophilicdesign.net.

6   A. Leopold, *The Sand County Almanac, with Other Essays on Conservation from Round River* (New York: Oxford University Press, 1996), 240.

7   Ibid., 137.

8   E. O. Wilson, *Biophilia: The Human Bond with Other Species* (Cambridge: Harvard University Press, 1984).

9   W. Rauschenbusch, Personal Prayers, www.emailmeditations.com/Archives/01-23-08.pdf.

10 G. Hildebrand, *The Origins of Architectural Pleasure* (Berkeley: University of California Press, 1999); J. Appleton, *The Experience of Landscape* (London: Wiley, 1975).

11 Leopold, *Sand County Almanac*, 137.

12 B. Mandelbrot, *The Fractal Geometry of Nature* (San Francisco: W. H. Freeman, 1983); en.wikipedia.org/wiki/Fractal.

13 S. Gould, "A Biological Homage to Mickey Mouse," www.monmsci.net/~kbaldwin/mickey.pdf; en.wikipedia.org/wiki/Neotony.

14 R. Ulrich, "Biophilia, Biophobia, and Natural Landscapes," in The *Biophilia Hypothesis*, ed. S. Kellert and E. O. Wilson (Washington, DC: Island, 1993), 91; R. Ulrich, "Human Responses to Vegetation and Landscapes," *Landscape and Urban Planning* 12 (1986).

15 Quoted in R. Dubos, *The Wooing of the Earth* (London: Althone, 1980), 119.

16 A. Thornhill, "Darwinian Aesthetics," in *Evolutionary Psychology*, ed. D. Buss (London: Allyn and Bacon, 1999), 549.

17 See, for example, references cited in S. Kellert, J. Heerwagen, and M. Mador, eds., *Biophilic Design: The Theory, Science, and Practice of Bringing Buildings to Life* (New York: Wiley, 2008), and S. Kellert, *Building for Life: Understanding and Designing the*

Human-Nature Connection (Washington, DC: Island, 2005). Some illustrations: J. Heerwagen and B. Hase, "Building Biophilia: Connecting People to Nature," *Environmental Design + Construction*, March-April 2001; J. Heerwagen, "Green Buildings, Organizational Success, and Occupant Productivity," *Building Research and Information* 28 (2000); J. Heerwagen et al., "Environmental Design, Work, and Well Being," *American Association of Occupational Health Nurses Journal* 43 (1995); J. Heerwagen and G. Orians, "Adaptations to Windowlessness: A Study of the Use of Visual Décor in Windowed and Windowless Offices," *Environment and Behavior* 18 (1986); J. Heerwagen, J. Wise, D. Lantrip, and M. Ivanovich, "A Tale of Two Buildings: Biophilia and the Benefits of Green Design," US Green Buildings Council Conference, November 1996; J. Heerwagen, "Do Green Buildings Enhance the Well Being of Workers? Yes," *Environmental Design + Construction*, July 2000; R. Kaplan, "The Role of Nature in the Context of the Workplace," *Landscape and Urban Planning* 26 (1993); C. Tennesen and B. Cimprich, "Views to Nature: Effects on Attention," *Journal of Environmental Psychology* 15 (1995).

18　See, for example, references cited in Kellert, Heerwagen, and Mador, *Biophilic Design*, and Kellert, *Building for Life*. Some illustrations: E. Friedmann et al., "Animal Companions and One-Year Survival of Patients Discharged from a Coronary Care Unit," *Public Health Reports* 95 (1980); E. Friedmann, "Animal-Human Bond: Health and Wellness," in *New Perspectives on Our Lives with Companion Animals*, ed. A. Katcher and A. Beck (Philadelphia: University of Pennsylvania Press, 1983); H. Frumkin, "Beyond Toxicity: Human Health and the Natural Environment," *American Journal of Preventive Medicine* 20 (2001); C. Cooper-Marcus and M. Barnes, eds., *Healing Gardens: Therapeutic Landscapes in Healthcare Facilities* (New York: Wiley, 1999); A. Katcher and G. Wilkins, "Dialogue with Animals: Its Nature and Culture," in Kellert and Wilson, *Biophilia Hypothesis* A. Katcher et al., "Looking, Talking, and Blood Pressure: The Physiological Consequences of Interaction with the Living Environment," in Katcher and Beck, *New Perspectives* H. Searles, *The Nonhuman Environment: In Normal Development and in Schizophrenia* (New York: International Universities Press, 1960); A. Taylor et al., "Coping with ADD: The Surprising Connection to

Green Places," *Environment and Behavior* 33 (2001).

19   See, for example, references cited in Kellert, Heerwagen, and Mador, *Biophilic Design*, and Kellert, *Building for Life*. Some illustrations: Heerwagen and Hase, "Building Biophilia"; Heerwagen, "Green Buildings, Organizational Success, and Occupant Productivity"; J. Heerwagen et al., "Environmental Design, Work, and Well Being," *American Association of Occupational Health Nurses Journal* 43 (1995).

20   D. Dutton, *The Art Instinct: Beauty, Pleasure, and Human Evolution* (New York: Bloomsbury, 2009).

21   Ibid., 52.

22   Ibid., 58.

23   F. Church, The Heart of the Andes, 1859 (New York Metropolitan Museum of Art, www.metmuseum.org/toah/works-of-art/09.95); A. Bierstadt, *The Rocky Mountains, Lander's Peak*, 1863 (New York Metropolitan Museum of Art, www. metmuseum.org/toah/works-of-art/07.123).

24   William Wordsworth, *The Prelude*, www.everypoet.com/archive/poetry/ William_Wordsworth/william_wordsworth _298.htm; L. Chawla, "Spots of Time: Manifold Ways of Being in Nature in Childhood," in *Children and Nature: Psychological, Sociocultural, and Evolutionary Investigations*, ed. P. Kahn Jr., S. Kellert (Cambridge: MIT Press, 2002).

25   Quoted in A. de Botton, *The Art of Travel* (New York: Vintage, 2002), 150.

26   Ibid., 151.

27   Leopold, *Sand County Almanac*, 96.

2장 이성

1   "Descartes' Epistemology," Stanford Encyclopedia of Philosophy, plato.stanford. edu/entries/descartes-epistemology/.

2   Ibid.

3   A. Leopold, *The Sand County Almanac, with Other Essays on Conservation from Round River* (New York: Oxford University Press, 1996).

4   C. Lévi-Strauss, *The Savage Mind* (Chicago: University of Chicago Press, 1966); H.

Shunk, "In What Respects Are Animals 'Good to Think With'? An Evaluation of Claude Levi-Strauss Animal Comparative Theory in Totemism," goldsmiths. academia.edu/HenrikSchunk/Papers/103325/In_what_res_alution_of_Claude_Levi-Strauss_animal_comperative_theory_in_totemism.

5   E. Lawrence, "The Sacred Bee, the Filthy Pig, and the Bat out of Hell: Animal Symbolism as Cognitive Biophilia" in *The Biophilia Hypothesis*, ed. S. Kellert and E. O. Wilson (Washington, DC: Island, 1993).

6   E. O. Wilson, *The Diversity of Life* (Cambridge: Harvard University Press, 1992).

7   K. Von Frisch, *Bees: Their Vision, Chemical Senses, and Language* (London: Cape Editions, 1968), 13; E. O. Wilson, "Biophilia and the Conservation Ethic," in Kellert and Wilson, *The Biophilia Hypothesis*.

8   R. Sebba, "The Landscapes of Childhood: The Refl ections of Childhood's Environment in Adult Memories and in Children's Attitudes," *Environment and Behavior* 23 (1991).

9   M. Bloom et al., *Taxonomy of Educational Objectives: The Classifi cation of Educational Goals*; *Handbook 1, Cognitive Domain* (New York: Longman, 1956).

10 P. Shepard, *The Others: How Animals Made Us Human* (Washington, DC: Island, 1996).

11 J. Diamond, "New Guineans and Their Natural World," in Kellert and Wilson, *The Biophilia Hypothesis*, 258.

12 Ibid., 261.

13 R. Nelson, "Searching for the Lost Arrow: Physical and Spiritual Ecology in the Hunter's World," in Kellert and Wilson, eds., *The Biophilia Hypothesis*.

14 R. Nelson, "Understanding Eskimo Science," *Audubon Magazine*, September-October 1993, 102-9.

15 Nelson, "Searching for the Lost Arrow," 207-9.

16 W. Morris, ed., *The American Heritage Dictionary of the English Language* (Boston: Houghton Miffl in, 1976).

17 Nelson, "Understanding Eskimo Science."

18 S. McVay, Prologue to Kellert and Wilson, *The Biophilia Hypothesis*.

3장 혐오

1   B. Lopez, *Of Wolves and Men* (New York: Scribner's, 1978).

2   Quoted ibid., 137.

3   L. D. Mech, *The Wolf* (New York: Doubleday, 1981).

4   See, for example: F. Harrington and P. Pacquet, *Wolves of the World* (New York: Simon and Schuster, 1982); en.wikipedia.org/wiki/Gray_wolf.

5   M. Jawer and M. Micozzi, *The Spiritual Anatomy of Emotion* (Rochester, VT: Park Street, 2009), 17.

6   Ibid., 26.

7   Ibid.

8   Ibid., 27.

9   Ibid.

10 Ibid.

11 See C. Jung, ed., Man and His Symbols (Garden City, NY: Doubleday, 1964); J. Campbell, *The Hero with a Thousand Faces* (Princeton: Princeton University Press, 1972); James Frazier, *The Golden Bough* (Oxford: Oxford University Press, 1994).

12 A. Öhman, "Face the Beast and Fear the Face: Animal and Social Fears as Prototypes for Evolutionary Analyses of Emotion," *Psychophysiology* 23 (1986); R. Ulrich, "Biophilia, Biophobia, and Natural Landscapes," in *The Biophilia Hypothesis*, ed. S. Kellert and E. O. Wilson (Washington, DC: Island, 1993).

13 S. Minerka et al., "Observational Conditioning of Snake Fear in Rhesus Monkeys," *Journal of Abnormal Psychology* 93 (1984).

14 S. Kellert, "Values and Perceptions of Invertebrates," *Conservation Biology* 7 (1993).

15 J. Hillman, "Going Bugs," *Spring: A Journal of Archetype and Culture* (1988), 59.

16 Ibid.

17 Kellert, "Values and Perceptions of Invertebrates."

18 Lopez, *Of Wolves and Men.*

19 Ibid., 180-81.

20 P. Matthiessen, *Wildlife in America* (New York: Viking, 1989); S. Kellert, *The Value of Life: Biological Diversity and Human Society* (Washington, DC: Island, 1996).

21 Quoted in K. Dunlap, *Saving America's Wildlife* (Princeton University Press, 1988),

26.

22 Quoted in Lopez, *Of Wolves and Men*, 137.

23 Ibid., 163.

24 Kellert, *The Value of Life* S. Kellert et al., "Perceptions of Wolves, Mountain Lions, and Grizzly Bears in North America," *Conservation Biology* 10 (1996).

25 S. Flader, *Thinking Like a Mountain*: *Aldo Leopold and the Evolution of an Ecological Attitude toward Deer, Wolves, and Forests* (Madison: University of Wisconsin Press, 1994).

26 A. Leopold, *The Sand County Almanac, with Other Essays on Conservation from Round River* (New York: Oxford University Press, 1996), 129-30.

27 Kellert, *The Value of Life*, 108-10.

28 Ibid., 107.

29 S. Kellert, "Public Views of Wolf Restoration in Michigan," *Trans North American Wildlife and Natural Resources Conference* 56 (1991); Kellert et al., "Perceptions of Wolves."

30 R. Nelson, "Searching for the Lost Arrow: Physical and Spiritual Ecology in the Hunter's World," in Kellert and Wilson, *The Biophilia Hypothesis*.

31 W. Morris, ed., *The American Heritage Dictionary of the English Language* (Boston: Houghton Miffl in, 1976).

32 en.wikipedia.org/wiki/Light_pollution; www.forspaciousskies.com; C. Rich and T. Longcore, *Ecological Consequences of Artificial Night Lighting* (Washington, DC: Island, 2006).

4장 개척

1 J. Boyd and S. Banzhaf, "What Are Ecosystem Services?" *RFF DP* 06-02, January 2006, www.rff.org/rff/documents/rff-dp-06-02.pdf; G. Daily, *Nature's Services* (Washington, DC: Island, 1997).

2 birds.audubon.org/species/amewoo.

3 A. Leopold, *The Sand County Almanac, with Other Essays on Conservation from Round River* (New York: Oxford University Press, 1996).

4   en.wikipedia.org/wiki/Demographics_of_the_United_States.

5   B. Groombridge, ed., Global Biodiversity (London: Chapman and Hall, 1992).

6   D. Pimentel, "Economics and Environmental Benefi ts of Biodiversity," *BioScience* 47 (1997).

7   Groombridge, *Global Biodiversity*, 365.

8   FAO, The State of the World's Fisheries, www.fao.org/docrep/013/i1820e/i1820e00.htm.

9   S. Kellert, "Values and Perceptions of Invertebrates," *Conservation Biology* 7 (1993).

10 Pimentel, "Economics and Environmental Benefits."

11 Kellert, "Values and Perceptions of Invertebrates."

12 R. Costanza et al., "The Value of the World's Ecosystem Services and Natural Capital," *Ecological Economics* 25 (1998).

13 E. O. Wilson, *The Diversity of Life* (Cambridge: Harvard University Press, 1992).

14 See, e.g., S. Kellert, *The Value of Life*: *Biological Diversity and Human Society* (Washington, DC: Island, 1996); M. Duda et al., *The Sportsman's Voice*: *Hunting and Fishing in America* (State College, PA: Venture, 2010).

15 J. Ortega y Gasset, (Meditations on Hunting), trans. Howard B. Wescott (New York: Scribner's, 1986), 110-11.

16 P. Matthiessen, *Wildlife in America* (New York: Viking, 1989); V. Ziswiller, *Extinct and Vanishing Animals* (London: English University Press, 1967).

17 Quoted in Matthiessen, *Wildlife in America*, 192.

18 Leopold, *Sand County Almanac*, 108-9.

19 Kellert, *The Value of Life*.

20 Keystone species, The Free Dictionary, www.thefreedictionary.com/keystone+species.

21 L. White Jr., "The Historical Roots of Our Ecological Crisis," Science 155 (1967).

5장 애착

1   W. Morris, ed., *The American Heritage Dictionary of the English Language* (Boston: Houghton Miffl in, 1976).

2   www.publicradio.org/applications/formbuilder/projects/joke_machine/
     joke_page.php?car_id=453770&joke_cat=Animal; lasvegasbadger.blogspot.
     com/2010/03/dogwife-joke-funny-but-very-true.html.

3   E. Fromm, *The Anatomy of Human Destructiveness* (New York: Holt, Rinehart and
     Winston, 1973), 366.

4   See, e.g., R. Kall, *Children and Their Development* (New York: Prentice Hall, 2006);
     B. Hopkins, ed., *The Cambridge Encyclopedia of Child Development* (Cambridge:
     Cambridge University Press, 2005).

5   See, e.g., A. Beck and A. Katcher, *Between Pets and People: The Importance of Animal
     Companionship* (West Lafayette, IN: Purdue University Press, 1996); E. Friedmann
     et al., "Animal Companions and One-Year Survival of Patients Discharged
     from a Coronary Care Unit," *Public Health Reports* 95 (1980); E. Friedmann,
     "Animal-Human Bond: Health and Wellness," in *New Perspectives on Our Lives
     with Companion Animals*, ed. A. Katcher and A. Beck (Philadelphia: University
     of Pennsylvania Press, 1983); H. Frumkin, "Beyond Toxicity: Human Health
     and the Natural Environment," *American Journal of Preventive Medicine* 20 (2001);
     C. Cooper-Marcus and M. Barnes, eds., *Healing Gardens: Therapeutic Landscapes
     in Healthcare Facilities* (New York: Wiley, 1999); A. Katcher and G. Wilkins,
     "Dialogue with Animals: Its Nature and Culture," in *The Biophilia Hypothesis*, ed.
     S. Kellert and E. O. Wilson (Washington, DC: Island, 1993); A. Katcher et al.,
     "Looking, Talking, and Blood Pressure: The Physiological Consequences of
     Interaction with the Living Environment," in Katcher and Beck, *New Perspectives*
     H. Searles, *The Nonhuman Environment: In Normal Development and in Schizophrenia*
     (New York: International Universities Press, 1960); B. Levinson *Pets and Human
     Development* (Springfi eld, IL: Thomas 1972); J. Serpell, *In the Company of Animals*
     (Oxford: Basil Blackwell, 1986).

6   K. Thomas, *Man and the Natural World* (New York: Pantheon, 1983).

7   Idea borrowed from Jonathan Swift, "A Modest Proposal," www.pagebypage
     books.com/Jonathan_Swift/A_Modest_Proposal/).

8   Humanity Society of the United States, U.S. Pet Ownership Statistics, www.
     humanesociety.org/issues/pet_overpopulation/facts/pet_ownership_statistics.

html.

9 See the sources in note 5.

10 Friedmann, "Animal-Human Bond."

11 Friedmann et al., "Animal Companions and One-Year Survival."

12 Ibid.

13 S. T. Coleridge, "The Rime of the Ancient Mariner," www.online-literature.com/coleridge/646/.

14 Friedmann, "Animal-Human Bond."

15 Katcher et al., "Looking, Talking, and Blood Pressure."

16 Katcher and Wilkins, "Dialogue with Animals."

17 Serpell, *In the Company of Animals*, 114-15.

18 P. Shepard, "On Animal Friends," in Kellert and Wilson, *The Biophilia Hypothesis*.

19 A. Leopold, *The Sand County Almanac, with Other Essays on Conservation from Round River* (New York: Oxford University Press, 1996), 230, 239.

20 S. Kellert, J. Heerwagen, M. Mador, eds. *Biophilic Design: The Theory, Science, and Practice of Bringing Buildings to Life* (New York: Wiley, 2008). For a fuller description of low environmental impact and biophilic design see chapter 10.

21 Leopold, *Sand County Almanac*.

22 See, for example: en.wikipedia.org/wiki/Bambi_effect; M. Cartmill, *A View of Death in the Morning* (Cambridge: Harvard University Press, 1993); S. Kellert, *The Value of Life* (Washington, DC: Island, 1996); W. Morris, ed., *The American Heritage Dictionary* (Boston: Houghton Miffl in, 1976).

23 R. Nelson, "Searching for the Lost Arrow: Physical and Spiritual Ecology in the Hunter's World," in Kellert and Wilson, *The Biophilia Hypothesis*.

6장 지배

1 L. White Jr., "The Historical Roots of Our Ecological Crisis," *Science* 155 (1967); K. Thomas, *Man and the Natural World* (New York: Pantheon, 1983); P. Coates, *Nature: Western Attitudes since Ancient Times* (Berkeley: University of California Press, 1998).

2   Thomas, *Man and the Natural World*, 25, 29.

3   White, "Historical Roots."

4   J. Passmore, *Man's Responsibility for Nature: Ecological Problems and Western Traditions* (New York: Scribner's, 1974).

5   niv.scripturetext.com/genesis/1.htm; notesontheholybible.blogspot.com/2008/03/notes-on-genesis-5-mans-dominion-over.html.

6   en.wikipedia.org/wiki/world_population.

7   P. Vitousek et al., "Human Appropriation of the Products of Photosynthesis," *BioScience* 36 (1991).

8   Ibid.; E. O. Wilson, *The Diversity of Life* (Cambridge: Harvard University Press, 1992).

9   en.wikipedia.org/wiki/Demographics_of_the_United_States.

10 White, "Historical R."

11 Keystone species, The Free Dictionary, www.thefreedictionary.com/keystone+species.

12 See, for example M. Gauvain and M. Cole, eds., *Readings on the Development of Children* (New York: Worth, 2005).

13 Quoted by Rick Brame, personal communication (National Outdoor Leadership School, Lander, WY).

14 Quoted in S. Kellert and V. Derr, *National Study of Outdoor Wilderness Experience* (New Haven: Yale University School of Forestry and Environmental Studies, 1998), 88-89, 175.

15 A. Ewert, *Outdoor Adventure Pursuits: Foundations, Models, and Theories* (Scottsdale, AZ: Publishing Horizons, 1989); see also B. Driver, P. Brown, and G. Peterson, eds., *Benefits of Leisure* (State College, PA: Venture, 1991); B. Driver et al., eds., *Nature and the Human Spirit* (State College, PA: Venture, 1999).

16 Kellert and Derr, *National Study of Outdoor Wilderness Experience.*

17 R. Schreyer, *The Role of Wilderness in Human Development*, General Technical Report SE-51 (Fort Collins, CO: USDA Forest Service, 1988).

18 See, e.g., www.childrenandnature.org/research/volumes.

19 R. Dubos, *Wooing of Earth* (London: Althone, 1980), 68.

20 Ibid.; G. Piel, ed., *The World of René Dubos: A Collection of His Writings* (New York: Henry Holt, 1990).

21 R. Dubos, "Symbiosis of the Earth and Humankind." Science 193 (1976), 459-62. As quoted in Dubos, *Wooing of Earth*, 281, 286.

22 S. Kellert, J. Heerwagen, and M. Mador, eds. *Biophilic Design: The Theory, Science, and Practice of Bringing Buildings to Life* (New York: John Wiley, 2008).

23 Dubos, *Wooing of Earth*, 182.

24 Ibid., 109-10.

25 W. Berry, "The Regional Motive," in *A Continuous Harmony: Essays Cultural and Agricultural* (New York: Harcourt, 1972), 68-69.

26 Quoted in C. Beverdige and P. Rocheleau, *Frederick Law Olmsted: Designing the American Landscape* (New York: Universe, 1998).

27 R. Candido et al., "The Naturally Occurring Historical and Extant Flora of Central Park, New York City, New York, 1857-2007," *Journal of the Torrey Botanical Society* 134 (2007); R. Candido et al., "A First Approximation of the Historical and Extant Vascular Flora of New York City: Implications for Native Nlant Species Conservation," *Journal of the Torrey Botanical Society* 13 (2004).

28 www.ive.cuny.edu/nynn/nature/life/birds.htm; cbc.amnh.org/center/programs/birds-ny.html; B. Carleton, "The Birds of Central and Prospect Parks," *Proceedings of the Linnaean Society of New York*, 66-70 (1958).

29 C. Vornberger, *Birds of Central Park* (New York: Harry N. Abrams, 2008).

30 White, "Historical Roots."

31 Ronald Reagan, as paraphrased widely, including ibid. The remark Reagan actually made-before he was governor, when he was campaigning for the office in 1966-was less poetic and marginally less inflammatory: "I think, too, that we've got to recognize that where the preservation of a natural resource like the redwoods is concerned, that there is a common sense limit. I mean, if you've looked at a hundred thousand acres or so of trees--you know, a tree is a tree, how many more do you need to look at?" See Snopes.com, www.snopes.com/quotes/reagan/redwoods.asp, citing Lou Cannon, *Governor Reagan: His Rise to Power* (New York: Public Affairs, 2003), 177 and note.

32 www.imdb.com/title/tt0499549/quotes.

33 R. Perschel, "Work, Worship, and the Natural World: A Challenge for the Land Use Professions," in *The Good in Nature and Humanity: Connecting Science, Religion, and Spirituality with the Natural World*, ed. S. Kellert and T. Farnham (Washington, DC: Island, 2002).

7장 정신성

1   H. Rolston, *Philosophy Gone Wild* (Buffalo, NY: Prometheus, 1986), 88.

2   A. Schweitzer, "The Ethics of Reverence for Life," *Albert Schweitzer: An Anthology*, ed. C. R. Joy (New York: Harper, 1947), also available at www1. chapman.edu/schweitzer/sch.reading4.html; A. Schweitzer, *The Philosophy of Civilization* (New York: Prometheus, 1987), also available at www1.chapman. edu/schweitzer/sch.reading1.html; A. Schweitzer, *Out of My Life and Thought* (Baltimore: Johns Hopkins University Press, 1998); en.wikipedia.org/wiki/ Albert_Schweitzer.

3   Schweitzer, "The Ethics of Reverence for Life"; Schweitzer, "The Philosophy of Civilization."

4   "The Discovery and Meaning of Reverence for Life," Albert Schweitzer, Life and Thought, www.albertschweitzer.info/discovery.html, quoting A. Schweitzer, *Out of My Life and Thought* (Baltimore: Johns Hopkins University Press, 1998).

5   Schweitzer, "The Philosophy of Civilization"; "Reverence for Life," www. en.wikipedia.org/wiki/Reverence_for_Life.

6   Schweitzer, *Out of My Life and Thought*, 156.

7   Ibid., 236.

8   Schweitzer, "The Ethics of Reverence for Life," 262.

9   J. Steinbeck, *Log from the Sea of Cortez* (Mamaroneck, NY: Appel, 1941), 93.

10 E. O. Wilson, "Biophilia and the Conservation Ethic," in *The Biophilia Hypothesis*, ed. S. Kellert and E. O. Wilson (Washington, DC: Island, 1993).

11 W. Whitman, "Song of Myself," *Leaves of Grass* (London: Putnam, 1997).

12 A. Huxley, *The Perennial Philosophy* (New York: Harper and Row, 1990).

13 M. E. Tucker, "Religion and Ecology: The Interaction of Cosmology and Cultivation," in *The Good in Nature and Humanity: Connecting Science, Religion, and Spirituality with the Natural World*, ed. S. Kellert and T. Farnham (Washington, DC: Island, 2002).

14 R. Nash, *The Rights of Nature: A History of Environmental Ethics* (Madison: University of Wisconsin Press, 1989), 113.

15 L. White Jr., "The Historical Roots of Our Ecological Crisis," Science 155 (1967); K. Thomas, *Man and the Natural World* (New York: Pantheon, 1983); P. Coates, *Nature: Western Attitudes since Ancient Times* (Berkeley: University of California Press, 1998).

16 Tucker, "Religion and Ecology," 81.

17 J. Passmore, *Man's Responsibility for Nature: Ecological Problems and Western Traditions* (New York: Scribner's, 1974).

18 C. Lévi-Strauss, *The Savage Mind* (Chicago: University of Chicago Press, 1966); R. Nelson, "Searching for the Lost Arrow: Physical and Spiritual Ecology in the Hunter's World," in *The Biophilia Hypothesis*, ed. S. Kellert and E. O. Wilson (Washington, DC: Island, 1993); R. Nelson, "Understanding Eskimo Science," *Audubon*, September-October 1993.

19 Nelson, "Searching for the Lost Arrow."

20 Ibid., 205, 217.

21 Ibid., 223?24; R. Redfield, *The Primitive World and Its Transformations* (Ithaca, NY: Cornell University Press, 1953).

22 B. Taylor, *Dark Green Religion: Nature, Spirituality, and the Planetary Future* (Berkeley: University of California Press, 2009).

23 L. M. Wolfe, ed., *John of the Mountains: The Unpublished Journals of John Muir* (New York: Knopf, 1945); www .sierraclub.org/john_muir_exhibit/writings/mountain_thoughts.aspex; P. Browning, ed., *John Muir in His Own Words: A Book of Quotations* (Lafayette, CA: Great West, 1988); www.sierraclub.org/john_muir_exhibit/writings/favorite_quotations.aspx.

24 E. Howell, J. Harrington, and S. Glass, *Introduction to Restoration Ecology* (Washington, DC: Island, 2011); W. Jordan, G. Lubick, *Making Nature Whole*

(Washington, DC: Island, 2009).

25 G. Van Wieren, "Restored Earth, Restored to Earth: Christianity, Environmental Ethics, and Ecological Restoration," Ph.D. diss., Yale University, 2011.

26 Ibid., 15.

27 Ibid., 76.

28 F. House, *Totem Salmon: Life Lessons from Another Species* (Boston: Beacon, 1999).

29 Ibid., 13.

8장 상징주의

1   E. O. Wilson, *Biophilia: The Human Bond with Other Species* (Cambridge: Harvard University Press, 1984), 101.

2   S. Booth, ed., *Shakespeare's Sonnets* (New Haven: Yale University Press, 1977), sonnet 18.

3   R. Mabey, *Nature Cure* (London: Pimlico, 2006), 19-20.

4   Elephant Symbol, www.animal-symbols.com/elephant-symbol.html; I. Douglas-Hamilton and O. Douglas-Hamilton, Battle for the Elephants (New York: Viking, 1992); C. Moss, *Elephant Memories* (New York: Morrow, 1988).

5   en.wikipedia.org/wiki/butterfl y; Boggs et al., *Butterflies: Evolution and Ecology Taking Flight* (Chicago: University of Chicago Press, 2003); R. Pyle, *Handbook for Butterfly Watchers* (Boston: Houghton Miffl in, 1984).

6   R. Gagliardi, "The Butterfl y and Moth as Symbols in Western Art," *Cultural Entomology Digest* 4 (1997).

7   en.wikipedia.org/wiki/Serpent_(symbolism); J. Campbell, *The Masks of God*, vol. 3, Occidental Mythology (New York: Viking, 1965).

8   Wilson, *Biophilia*, 84.

9   E. Lawrence, "The Sacred Bee, the Filthy Pig, and the Bat Out of Hell: Animal Symbolism as Cognitive Biophilia," in The Biophilia Hypothesis, ed. S. Kellert and E. O. Wilson (Washington, DC: Island, 1993).

10 See, e.g., B. Bettelheim, *The Uses of Enchantment* (New York: Vintage, 1977); C. Jung, ed., *Man and His Symbols* (Garden City: Doubleday, 1964); P. Shepard,

Thinking Animals: Animals and the Development of Human Intelligence (New York: Viking, 1978); P. Shepard, *The Others: How Animals Made Us Human* (Washington, DC: Island, 1996).

11 E. B. White, *The Trumpet of the Swan* (New York: Harper Collins, 2000).

12 en.wikipedia.org/wiki/Anatidae; en.wikipedia.org/wiki/Trumpeter_Swan.

13 J. Updike, Review of *The Trumpet of the Swan, New York Times*, June 28, 1970.

14 Lawrence, "The Sacred Bee."

15 www.childrenandnature.org; Kaiser Foundation, "Generation M2: Media in the Lives of 8 to 18-Year-Olds," Kaiser Family Foundation Study, January 2010.

16 I. Opie and P. Opie, *The Oxford Dictionary of Nursery Rhymes* (Oxford: Oxford University Press, 1997); en.wikipedia.org/wiki/Sing_a_Song_of_Sixpence.

17 For other examples go to amazon.com and browse "children's books," then "animals."

18 E. Leach, "Anthropological Aspects of Language: Animal Categories and Verbal Abuse," in *New Directions in the Study of Language*, ed. E. H. Lenneberg, (Cambridge: MIT Press, 1975).

19 www.vanityfair.com/magazine, 2011 editions, particularly June 2011.

20 www.economist.com/printedition/2009-12-12.

21 S. Elliot, "Super Bowl Was Animal Lovers Paradise," *New York Times*, February 13, 1996.

22 William Wordsworth, "Lines Written in Early Spring," Poetry Foundation, www.poetryfoundation.org/poem/181415.

23 Daniel Webster, *The Writings and Speeches of Daniel Webster*, national ed. (Boston: Little, Brown, 1903); highered.mcgraw-hill.com/sites/dl/free/0072879130/40803/chap09elem1.htm.

24 www.william-shakespeare.info/act1-script-text-julius-caesar.htm.

25 www.brainyquote.com/quotes/authors/w/winston_churchill.html, pages 3, 4, 6.

26 Lawrence, "The Sacred Bee"; Bettelheim, *The Uses of Enchantment* Jung, *Man and His Symbols* Shepard, *Thinking Animals* Shepard, *The Others*.

27 The Best Online Classic Children's Books, www.mainlesson.com/displaybooksbytitle.php.

28 H. Searles, *The Nonhuman Environment: In Normal Development and in Schizophrenia* (New York: International Universities Press, 1960), 3.

29 Shepard, *Thinking Animals*.

30 Ibid., 249.

31 D. Thomas, *Quite Early One Morning* (New York: New Directions, 1965), 4, 6.

32 J. Campbell, *The Hero with a Thousand Faces* (Princeton: Princeton University Press, 1972); J. Frazer, *The Golden Bough* (Oxford: Oxford University Press, 1994); Jung, *Man and His Symbols* C. Lévi-Strauss, *The Savage Mind* (Chicago: University of Chicago Press, 1966); R. Redfi eld, *The Primitive World and Its Transformations* (Ithaca, NY: Cornell University Press, 1953); R. Nelson, *Make Prayers to the Raven* (Chicago: University of Chicago Press, 1983).

33 Lawrence, "The Sacred Bee."

34 S. Kellert, J. Heerwagen, and M. Mador, eds., *Biophilic Design* (New York: John Wiley, 2008); S. Kellert, *Building for Life* (Washington, DC: Island, 2005).

35 O. Jones, *The Grammar of Ornament* (London: Studio Editions, 1986).

36 Ibid., 2.

37 Lawrence, "The Sacred Bee."

38 W. Whitman, "Song of Myself," *Leaves of Grass* (London: Putnam, 1897).

39 en.wikipedia.org/wiki/Peregrine_Falcon.

40 R. Carson, *Silent Spring* (Boston: Houghton Miffl in, 1962).

9장 아동기

1 en.wikipedia.org/wiki/Spring_Peeper.

2 R. Pyle, "Eden in a Vacant Lot: Special Places, Species, and Kids in the Neighborhood of Life," in *Children and Nature: Psychological, Sociocultural, and Evolutionary Investigations*, ed. P. Kahn and S. Kellert (Cambridge: MIT Press, 2002).

3 H. L. Burdette, MD, MS, and R. C. Whitaker, MD, MPH, "Resurrecting Free Play in Young Children: Looking beyond Fitness and Fatness to Attention, Affiliation, and Affect," *Archives of Pediatric and Adolescent Medicine* 159 (2005),

www.archpediatrics.com.

4   H. Searles, *The Nonhuman Environment: In Normal Development and in Schizophrenia* (New York: International Universities Press, 1960).

5   B. Hopkins, ed., *The Cambridge Encyclopedia of Child Development* (Cambridge: Cambridge University Press, 2005).

6   www.childrenandnature.org/research/volumes.

7   R. Dyson-Hudson and E. Alden, "Human Territoriality: An Ecological Assessment," *American Anthropologist* 80 (1978); R. Ardrey, *The Territorial Imperative* (New York: Atheneum, 1966).

8   R. Louv, *Last Child in the Woods: Saving our Children from Nature-Deficit Disorder* (Chapel Hill, NC: Algonquin, 2005), 34.

9   R. Pyle, *The Thunder Tree: Lessons from an Urban Wildland* (Boston: Houghton Mifflin, 1993), 145-47.

10 See, for example: www.childrenandnature.org/research/volumes; S. Kellert, *Building for Life* (Washington, DC: Island, 2005); J. Dunlap and S. Kellert, *Companions in Nature* (Cambridge: MIT Press, 2012); Louv, *Last Child in the Woods*.

11 www.childrenandnature.org/research/volumes; Kellert, *Building for Life* Dunlap and Kellert, *Companions in Nature* Louv, *Last Child in the Woods*.

12 www.childrenandnature.org; en.wikipedia.org/wiki/No_Child_Left_Inside_ (movement).

10장 디자인

1   S. Kellert, *Building for Life* (Washington, DC: Island, 2005); S. Kellert, J. Heerwagen, and M. Mador, eds., *Biophilic Design* (New York: John Wiley, 2008); T. Beatley, *Green Urbanism* (Washington, DC: Island, 2000); T. Beatley, *Biophilic Cities* (Washington, DC: Island, 2010).

2   Kellert, *Building for Life* "Buildings and Their Impact on the Environment: A Statistical Summary," www.epa.gov/greenbuilding/pubs/gbstats.pdf.

3   D. Orr, "Architecture as Pedagogy," in *Reshaping the Built Environment*, ed. C. Kibert (Washington, DC: Island, 1999).

4   United States Green Building Council LEED rating systems, www.usgbc.org/ LEED.

5   J. Wines, *The Art of Architecture in the Age of Ecology* (New York: Traschen, 2000).

6   J. Heerwagen and B. Hase, "Building Biophilia: Connecting People to Nature," *Environmental Design and Construction*, March-April 2001.

7   M. Miller, *Chartres Cathedral* (New York: Riverside, 1997); G. Hildebrand, *The Origins of Architectural Pleasure* (Berkeley: University of California Press, 1999).

8   G. Hildebrand, *The Wright Space: Pattern and Meaning in Frank Lloyd Wright's Houses* (Seattle: University of Washington Press, 1991).

9   D. Pearson, *New Organic Architecture: The Breaking Wave* (Berkeley: University of California Press, 2001).

10   S. Kellert, "Dimensions, Elements, and Attributes of Biophilic Design," in Kellert, Heerwagen, and Mador, *Biophilic Design* Kellert, *Building for Life Biophilic Design: The Architecture of Life*. For other useful related perspectives, see J. Benyus, *Biomimicry* (New York: William Morrow, 1997); K. Bloomer, *The Nature of Ornament* (New York: Norton, 2000); G. Hersey, *The Monumental Impulse* (Cambridge: MIT Press, 1999).

11   Kellert, Heerwagen, and Mador, *Biophilic Design Biophilic Design: The Architecture of Life*.

12   E. Relph, *Place and Placelessness* (London: Pion, 1976), 6.

13   See, for example, references cited in Kellert, Heerwagen, and Mador, *Biophilic Design*, and Kellert, *Building for Life*. For further illustrations see Heerwagen and Hase, "Building Biophilia"; J. Heerwagen, "Green Buildings, Organizational Success, and Occupant Productivity," *Building Research and Information* 28 (2000); J. Heerwagen et al., "Environmental Design, Work, and Well Being," *American Association of Occupational Health Nurses Journal* 43 (1995); J. Heerwagen and G. Orians, "Adaptations to Windowlessness: A Study of the Use of Visual Décor in Windowed and Windowless Offices," *Environment and Behavior* 18, (1986); J. Heerwagen, J. Wise, D. Lantrip, and M. Ivanovich, "A Tale of Two Buildings: Biophilia and the Benefits of Green Design," *US Green Buildings Council Conference*, November 1996; J. Heerwagen, "Do Green Buildings Enhance the

Well Being of Workers? Yes," *Environmental Design + Construction*, July 2000; R. Kaplan, "The Role of Nature in the Context of the Workplace," *Landscape and Urban Planning* 26 (1993); C. Tennesenm, and B. Cimprich, "Views to Nature: Effects on Attention," *Journal of Environmental Psychology* 15 (1995); T. Hartig et al., "Restorative Effects of the Natural Environment," *Environment and Behavior* 23 (1991).

14   Heerwagen, "Do Green Buildings Enhance the Well Being of Workers?"; Heerwagen and Hase, "Building Biophilia."

15   See, for example, references cited in www.childrenandnature.org/research/ volumes; G. Kats, *Greening America's Schools: Costs and Benefits* (Washington, DC: Capital E, 2006).

16   See, for example, references cited in Kellert, Heerwagen, and Mador, *Biophilic Design*, and Kellert, *Building for Life*. Representative studies include E. Friedmann et al., "Animal Companions and One-Year Survival of Patients Discharged from a Coronary Care Unit," *Public Health Reports* 95 (1980); E. Friedmann, "Animal-Human Bond: Health and Wellness," in *New Perspectives on Our Lives with Companion Animals*, ed. A. Katcher and A. Beck, eds. (Philadelphia: University of Pennsylvania Press, 1983); R. Ulrich, "Biophilia, Biophobia, and Natural Landscapes," in *The Biophilia Hypothesis*, ed. S. Kellert and E. O. Wilson (Washington, DC: Island, 1993); R. Ulrich, "How Design Impacts Wellness," *Healthcare Forum Journal* 20 (1992); H. Frumkin, "Beyond Toxicity: Human Health and the Natural Environment," *American Journal of Preventive Medicine* 20 (2001); C. Cooper-Marcus and M. Barnes, eds., *Healing Gardens: Therapeutic Landscapes in Healthcare Facilities* (New York: Wiley, 1999); A. Katcher and G. Wilkins, "Dialogue with Animals: Its Nature and Culture," in Kellert and Wilson, *The Biophilia Hypothesis* A. Katcher et al., "Looking, Talking and Blood Pressure: The Physiological Consequences of Interaction with the Living Environment," in Katcher and Beck, *New Perspectives on Our Lives with Companion Animals* H. Searles, *The Nonhuman Environment: In Normal Development and in Schizophrenia* (New York: International Universities Press, 1960); A. Taylor et al., "Coping with ADD: The Surprising Connection to Green Places," *Environment and Behavior* 33 (2001).

17 R. Ulrich, "Biophilic Theory and Research for Healthcare Design," in Kellert, Heerwagen, and Mador, *Biophilic Design* personal communication, Center for Health Systems and Design, College of Architecture, Texas A&M University.

18 Kellert, *Building for Life*.

19 F. Kuo, "Coping with Poverty: Impacts of Environment and Attention in the Inner City," *Environment and Behavior* 33 (2001); F. Kuo et al., "Transforming Inner-City Landscapes: Trees, Sense of Safety, and Preference," *Environment and Behavior* 30 (1998); W. Sullivan and F. Kuo, "Do Trees Strengthen Urban Communities, Reduce Domestic Violence?" Forestry Report R8-FR 56, USDA Forest Service, Atlanta: Southern Regions, USDA Forest Service.

20 Kuo, "Coping with Poverty."

21 J. Corbett and M. Corbett, *Designing Sustainable Communities: Learning from Village Homes* (Washington, DC: Island, 2000), 31.

22 M. Francis, "Village Homes: A Case Study in Community Design," *Landscape Journal* 21 (2002); R. Moore and C. C. Marcus, "Healthy Planet, Healthy Children: Designing Nature into the Daily Spaces of Childhood," in Kellert, Heerwagen, and Mador, *Biophilic Design*.

23 Quoted in Corbett and Corbett, *Designing Sustainable Communities*, 21.

24 Dante, *Inferno*, trans. J. Ciardi (New York: New American Library, 1954), canto 24, lines 46-57.

11장 윤리와 일상생활

1 S. Kellert and G. Speth, eds., *The Coming Transformation: Values to Sustain Human and Natural Communities* (New Haven: Yale University School of Forestry and Environmental Studies Publication Series, 2009).

2 A. Leopold, "The Meaning of Conservation," handwritten notes, 1946, quoted in *The Essential Aldo Leopold: Quotations and Commentaries*, ed. C. Meine and R. L. Knight (Madison: University of Wisconsin Press, 1999), 309.

3 S. Kellert, "A Biocultural Basis for an Environmental Ethic," in Kellert and Speth, *The Coming Transformation* S. Kellert, "For the Love and Beauty of Nature," in *Moral Ground*, ed. K. D. Moore and M. P. Nelson (San Antonio: Trinity University Press, 2010).

4   D. Lavigne, S. Kellert, and V. Scheffer, "The Changing Place of Marine Mammals in American Thought," in *Marine Mammals*, ed. J. Twiss and R. Reeves (Washington, DC: Smithsonian Press); S. Kellert, *The Value of Life* (Washington, DC: Island, 1996).

5   E. Dolin, *Leviathan: The History of Whaling in America* (New York: Norton, 2009).

6   Lavigne, Kellert, Scheffer, "The Changing Place of Marine Mammals."

7   Ibid.

8   K. Norris, "Marine Mammals and Man," in *Wildlife and America*, ed. H. P. Brokaw (Washington, DC: Council on Environmental Quality, 1978).

9   Whale Watching Worldwide-Report Released, www.ecolarge.com/2009/06/whale-watching-worldwide-report-released.

10 M. Bean, *The Evolution of National Wildlife Law* (New York: Praeger, 1982).

11 water.epa.gov/lawsregs/guidance/wetlands/defi nitions.cfm.

12 tvtropes.org/pmwiki/pmwiki.php/Main/SwampsAreEvil.

13 T. E. Diehl, "Status and Trends of Wetlands in Conterminous United States, 1986 to 1997," www.citeulike.org/group/342/article/4030617.

14 www.law.ufl .edu/conservation/waterways/waterfronts/pdf/no_net_loss.pdf; en.wikipedia.org/wiki/No_net_loss_wetlands_policy.

15 T. Dahl, G. Allord, "History of Wetlands in the Conterminous United States," water.usgs.gov/nwsum/WSP2425/history.html.

16 The Ramsar Mission, www.ramsar.org/cda/en/ramsar-home/main/ramsar/1%5e7715_4000_0_.

17 E. Barbier, M. Acreman, and D. Knowler, *Economic Valuation of Wetlands* (Gland, Switzerland: Ramsar Convention Bureau, 1997).

18 R. Dubos, *Wooing of the Earth* (London: Althone, 1980), 126.

19 Leopold, *Sand County Almanac*, 230, 239.

20 S. Kellert, *Building for Life* (Washington, DC: Island, 2005); D. Klem. "Bird-Window Collisions," *Wilson Bulletin* 101 (1989); D. Klem, "Bird Injuries, Cause of Death, and Recuperation from Collisions with Windows," *Journal of Field*

Ornithology 61 (1990); D. Klem, "Glass: A Deadly Conservation Issue for Birds," *Bird Observer* 34 (2006); D. Klem et al., "Architectural and Landscape Risk Factors Associated with Bird-Glass Collisions in an Urban Environment," *Wilson Journal of Ornithology* 12 (2009); C. Seewagen, "Bird Collisions with Windows: An Annotated Bibliography," *American Bird Conservancy*, 2010; Dr. Christine Sheppard, personal communication.

21 New York City Audubon, *Bird-Safe Building Guidelines* (New York: Audubon, 2008).

22 en.wikiquote.org/wiki/John_Muir.

■ 찾아보기

잃어버린 본성을 찾아서

1판 1쇄	2015년 10월 19일
1판 2쇄	2016년 11월 24일

지은이	스티븐 켈러트
펴낸이	강성민
옮긴이	김형근
편집장	이은혜
편집	장보금 박세중 박은아 곽우정
편집보조	조은애 이수민
마케팅	정민호 이연실 정현민 김도윤 양서연
홍보	김희숙 김상만 이천희

펴낸곳	(주)글항아리	출판등록 2009년 1월 19일 제406-2009-000002호
주소	10881 경기도 파주시 회동길 210
전자우편	bookpot@hanmail.net
전화번호	031-955-8891(마케팅) 031-955-8898(편집부)
팩스	031-955-2557

ISBN	978-89-6735-258-5 03470

글항아리는 (주)문학동네의 계열사입니다.

이 도서의 국립중앙도서관 출판시도서목록(CIP)은 서지정보유통지원시스템 홈페이지 (http://seoji.nl.go.kr)와 국가자료공동목록시스템(http://www.nl.go.kr/kolisnet)에서 이용하실 수 있습니다.(CIP제어번호 : CIP2015027089)